微惯性传感器融合技术

Micro Inertial Sensor Fusion Technology

沈晓卫　胡豪杰　李国梁　著

西安电子科技大学出版社

内容简介

微惯性传感器是微机电系统的重要组成部分，广泛应用于工业、军事等领域。近年来，微惯性传感器发展迅速，正形成新的产业和新的技术平台。本书结合微惯性传感器的应用与发展，基于编者课题组长期积累的研究成果，系统地介绍了微惯性传感器的原理、航姿估计和导航定位典型算法，具有较高的应用价值。全书共7章，主要内容包括概述、基础理论、微惯性传感器、微惯性传感器的误差分析与补偿技术、多传感融合算法、航姿系统估计算法、GPS-INS组合导航算法。

本书可作为高等院校相关专业的本科生教材，也可作为从事相关研究的工程技术人员和科技工作者的参考书。

图书在版编目（CIP）数据

微惯性传感器融合技术／沈晓卫，胡豪杰，李国梁著. -- 西安 ：西安电子科技大学出版社，2025. 8. -- ISBN 978-7-5606-7709-5

Ⅰ. TP212

中国国家版本馆 CIP 数据核字第 2025H4U541 号

策　　划　明政珠
责任编辑　于文平
出版发行　西安电子科技大学出版社（西安市太白南路2号）
电　　话　(029) 88202421　88201467　　邮　　编　710071
网　　址　www.xduph.com　　电子邮箱　xdupfxb001@163.com
经　　销　新华书店
印刷单位　咸阳华盛印务有限责任公司
版　　次　2025年8月第1版　　2025年8月第1次印刷
开　　本　787毫米×1092毫米　1/16　　印　　张　12
字　　数　280千字
定　　价　61.00元
ISBN 978-7-5606-7709-5

XDUP 8010001-1

前 言

当今，无人机、机器人、自动驾驶、航空航天等技术迅猛发展，对高精度、高可靠性定位与姿态感知技术提出了更高的要求。微惯性传感器作为这些领域中的核心感知元件，凭借其体积小、重量轻、功耗低、易于集成等显著优势，正逐步成为复杂动态环境下实现精准导航与定位的关键器件之一。然而，单一的微惯性传感器往往受限于自身测量误差累积、环境干扰以及动态范围等限制，难以满足高精度应用的需求。因此，微惯性传感器融合技术应运而生，并逐渐成为研究的热点与前沿。

本书正是基于这一背景编写的。本书系统、深入地探讨了微惯性传感器融合的基础理论、关键技术及其在实际应用中的最新进展。全书围绕微惯性传感器的特性、误差机理与补偿方法、多传感器数据融合算法、航姿系统估计算法以及组合导航技术等内容展开，力求为读者提供一个完整、实用的知识体系和技术框架。本书不仅是对当前微惯性传感器融合领域研究成果的总结与提炼，更是对未来发展趋势的探索与展望。

本书基于编者和课题组近年来的研究成果编写而成，由沈晓卫副教授策划和统稿。具体编写分工是：第 1 章和第 2 章由沈晓卫、李国梁编写，第 3 章由胡豪杰编写，第 4 章至第 7 章由沈晓卫编写。在编写过程中，编者参考了国内外相关学者的研究成果，在此向相关专家、学者致以衷心的感谢。编者希望本书能够为从事相关领域研究、开发与应用的专业人士提供参考与借鉴，以共同推动微惯性传感器融合技术的创新与发展，为科技进步与社会发展贡献智慧与力量。

由于微惯性传感器融合技术涉及多门学科，同时其理论、技术在不断发展之中，加之编者研究水平有限，书中难免存在不足和疏漏之处，敬请读者批评指正。

编　者

2025 年 4 月

目　录

第1章 概 述

微机电系统(Micro-Electro-Mechanical System，MEMS)是集微型传感器、执行器、信号处理与控制电路、接口电路、通信及电源于一体的微型系统。它随着半导体集成电路微细加工技术和超精密机械加工技术的发展而兴起，为现代传感器技术带来了革命性的变革。

微惯性传感器是MEMS技术的一个重要应用领域，它是以硅、石英或金属为材料，利用微机械加工工艺制作而成的可以用来测量运动载体加速度或角速度的传感器。微惯性传感器包括微机械加速度计、微机械角速度传感器(微机械陀螺仪)以及它们的单、双、三轴组合微惯性测量单元(Micro Inertial Measurement Unit，MIMU)。微惯性传感器成本低，体积、重量和功耗小，在军事、航空、汽车、消费电子等多个领域得到了广泛应用。与传统惯性传感器相比，微惯性传感器具有可大批量生产、可靠性高、集成度高、易于数字化等优点，它们可以很容易地与微处理器进行集成，实现对输出信号的数字化处理和补偿，从而提高了测量的精度和稳定性。随着应用领域的不断扩大，大批不同类型的微惯性传感器已经出现，其性能也在不断提升。

微惯性传感器能够实现对物体运动状态的实时监测和精确测量，为各种应用场景提供了关键的数据支持。目前，基于微惯性传感器的导航、制导系统的研究十分活跃，部分研究成果已应用于汽车、机器人、航空航天、精密仪器、国防科技等领域，具有极大的发展潜力。例如，在航空航天领域，微惯性传感器能够提供飞行器的姿态、位置和速度等关键信息，确保飞行的安全性和稳定性；在汽车电子领域，它可以监测车辆的加速度、刹车等情况，提高行车的安全性和舒适性；在消费电子领域，微惯性传感器则广泛应用于智能手机、游戏机、可穿戴设备等产品中，丰富了用户的交互体验。随着物联网、云计算、大数据等新一代信息技术的快速发展，微惯性传感器正面临着前所未有的发展机遇。通过与这些先进技术的深度融合，微惯性传感器将能够实现更加智能化、网络化的功能，为人类社会的发展注入新的活力。在军事领域，微惯性传感器为制导武器的精确导航和稳定控制提供了关键的数据支持。当前，国内外众多制导武器采用微惯性传感器，这足以体现其在军事领域的重要性。随着无人作战平台的兴起和战争形势的变化，微惯性传感器在军事领域的应用将更加广泛。无人车、无人艇等无人作战平台对导航定位提出了更高的要求，而基于MEMS技术的微惯性测量单元以其低成本、低功耗、高集成度、抗高过载等特点，成为这些无人作战平台的理想选择。

综上所述，微惯性传感器在现代社会中扮演着举足轻重的角色。它们不仅为军事领域提供了关键的技术支持，而且在航空航天、汽车、消费电子等多个领域发挥着重要作用。

1.1 微惯性传感器发展概况

微惯性传感器包括微机械加速度计、微机械角速度传感器（微机械陀螺仪）以及它们的单、双、三轴组合微惯性测量单元。随着技术的进步，不同类型的微机械加速度计和微机械陀螺仪相继研发成功，极大地推动了 MEMS 技术的发展。

1.1.1 微机械陀螺仪

20 世纪 80 年代，随着 MEMS 技术的快速发展，微机械陀螺仪（MEMS 陀螺仪）的研究开始受到广泛关注。MEMS 技术允许在微小的硅片上加工出复杂的机械结构，这为微机械陀螺仪的实现提供了可能。在这一阶段，各国科研机构和公司纷纷投入大量资源进行微机械陀螺仪的研发。例如，美国 Draper 实验室、ADI 公司、Berkeley 大学，德国 Daimler Benz 公司、Bosch 公司，日本 Toyota 公司等都在这一领域取得了重要进展。目前，国外主要有美国、日本、瑞典、法国等国家在开展微机械陀螺仪的研究，工程化的微机械陀螺仪精度已达到 1(°)/h 以内。其中，美国、日本的研制水平最高，微机械陀螺仪的工艺比较成熟，结构也比较多样，尺寸较小。

国外第一台微机械陀螺仪于 1989 年在美国 Draper 实验室研制成功。1993 年，Draper 实验室研制的微机械陀螺仪零偏稳定性达到 0.2(°)/s，1996 年研制出零偏稳定性小于 0.1(°)/s 的微机械陀螺仪。Honeywell 公司购买了 Draper 实验室的专利，经过探索改进，推出 GG1178、GG5200 型单轴微机械陀螺仪，以及 GG5300 三轴微机械陀螺仪，如图 1-1 所示，其零偏稳定性小于 70(°)/h。

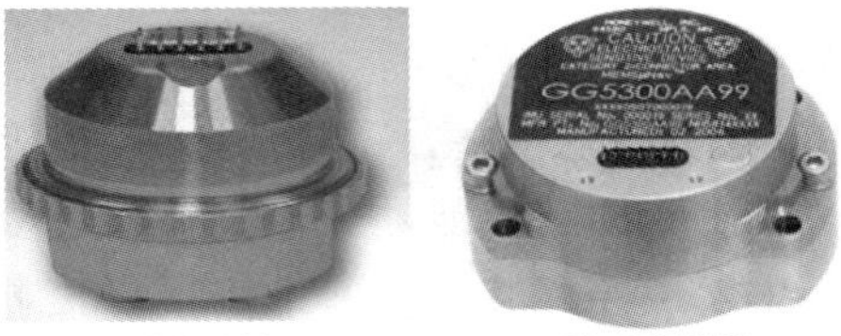

(a) GG5200 (b) GG5300

图 1-1 Honeywell 公司微机械陀螺仪实物图

ADI 公司于 2002 年研制出单片集成的商用微机械陀螺仪，之后推出微机械陀螺仪系列产品 ADXRS6XX、ADIS1613X。其中，ADXRS642、ADIS16137 陀螺仪如图 1-2(a)、(b)所示，其零偏稳定性分别为 20(°)/h 和 2.8(°)/h。美国 JPL 实验室研制出苜蓿叶式微机械陀螺仪，零偏稳定性为 7(°)/h，当采用闭环控制后，其零偏稳定性可减小到 0.1(°)/h。瑞典的 IMEGO 研究所于 1999 年研制出碟形微机械陀螺仪，其分辨率为 0.1(°)/s。此后，经过后期电路改进，并融合陀螺仪误差补偿算法，IMEGO 研究所推出 IBG20、IBG21 产品。挪威 Sensonor 公司购买了碟形微机械陀螺仪专利，经过后期改进，推出了 STIM202、STIM210 陀螺仪。其中 STIM210 陀螺仪如图 1-2(c)所示，其零偏稳定性达到 0.5(°)/h。2014 年 Boeing 公司报道了一种微机械陀螺仪，实现了 0.01(°)/h 的零偏不稳定性（Allan

方差结果)。2017 年美国 Michigan 大学成功研制半球谐振微机械陀螺仪，常温下，零偏不稳定性达到0.0103(°)/h。

(a) ADXRS642　　(b) ADIS16137　　(c) STIM210

图 1-2　微机械陀螺仪实物图

国内在微机械陀螺仪的研究和应用方面起步较晚。但近年来在国家政策的支持和市场需求的推动下，国内科研机构和企业纷纷加大研发投入，使得微机械陀螺仪技术的国产化进程取得了显著进展。

20 世纪 90 年代，我国清华大学、国防科技大学等高校以及中国科学院上海微系统与信息技术研究所、中电十三所等单位开始对微惯性传感器展开研究。清华大学于 1998 年研制出我国第一个微机械陀螺仪，其分辨率达到 3(°)/s。之后，其他相关单位研制出了多种不同性能的微机械陀螺仪，具体如表 1-1 所示。

表 1-1　国内相关单位研制的微机械陀螺仪及其性能参数

研制单位	微机械陀螺仪类型	零偏稳定性
哈尔滨工程大学	球碟转子式	0.5(°)/h
国防科技大学	翼式	3.6(°)/h
东南大学	双质量全解耦	1.3(°)/h

另外，国防科技大学在碟形微机械陀螺仪、苏州大学在半球谐振微机械陀螺仪、中北大学在隧道磁阻微机械陀螺仪方面均取得可喜的研究成果。整体来看，我国目前已经能够研制出零偏稳定性为 1(°)/h 的战术级微机械陀螺仪。

当前，微机械陀螺仪技术发展迅速，特点突出，应用前景良好。微机械陀螺仪技术的发展特点主要体现在以下几个方面：

(1) 体积越来越小，精度越来越高，设计方案呈多样化。陀螺仪先后出现振动框架式、谐振音叉式、振动轮式、振环式、四叶式等形式，陀螺仪零偏稳定性可达 10(°)/h。硅微机械陀螺仪 ADXRS 系列产品尺寸为 7 mm×7 mm×3 mm，质量小于 1 g。技术方案的不断创新，从工作机理上减少了误差源，提高了微机械陀螺仪的精度。

(2) 工艺和封装技术日趋成熟。微机械陀螺仪加工工艺主要包括：面加工工艺、体加工工艺、绝缘体上硅(Silicon On Insulator，SOI)工艺等。目前，上述三类工艺工序操作和控制都得到了发展和提高，完善了微敏感结构工艺工序的膜厚、线宽以及内应力的检测，微结构高深宽比的三维尺寸加工精度得到了较好的保证，同时全硅敏感结构工艺正在开发和完善。

(3) 工程应用领域不断拓展，成功案例越来越多。MEMS 技术正在不断融合，向着高精度、数字化、高可靠性的方向发展，成功的应用案例非常多。例如，ADI 公司研制的表面工艺的微机械陀螺仪大量应用于民用和工业传感领域，产品销量已经达到几亿只，每只售价仅几十美元，其可广泛用于姿态稳定系统以及短距离的战术武器制导，还可以和全球定位系统组合构成导航系统；Litton 公司研制的 SOI 工艺的微机械陀螺仪已经装备 15 000 套。

（4）为冗余控制、精确控制的设计与实现奠定基础。传统飞行器控制系统的姿态敏感和调控设备因为体积大、能耗大，多设备冗余控制的设计只能通过增大飞行器体积、牺牲飞行器速度或有效航程为代价来实现；惯性导航系统、陀螺仪、加速度计等姿态测量器件也不可能在飞行器上大范围布放。以微机械陀螺仪为基础的器件则不同，它们所具有的体积、质量、能耗、精度等各方面综合性能的优势为其大量应用奠定了基础，也使得二级冗余、三级冗余乃至 N 级独立的冗余控制方案的设计和实现成为了可能；此外，多点布放将姿态的测量由传统局限式的点式测量，拓展到网络式的面积测量或三维体式测量，为探索和应用新的测量方法，提高测量精度提供了有力的支撑。

1.1.2 微机械加速度计

微机械加速度计即 MEMS 加速度计，是 MEMS 领域最早开始研究的传感器之一，具有体积小、重量轻、成本低、功耗低以及可靠性高等优点。经过多年的发展，MEMS 加速度计的设计和加工技术已经日趋成熟。根据敏感机理不同，MEMS 加速度计可以分为压阻式、热流式、谐振式和电容式等。其中，电容式硅微机械加速度计由于精度较高、技术成熟且环境适应性强，是目前应用最为广泛的 MEMS 加速度计。随着 MEMS 加工能力的提升和 ASIC 电路检测能力的提高，电容式 MEMS 加速度计的精度也在不断提升。

国外众多研究机构和惯性器件厂商都开展了 MEMS 加速度计技术的研究，如美国的 Draper 实验室、Michigan 大学、加州大学 Berkeley 分校，瑞士 Neuchatel 大学，美国的 Northrop Grumman Litton 公司、Honeywell 公司、ADI 公司、Silicon Designs 公司、Silicon Sensing 公司、Endevco 公司，瑞士的 Colibrys 公司，英国的 BAE 公司等。其中，以 Draper 实验室为代表的研究机构和大学的主要工作在于提升 MEMS 加速度计的技术指标。能够提供实用化 MEMS 加速度计产品的主要厂家有美国的 ADI、Silicon Designs、Silicon Sensing、Endevco 公司和瑞士的 Colibrys 公司。

各研究单位研发的 MEMS 加速度计的具体性能如表 1－2 所示。

ADI 公司的典型 MEMS 加速度计见图 1－3，其非线性度为满量程 0.2%，抗冲击强度为 $1000g \sim 2000g$，随温度零漂为 $2\times10^{-3}g \sim 3\times10^{-3}g$，随温度刻度因子漂移为 ±0.5%。

图 1－3　ADI 公司 MEMS 加速度计

表 1-2　MEMS 加速度计具体性能

时间	研究单位	器件及特征	性　　能
1977	美国 Stanford 大学	采用各向异性蚀刻与微光刻技术制成的一种开环 MEMS 加速度计	动态范围小、惯性制导所要求的偏置和刻度因子稳定性差
2004	美国 ADI 公司	单芯片高 g MEMS 加速度计 ADXSTC3-HG	可测量高达 1000g 的加速度，并能承受 10 000g 的与输入轴正交的冲击，通过 US Army Research Laboratory(ARL)的飞行测试
2005	美国 ADI 公司	三轴 MEMS 加速度计 ADXL330	外形封装：4 mm×4 mm×1.45 mm LFCSP 封装 功耗：1.8 V 消耗电流 180 μA(典型值) 耐冲击强度：10 000 g
2005	美国 Stanford 大学和 Yale 大学	原子干涉 MEMS 加速度计	分辨率达到了 $10^{-10}g$，理论精度可达到 $10^{-13}g$
2006	美国 Silicon Designs 公司	电容式 MEMS 加速度计，典型产品 2422-002	输入范围：±2g 频响(3 dB)：0～300 Hz 灵敏度：2000 mV/g 输出噪声：$13\times10^{-6}g/\sqrt{\text{Hz}}$ 最大机械冲击：2000g

Crossbow 公司的典型产品包括 TG 和 GP 系列，TG 系列如图 1-4 所示。Silicon Designs 公司的典型产品为 2470 和 2476 系列等，2470 系列如图 1-5 所示。Crossbow 公司的 TG 和 GP 系列三轴 MEMS 加速度计产品量程从±2g 到±10g，噪声为 $20\times10^{-6}\ g/\sqrt{\text{Hz}}$，交叉耦合为 1%。

图 1-4　Crossbow 三轴 MEMS 加速度计

图 1-5　Silicon Design 三轴 MEMS 加速度计

我国于 20 世纪 80 年代后期开始研制 MEMS 加速度计。上海微系统与信息技术研究所报道了 x、y、z 轴零偏稳定性分别为 $3\times10^{-3}\ g$、$9\times10^{-3}\ g$、$46\times10^{-3}\ g$ 的电容式 MEMS 加速度计。中电二十六所研制了差分结构 MEMS 加速度计样机，其 10 min 零偏稳定性为 15.8 g。另外，清华大学、南京理工大学等研究团队设计了硅谐振加速度计，性能较好。我国MEMS加速度计经过30余年的研究取得了丰硕的成果，虽然现在仍与西方国家存在差距，但产品性能正大幅度提升。

微机电系统技术的进步和工艺水平的提高，也给微机械加速度计的发展带来了新的机遇。根据国内外微机械加速度计的研究动态与研究特点，微机械加速度计具有下列发展趋势：

(1) 高分辨率硅微机械加速度计成为研究的重点。由于现阶段微机械加速度计的惯性质量块比较小，所以用来测量加速度和角速度的惯性力也相应较小，系统的灵敏度相对较低，因此开发出高分辨率硅微机械加速度计显得尤为重要。

(2) 多轴加速度计的开发成为新的方向。近年来国内外开展了许多三轴加速度计的研究，取得了有效的成果，商业化的产品也越来越丰富，但是精度还有待提高，其中多轴加速度计的解耦是结构设计中的难点。

(3) 温度漂移小，迟滞效应小成为新的性能目标。选择合适的材料，采用合理的结构，以及应用新的低成本温度补偿技术，能够大幅度提高微机械加速度计的精度。

1.1.3 微惯性测量单元

微惯性测量单元一般包含三轴微机械加速度计和三轴微机械陀螺仪，用来测量物体在三维空间中的加速度和角速度，是实现微小型无人机、交通工具等导航、制导的核心部件。

从20世纪90年代开始，美国军事部门就很重视微惯性传感器在武器制导领域的应用与发展。美国国防部高级研究计划局(Defense Advanced Research Projects Agency, DARPA)资助了一系列验证微惯性传感器应用于制导弹药(如炮弹、火箭弹等)领域可行性的相关计划，研制的微惯性传感器制导系统体积不断减小，精度和集成度不断提升。目前，国外MIMU的实现途径主要有两种。其中一种是将三个单轴加速度计和三个单轴陀螺仪立体组装到一起，分别实现三个方向加速度信号和角速度信号的测量。美国Honeywell公司、美国UTC公司、挪威Sensonor公司等都已研制出了微惯性测量单元，并且在以无人机、航空制导炸弹、精确制导导弹等为代表的战术武器中得到了工程验证和应用。国外具有代表性的MIMU的具体指标如表1-3所示。

表1-3 国外具有代表性的MIMU

制造商	型 号	指 标
Honeywell	HG4930	陀螺仪：零偏0.25(°)/h，测量范围±400(°)/s 加速度计：零偏$0.025\times10^{-3}\ g$，测量范围±20 g
Sensonor	STIM300	陀螺仪：零偏0.5(°)/h，测量范围±400(°)/s 加速度计：零偏$0.05\times10^{-3}\ g$，测量范围±10 g
ADI	ADIS16488	陀螺仪：零偏5(°)/h，测量范围±450(°)/s 加速度计：零偏$0.07\times10^{-3}\ g$，测量范围±18g
Xsens	MTi-100	陀螺仪：零偏10(°)/h，测量范围±450(°)/s 加速度计：零偏$0.04\times10^{-3}\ g$，测量范围±20 g

美国 Honeywell 公司在获得了 Draper 实验室振动陀螺仪和扭摆式加速度计技术授权的基础上，制订了围绕微惯性传感器展开 MIMU 研究的发展计划，并将其主要应用于武器系统制导中。较成熟的产品包括精度较高的 HG1900 型 MIMU 和抗高过载的 HG1930 型 MIMU。其中，HG1900 型如图 1-6 所示，其由三个 MEMS 加速度计和三个 MEMS 陀螺仪组装而成。三个加速度计和三个陀螺仪均为单轴模块，它们与电源模块和信号处理模块共同完成六轴测量。陀螺仪的量程最大可达 7200(°)/h，零偏重复性为 20(°)/h，加速度计最大量程达到 85g，零偏重复性为 $5\times10^{-3}g$。整个系统的功耗小于 3 W。

图 1-6 Honeywell 公司 HG1900 型 MIMU

微惯性测量单元的另一种实现途径是将多个 MEMS 敏感结构制作在一个芯片上，将 MEMS 芯片和 ASIC 电路芯片通过引线键合连接达到六轴测量的目的，以实现更高的集成度和更小的体积。该方案可以把六轴 MEMS 芯片和 ASIC 芯片共同封装在一个陶瓷管壳内，形成的 MIMU 与目前单轴微惯性传感器体积相当。主要的生产厂家包括 ST、Bosch、Invensense、Maxim 公司等。ST 公司研制的 LSM330 型 MIMU 如图 1-7 所示，其能够同时测量三个方向的加速度信号和三个方向的角速度信号，角速度测量通道最大量程为±2000(°)/s，加速度测量通道最大量程为±16g，整个器件尺寸仅为 2.5 mm×3 mm×0.83 mm。

图 1-7 ST 公司 LSM330 型 MIMU

和立体组装方案相比，敏感结构单片集成方案在体积、功耗等方面具有突出优势，但目前采用该方法研制的 MIMU 精度普遍比较低，多用于消费和工业领域。总之，MIMU 正朝着高精度、小体积、集成化、实用化、高可靠的方向发展，在系统中的应用也越来越普遍。在对成本和体积敏感的应用领域，MIMU 势必取代体积大、成本高的传统惯性测量单元。

相比国外，我国 MIMU 的设计与研发起步较晚，主要的参研单位有清华大学、复旦大学等高校，中国科学院上海微系统与信息技术研究所、航天九院十三所等研究所，以及北斗星通、国卫星通等公司。这些单位在基础理论、加工工艺以及工程应用等方面取得了长足的进展。例如，北斗星通公司生产的 KY-INS112 型 MIMU，陀螺仪零偏稳定性达到 6(°)/h，加速度计零偏稳定性达到 $0.4\times10^{-3}g$，温度适应范围为 $-40\sim70$ ℃。总体来看，国内研制的微惯性测量单元主要还是三个单轴加速度计和三个陀螺仪采用立体组装方式集成，虽然产品指标能够满足一些现有领域的使用要求，但还存在体积偏大、安装精度差、成本较高等问题，在系统设计、封装测试、电路集成等方面较国外产品还有一定的差距。

1.2 微惯性传感器的应用

微惯性传感器具有体积小、质量轻、功耗低、成本低、可靠性高等显著优势。这些特点使其能够在各种复杂环境中提供连续、高精度的测量数据，成为军民领域不可或缺的关键部件。不同精度的微惯性传感器有不同的应用领域，如表 1-4 所示。低精度微惯性传感器主要应用于消费电子领域，中精度微惯性传感器主要应用于汽车行业，高精度微惯性传感器主要应用于航天和国防领域。随着高精度微惯性传感器的不断更新迭代，其未来应用领域将更为广泛。

表 1-4 不同精度微惯性传感器应用领域

类型	应用领域
低精度	以消费电子领域为代表，如手机、游戏机、数码相机、计步器、GPS 导航、玩具级无人机等产品，基本功能是测量物体的直线加速度、倾斜角度、转动速度等
中精度	以汽车领域为代表，如安全气囊系统、电子稳定系统、防侧翻系统、GPS 辅助导航系统、自动驾驶系统等，另外还有工业自动化、机器人、工业级无人机等领域
高精度	以航天和国防领域为代表，包括导弹导引头、天线指向控制、智能炮弹、水下物体导航、飞机姿态监控、机器人等

1.2.1 民用领域

在民用领域，微惯性传感器因尺寸小、功耗低和成本低等优点，在自动驾驶与智能交通、消费电子、工业自动化与机器人、航空航天与遥感探测等多个领域得到了广泛应用。

1. 自动驾驶与智能交通

在汽车中，中精度微惯性传感器被广泛应用于电子稳定系统(ESP 或 ESC)、GPS 辅助导航系统、安全气囊系统等。它能够实时监测车辆的姿态和动态信息，为驾驶员提供更加安全和舒适的驾驶体验。例如，在汽车发生碰撞时，安全气囊系统会利用微惯性传感器检测到的数据来判断是否需要弹出气囊以保护驾驶人和乘客安全。

随着自动驾驶技术的快速发展，微惯性传感器在智能交通领域的应用日益广泛。自动驾驶汽车、无人机等通过集成 MEMS 陀螺仪和加速度计，实现了对姿态、速度和位置的精确感知与控制。这些器件的高精度测量能力，为自动驾驶系统提供了可靠的导航和定位信息，确保了车辆或飞行器在复杂交通环境中保持稳定的行驶状态。

2. 消费电子

在消费电子领域，微惯性传感器的应用同样广泛。智能手机、平板电脑、可穿戴设备等消费电子产品通过集成低精度MEMS陀螺仪和加速度计，实现了屏幕自动旋转、运动追踪、健康监测等多种功能。微惯性传感器的高集成度和低成本优势，使得消费电子产品更加智能化、便捷化。

例如，在手机中，微惯性传感器被广泛应用于屏幕自动旋转、步数计数、游戏控制等功能。而在游戏机中，微惯性传感器则用于监测玩家的动作和姿态，从而提供更加沉浸式的游戏体验。例如，iPhone手机就内置了多个低精度微惯性传感器，以实现上述功能；任天堂的Wii游戏机通过内置的MEMS加速度计和陀螺仪来感知玩家的动作。

3. 工业自动化与机器人

在工业自动化与机器人领域，微惯性传感器的应用同样重要。工业自动化生产线上的机器人和机械臂通过集成MEMS陀螺仪和加速度计，实现对运动轨迹的精确控制和姿态调整。这些器件的高精度测量能力，使得机器人能够在复杂的工作环境中保持稳定的运行状态和较高的作业效率。

同时，微惯性传感器还广泛应用于工业监测和故障诊断系统中。微惯性传感器通过对设备运行状态的实时监测和分析，及时发现并处理潜在故障问题，提高设备可靠性和生产安全性。

4. 航空航天与遥感探测

在航空航天与遥感探测领域，微惯性传感器同样发挥着重要作用。无人机、卫星等航空航天器通过集成MEMS陀螺仪和加速度计，实现对飞行姿态和轨道的精确控制。这些器件的高精度测量能力，为航空航天器提供了可靠的导航和定位信息，确保其在复杂空间环境中保持稳定的运行状态。

在遥感探测领域，微惯性传感器广泛应用于卫星遥感、地面遥感等多种探测方式。对探测目标运动状态的实时监测和分析，可以为科研人员提供丰富的数据支持，推动遥感探测技术的不断发展。

1.2.2 军用领域

在军用领域，高精度微惯性传感器被广泛应用于精确制导武器、无人作战平台、航天器姿态控制系统等场景。它们能够提供准确的姿态和位置信息，确保武器的精确打击能力和作战效果。例如，在导弹制导系统中，高精度微惯性传感器可以实时监测导弹的飞行姿态和速度信息，确保导弹能够准确命中目标。

1. 精确制导武器

高精度的微惯性传感器在精确制导武器中的应用尤为广泛。在导弹、制导炸弹等武器系统中，微惯性传感器与GPS、卫星导航系统等相结合，构成复合制导系统，实现对目标的精确打击。MEMS陀螺仪和加速度计的高精度测量能力，使得武器系统能够在复杂电磁环境下保持稳定的导航性能，提高打击精度。

此外，微惯性传感器还广泛应用于战术导弹的稳定平台和导引头系统中。微惯性传感器通过实时监测导弹的姿态和角速度变化，实现对导弹飞行轨迹的精确控制，确保导弹能够准确命中目标。

20 世纪 90 年代，美国 DARPA 启动了一系列微惯性传感器技术的研究项目。在其资助下，Draper、Honeywell、NOC、BAE 等均研制出军用微惯性传感器，并在军用产品中实现批量应用。精确制导武器用微惯性传感器的性能指标应在全工作温度区域得到保证。其中，小量程加速度计的量程为 10 g～100 g，零偏稳定性小于 $10\times10^{-3}g$；大部分陀螺仪的量程为 100～500(°)/s，零偏稳定性为 0.2～1(°)/h。目前，微惯性传感器在常规武器的制导化改造、中近程战术导弹、军用惯性平台、军用航空载具姿态测量等领域获得了广泛应用，是防空导弹、反坦克导弹、便携式导弹、航空制导炸弹、制导弹药等制导武器系统的必然选择，也是惯性制导与导航技术的发展方向。

微惯性传感器应用的典型案例是美军神剑制导炮弹，如图 1-8 所示。神剑制导炮弹是美国陆军历时 15 年、耗资 10 亿美元开发的一种新型智能炮弹，是炮弹和导弹的“混血儿”。在普通弹丸上加装制导装置后，神剑具有自主搜寻、探测、捕获和攻击目标的能力。它既像普通炮弹那样由火炮发射，又像导弹那样能捕捉目标。它的制导装置采用的是 MEMS 陀螺仪构成的惯性导航系统和 GPS 的组合。

图 1-8　神剑制导炮弹

2. 无人作战平台

无人机、无人车等无人作战平台是现代战争中的重要力量。微惯性传感器在这些平台中扮演着关键角色，为平台提供精确的姿态控制、导航定位功能。通过集成 MEMS 陀螺仪和加速度计，无人作战平台能够在复杂多变的战场环境中保持稳定的飞行或行驶状态，执行侦察、打击、支援等多种任务。

无人机作为空中作战平台，其导航和姿态控制对精度和稳定性要求极高。21 世纪后，DARPA 先后制订了多个针对微惯性传感器和系统研制的具体发展计划。在器件级，DARPA 在 2005 年启动了“导航级集成微机械陀螺仪(NGIMG)”项目。NGIMG 项目主要研发低功耗微型角速率传感器，在 GPS 拒止环境下为单兵、车辆、无人机等小型作战平台提供支持。NGIMG 项目的研究目标是：零偏稳定性为 0.01(°)/h，角度随机游走(ARW)为 $0.001(°)/\sqrt{h}$，刻度因子稳定性优于 50×10^{-6}，量程大于 500(°)/s，带宽为 300 Hz，功耗小于 5 mW，尺寸为 1 cm^3。2010 年，DARPA 启动了“微尺度速率积分陀螺仪(MRIG)”项目。MRIG 项目主要资助微半球陀螺仪的研制，目的是为高动态的空间武器提供支撑。MRIG 项目的研究目标是：量程为 15 000(°)/s，零偏稳定性优于 0.01(°)/h，ARW 为 $0.001(°)/\sqrt{h}$，刻度因子重复性为 1×10^{-8}，工作温度拓展至 −55～85 ℃。微惯性传感器的集成应用，使得无人机能够在无

GPS信号或信号受干扰的情况下，依然保持稳定的飞行姿态和精确的导航性能，确保任务的顺利完成。

美国BEI公司研制出的GyroChip™系列微机械陀螺仪，如Horizon、QRS11、QRS116、SDD3000，是一类高性能的固态石英音叉型振动陀螺仪。其中，QRS116已经应用到捕食者无人机上，而SDD3000则已应用于全球鹰无人机的稳定平台中。

3. 航天器姿态控制系统

在航天领域，微惯性传感器同样发挥着重要作用。航天器在轨运行期间，需要保持稳定的姿态和轨道，以确保任务的顺利完成。MEMS陀螺仪和加速度计的应用，为航天器提供了高精度的姿态和轨道测量数据，配合控制系统实现航天器的精确姿态控制和轨道调整。

在小型卫星和纳米卫星中，由于体积和重量的限制，传统惯性器件的应用受到很大限制。而微惯性传感器以其体积小、质量轻、功耗低等优势，成为这些卫星姿态控制和导航系统的理想选择。

第2章 基础理论

微惯性传感器测量到的信息是相对于惯性空间的，姿态的最终表示需要进行坐标系的转换。同时，不同的姿态表示方式也具有各自的特点。本章简要介绍微惯性系统的常用坐标系、坐标系转换、姿态表示方法及姿态更新算法。

2.1 常用坐标系及坐标系转换

载体的运动参数是相对某个参数而言的，描述载体运动需要建立参考坐标系。本节简要介绍微惯性系统的常用坐标系和坐标系转换。

2.1.1 常用坐标系

1. 惯性坐标系(i 系)

原点 O_e 位于地心、相对于恒星固定的坐标系定义为惯性坐标系。O_ez_i 沿地球自转轴指向正北，O_ex_i、O_ey_i 在地球赤道平面内相互垂直，且和 O_ez_i 组成右手坐标系，如图 2-1 所示。

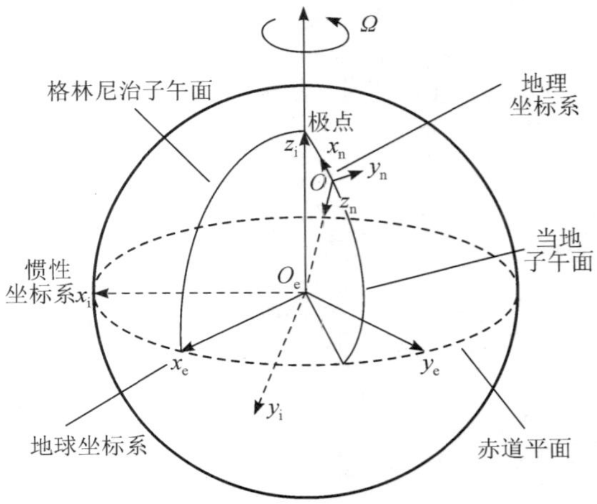

图 2-1 惯性坐标系、地球坐标系和地理坐标系

2. 地球坐标系(e 系)

地球坐标系是原点位于地心，与地球固联，其中一轴与极轴重合的右手直角坐标系。地球坐标系中 O_ez_e 与 O_ez_i 重合，O_ex_e 与 O_ey_e 在地球赤道平面内，O_ex_e 指向零子午线，O_ey_e 指向东经 90°方向，如图 2-1 所示。该坐标系相对惯性坐标系以地球自转角速率 Ω 旋转，$\Omega=15.041\ 088(°)/h$。运动体在该坐标系内的定位多采用经度 λ、纬度 φ 和与地心的距离 R 来表征。

3. 地理坐标系(n 系)

地理坐标系是原点位于运动载体所在的地球表面，其中一轴与地理垂线重合的右手直角坐标系。导航坐标系是一种地理坐标系，用于车辆导航时，该坐标系的原点 O 选取为车辆重心处，Ox_n 指北，Oy_n 指东，Oz_n 沿当地垂线方向(向下)，三轴构成右手坐标系，这种坐标系通常称北东地坐标系(North East Down，NED)，如图 2－1 所示。地理坐标系的坐标轴还有不同的取法，如北西天、东北天等。

4. 载体坐标系(b 系)

载体坐标系是一个与运动载体固连的正交坐标系，往往可以用于确定载体相对地理坐标系的角位置。如图 2－2 所示，原点 O 位于载体的重心，Ox_b 为载体的横滚轴，沿载体的前进方向；Oy_b 对应载体的俯仰轴，垂直于载体纵切面指向载体右侧；Oz_b 为载体航向轴，指向下方，三轴构成右手坐标系。载体的航向角 ψ、俯仰角 θ 和横滚角 ϕ 正是基于载体坐标系相对于地理坐标系的转动来确定的。

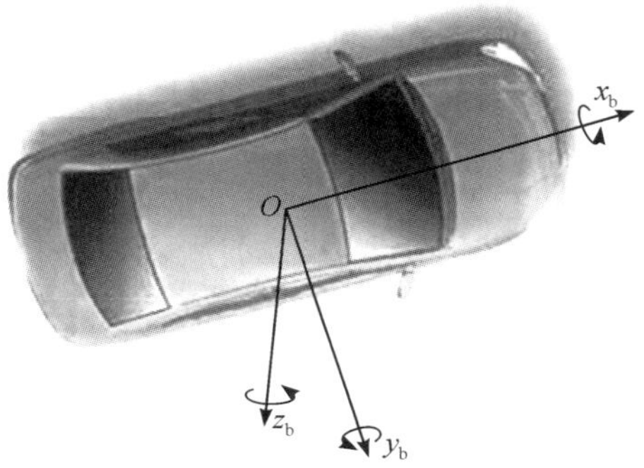

图 2－2 载体坐标系

2.1.2 坐标系转换

坐标系转换是将一个矢量在某一坐标系中的投影值变换成另一个坐标系中的投影值。坐标系转换是导航技术的基础，选用合适的坐标系会为相应问题的分析带来很大的方便。任意两个坐标系之间都可以通过三次有规则的转动来转换。两个坐标系之间的转换关系用转换矩阵表示，转换矩阵是三个欧拉角的三角函数表达式。

坐标系最主要的转换是坐标系的平移和坐标系的旋转。其中，坐标系的旋转有三种，即绕 x 轴、y 轴、z 轴；坐标系的平移也有三种，沿 x 轴、y 轴、z 轴。

当坐标系平移时，此时平移前后的两坐标系仅原点不同，而坐标轴指向、尺寸相同，两坐标系的转换公式为

$$\begin{bmatrix} X \\ Y \\ Z \end{bmatrix} = \begin{bmatrix} X_0 \\ Y_0 \\ Z_0 \end{bmatrix} + \begin{bmatrix} X' \\ Y' \\ Z' \end{bmatrix} \tag{2-1}$$

式中，(X', Y', Z')是转换前坐标系的坐标；(X, Y, Z)是转换后新坐标系的坐标；(X_0, Y_0, Z_0)是原坐标系的原点在新坐标系的坐标，即平移参数。

坐标系轴向不同，其三个坐标轴之间存在因不平行而引起的夹角。因此，通常坐标系

间的转换包括一次平移和三次旋转变换，记顺时针旋转时旋转角度为正，逆时针旋转为负。下面按照绕 z 轴→y 轴→x 轴的顺序进行分析，注意每一次旋转在上一次的基础上进行。

1. 绕 z 轴旋转角度 ψ

如图 2-3 所示，保持 Oz 轴不动，xOy 按右手规则旋转角度 ψ，则 Ox 转到 Ox_1，Oy 转到 Oy_1，此时新坐标为

$$\begin{cases} x_1 = x\cos\psi + y\cos\left(\frac{\pi}{2}-\psi\right) = x\cos\psi + y\sin\psi \\ y_1 = x\cos\left(\frac{\pi}{2}+\psi\right) + y\cos\psi = -x\sin\psi + y\cos\psi \\ z_1 = z \end{cases} \tag{2-2}$$

用矩阵表示为

$$\boldsymbol{P}_1 = \begin{bmatrix} x_1 \\ y_1 \\ z_1 \end{bmatrix} = \begin{bmatrix} \cos\psi & \sin\psi & 0 \\ -\sin\psi & \cos\psi & 0 \\ 0 & 0 & 1 \end{bmatrix} \begin{bmatrix} x \\ y \\ z \end{bmatrix} = \boldsymbol{R}_z(\psi)\boldsymbol{P} \tag{2-3}$$

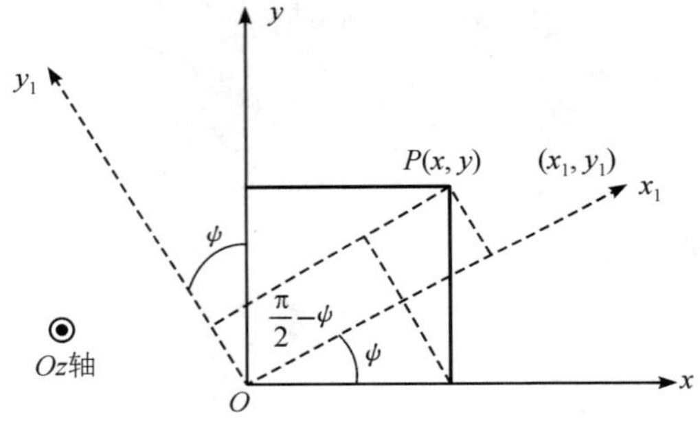

图 2-3 绕 z 轴旋转 ψ 角度示意图

2. 绕 y_1 轴旋转角度 θ

如图 2-4 所示，保持 Oy_1 轴不动，x_1Oz_1 按右手规则旋转角度 θ，则 Ox_1 转到 Ox_2，Oz_1 转到 Oz_2。

同理可得，旋转后新坐标的矩阵表达式为

$$\begin{aligned} \boldsymbol{P}_2 &= \begin{bmatrix} x_2 \\ y_2 \\ z_2 \end{bmatrix} \\ &= \begin{bmatrix} \cos\theta & 0 & -\sin\theta \\ 0 & 1 & 0 \\ \sin\theta & 0 & \cos\theta \end{bmatrix} \begin{bmatrix} x_1 \\ y_1 \\ z_1 \end{bmatrix} \\ &= \boldsymbol{R}_y(\theta)\boldsymbol{P}_1 \\ &= \boldsymbol{R}_y(\theta)\boldsymbol{R}_z(\psi)\boldsymbol{P} \\ &= \boldsymbol{R}_y(\theta)\boldsymbol{R}_z(\psi)\begin{bmatrix} x \\ y \\ z \end{bmatrix} \end{aligned} \tag{2-4}$$

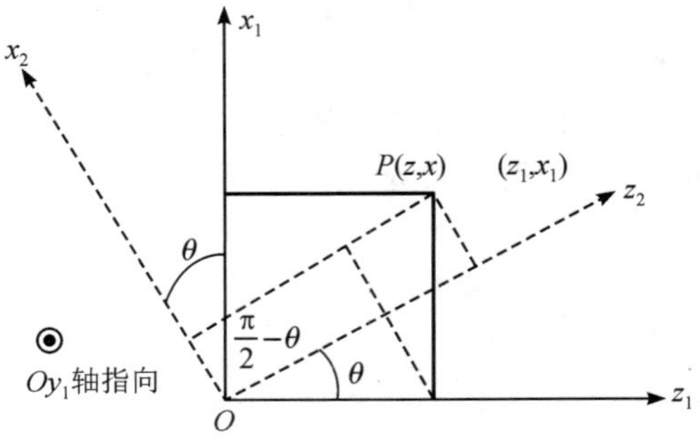

图 2-4 绕 y 轴旋转角度 θ 示意图

3. 绕 x_2 轴向旋转角度 ϕ

如图 2-5 所示，保持 Ox_2 轴不动，y_2Oz_2 按右手规则旋转 ϕ 角度，则 Oy_2 转到 Oy_3，Oz_2 转到 Oz_3。

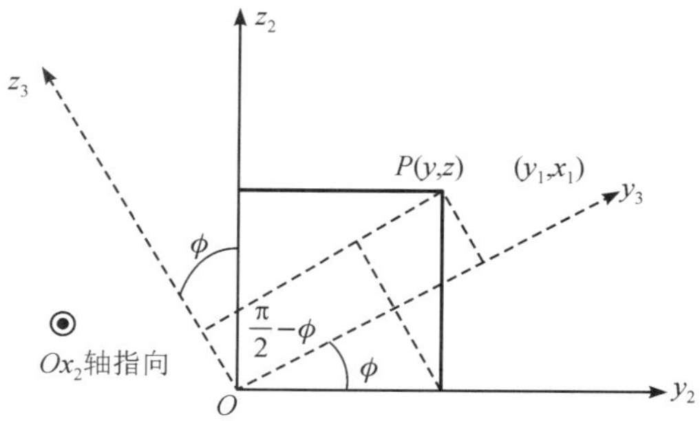

图 2-5　绕 x 轴旋转角度 ϕ 示意图

同理可得

$$\boldsymbol{P}_3=\begin{bmatrix}x_3\\y_3\\z_3\end{bmatrix}=\begin{bmatrix}1&0&0\\0&\cos\phi&\sin\phi\\0&-\sin\phi&\cos\phi\end{bmatrix}\begin{bmatrix}x_2\\y_2\\z_2\end{bmatrix}$$

$$=\boldsymbol{R}_x(\phi)\boldsymbol{P}_2=\boldsymbol{R}_x(\phi)\boldsymbol{R}_y(\theta)\boldsymbol{R}_z(\psi)\boldsymbol{P}$$

$$=\boldsymbol{R}_x(\phi)\boldsymbol{R}_y(\theta)\boldsymbol{R}_z(\phi)\begin{bmatrix}x\\y\\z\end{bmatrix}\tag{2-5}$$

由此可见，坐标系沿 x、y、z 三个轴的旋转矩阵分别为

$$\boldsymbol{R}_x(\phi)=\begin{bmatrix}1&0&0\\0&\cos\phi&\sin\phi\\0&-\sin\phi&\cos\phi\end{bmatrix}\tag{2-6}$$

$$\boldsymbol{R}_y(\theta)=\begin{bmatrix}\cos\theta&0&-\sin\theta\\0&1&0\\\sin\theta&0&\cos\theta\end{bmatrix}\tag{2-7}$$

$$\boldsymbol{R}_z(\psi)=\begin{bmatrix}\cos\psi&\sin\psi&0\\-\sin\psi&\cos\psi&0\\0&0&1\end{bmatrix}\tag{2-8}$$

因此，只要确定两个坐标系沿三个坐标轴的旋转角度，就可以计算出两坐标系的旋转关系。例如坐标系 $Ox_1y_1z_1$ 到坐标系 $Ox_2y_2z_2$ 的旋转顺序为沿 y 轴→x 轴→z 轴，旋转的角度依次为 $-\theta_1$、$-\phi_1$、ψ_1，则两坐标系的转换关系为

$$\begin{bmatrix}X_2\\Y_2\\Z_2\end{bmatrix}=\boldsymbol{R}_z(\psi_1)\boldsymbol{R}_x(-\phi_1)\boldsymbol{R}_y(-\theta_1)\begin{bmatrix}X_1\\Y_1\\Z_1\end{bmatrix}\tag{2-9}$$

其中，(X_2, Y_2, Z_2)是转换后坐标系的坐标，(X_1, Y_1, Z_1)是转换前坐标系的坐标。

需要注意的是，当绕不同的坐标轴作一系列转动时，载体姿态的变化不仅是绕每根轴转动角度的函数，而且还是转动顺序的函数，如图 2-6 所示。虽然图 2-6 中所示的情况有些极端，但其非常清楚地表明，转动的顺序尤为重要。

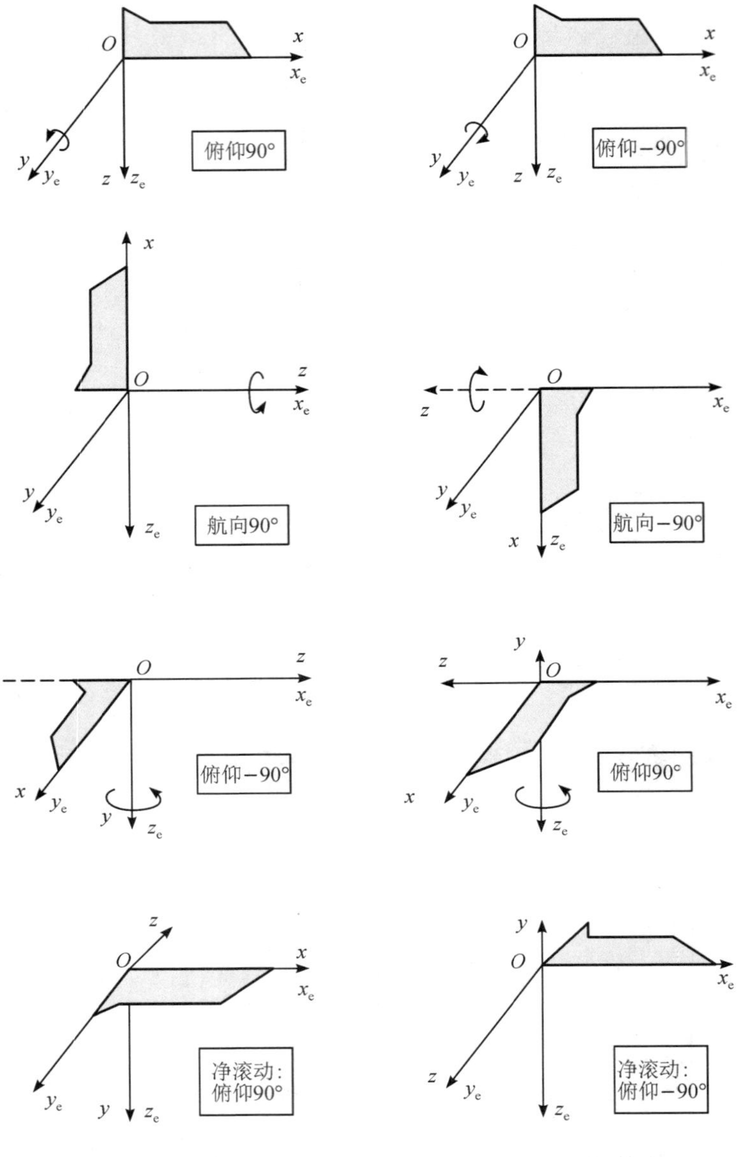

(a) 转动一　　(b) 转动二

图 2-6　载体转动顺序的影响

图 2-6 中，转动相对于右手直角坐标系。图 2-6(a)转动的顺序为：先绕俯仰轴 y 转动 90°，再绕航向轴 z 转动 90°，最后绕俯仰轴 y 转动 −90°。依次完成转动后，绕横滚轴 x 发生了 90°的净转动。在图 2-6(b)中，转动的顺序正好相反。虽然转动结束时，载体的横滚轴仍对准在原来的方向，但横滚轴 x 发生了 −90°的净转动。

由此可见，确定两坐标系转换关系的关键在于确定旋转的顺序和旋转的角度，当旋转顺序不一致时，与此对应的旋转角度也不相同。很明显，如不考虑轴系的转动顺序，在计算姿态时将会引起很大的误差。

2.2 常用姿态表示方法

在确定了坐标系以后，需要选取姿态角表示方法来对载体姿态角进行表示。通常，姿态可以被认为是两个坐标系之间的旋转。本节分别介绍方向余弦、欧拉角以及四元数三种常用的姿态表示方法。

2.2.1 方向余弦

1. 方向余弦矩阵的定义

方向余弦矩阵是一个3×3矩阵，用符号 $\boldsymbol{C}_{\mathrm{b}}^{\mathrm{n}}$ 表示。矩阵的列表示载体坐标系中的单位矢量在参考坐标系中的投影。$\boldsymbol{C}_{\mathrm{b}}^{\mathrm{n}}$ 形式为

$$\boldsymbol{C}_{\mathrm{b}}^{\mathrm{n}}=\begin{bmatrix} c_{11} & c_{12} & c_{13} \\ c_{21} & c_{22} & c_{23} \\ c_{31} & c_{32} & c_{33} \end{bmatrix} \tag{2-10}$$

式中，第 i 行、第 j 列的元素 c_{ij} 表示参考坐标系 i 轴和载体坐标系 j 轴夹角的余弦。

参考坐标系中的矢量可以由载体坐标系中的矢量左乘方向余弦矩阵 $\boldsymbol{C}_{\mathrm{b}}^{\mathrm{n}}$ 来实现，表达式为

$$\boldsymbol{r}^{\mathrm{n}}=\boldsymbol{C}_{\mathrm{b}}^{\mathrm{n}}\boldsymbol{r}^{\mathrm{b}} \tag{2-11}$$

2. 方向余弦矩阵随时间的传递

$\boldsymbol{C}_{\mathrm{b}}^{\mathrm{n}}$ 随时间的变化率为

$$\dot{\boldsymbol{C}}_{\mathrm{b}}^{n}=\lim_{\delta t\to 0}\frac{\delta\boldsymbol{C}_{\mathrm{b}}^{\mathrm{n}}}{\delta t}=\lim_{\delta t\to 0}\frac{\boldsymbol{C}_{\mathrm{b}}^{\mathrm{n}}(t+\delta t)-\boldsymbol{C}_{\mathrm{b}}^{\mathrm{n}}(t)}{\delta t} \tag{2-12}$$

式中，$\boldsymbol{C}_{\mathrm{b}}^{\mathrm{n}}(t)$和$\boldsymbol{C}_{\mathrm{b}}^{\mathrm{n}}(t+\delta t)$分别表示 t 时刻和 $t+\delta t$ 时刻的方向余弦矩阵。$\boldsymbol{C}_{\mathrm{b}}^{\mathrm{n}}(t+\delta t)$可以表示成两个矩阵的乘积形式

$$\boldsymbol{C}_{\mathrm{b}}^{\mathrm{n}}(t+\delta t)=\boldsymbol{C}_{\mathrm{b}}^{\mathrm{n}}(t)\boldsymbol{A}(t) \tag{2-13}$$

式中，$\boldsymbol{A}(t)$是一个联系b系从 t 时刻到 $t+\delta t$ 时刻的方向余弦矩阵。对于小角度转动，$\boldsymbol{A}(t)$可以表示为

$$\boldsymbol{A}(t)=[\boldsymbol{I}+\delta\boldsymbol{\psi}] \tag{2-14}$$

式中，$\boldsymbol{I}$ 是一个3×3的单位阵，$\delta\boldsymbol{\psi}$ 为

$$\delta\boldsymbol{\psi}=\begin{bmatrix} 0 & -\delta\psi & \delta\theta \\ \delta\psi & 0 & -\delta\phi \\ -\delta\theta & \delta\phi & 0 \end{bmatrix} \tag{2-15}$$

式中，$\delta\psi$、$\delta\theta$ 和 $\delta\phi$ 分别表示b系绕其航向轴、俯仰轴和横滚轴在 δt 时间间隔内转动的小角度。在 δt 趋近于零时，小角度近似是有效的，而且转动的次序变得不重要。

将式(2-13)、式(2-14)、式(2-15)代入式(2-12)得

$$\dot{\boldsymbol{C}}_{\mathrm{b}}^{\mathrm{n}}=\boldsymbol{C}_{\mathrm{b}}^{\mathrm{n}}\lim_{\delta t\to 0}\frac{\delta\boldsymbol{\Psi}}{\delta t} \tag{2-16}$$

在 δt 趋近于零时，$\frac{\delta\boldsymbol{\Psi}}{\delta t}$是角速度矢量 $\boldsymbol{\omega}_{\mathrm{n}}^{\mathrm{b}}=[\omega_x\quad\omega_y\quad\omega_z]^{\mathrm{T}}$ 的斜对称阵形式，表示 b 系相对于 n 系在载体轴系的转动角速度，即

$$\lim_{\delta t\to 0}\frac{\delta\boldsymbol{\Psi}}{\delta t}=\boldsymbol{\Omega}_{\mathrm{n}}^{\mathrm{b}} \tag{2-17}$$

代入式(2-16)，得

$$\dot{\boldsymbol{C}}_{\mathrm{b}}^{\mathrm{n}}=\boldsymbol{C}_{\mathrm{b}}^{\mathrm{n}}\boldsymbol{\Omega}_{\mathrm{n}}^{\mathrm{b}} \tag{2-18}$$

式中，$\boldsymbol{\Omega}_{\mathrm{n}}^{\mathrm{b}}=\begin{bmatrix}0 & -\omega_z & \omega_y\\ \omega_z & 0 & -\omega_x\\ -\omega_y & \omega_x & 0\end{bmatrix}$，其为载体坐标系相对于地理坐标系角速度矢量的反对称矩阵，式(2-18)所示可写为

$$\begin{bmatrix}\dot{c}_{11} & \dot{c}_{12} & \dot{c}_{13}\\ \dot{c}_{21} & \dot{c}_{22} & \dot{c}_{23}\\ \dot{c}_{31} & \dot{c}_{32} & \dot{c}_{33}\end{bmatrix}=\begin{bmatrix}c_{11} & c_{12} & c_{13}\\ c_{21} & c_{22} & c_{23}\\ c_{31} & c_{32} & c_{33}\end{bmatrix}\begin{bmatrix}0 & -\omega_z & \omega_y\\ \omega_z & 0 & -\omega_x\\ -\omega_y & \omega_x & 0\end{bmatrix} \tag{2-19}$$

式(2-19)可以在捷联惯性导航系统的计算机中解算，以跟踪载体相对于选定参考坐标系的姿态。它的分量形式为

$$\dot{c}_{11}=c_{12}\omega_z-c_{13}\omega_y,\quad \dot{c}_{12}=c_{13}\omega_x-c_{11}\omega_z,\quad \dot{c}_{13}=c_{11}\omega_y-c_{12}\omega_x$$
$$\dot{c}_{21}=c_{22}\omega_z-c_{23}\omega_y,\quad \dot{c}_{22}=c_{23}\omega_x-c_{21}\omega_z,\quad \dot{c}_{23}=c_{21}\omega_y-c_{22}\omega_x$$
$$\dot{c}_{31}=c_{32}\omega_z-c_{33}\omega_y,\quad \dot{c}_{32}=c_{33}\omega_x-c_{31}\omega_z,\quad \dot{c}_{33}=c_{31}\omega_y-c_{32}\omega_x$$

从中可以看出，采用方向余弦矩阵求解姿态矩阵不存在“奇点”，可以在整个角度范围内求解。但是方向余弦法要同时求解 9 个一阶微分方程式，计算量大，实时性也不太好，因此在工程实际中很少采用。

2.2.2 欧拉角

瑞士数学家欧拉在对刚体转动过程进行研究时首次提出了欧拉角的概念。从欧拉角的概念可以看出，欧拉角与前文定义的三维姿态角是等价的，这是因为刚体在空间内的转动从根本上反映的就是两个坐标系间的相对转动。

1. 欧拉角的定义

如图 2-7 所示，从地理坐标系 $Ox_{\mathrm{n}}y_{\mathrm{n}}z_{\mathrm{n}}$ 到载体坐标系 $Ox_{\mathrm{b}}y_{\mathrm{b}}z_{\mathrm{b}}$ 可以通过绕不同坐标轴的三次连续转动来实现，坐标轴旋转的角度称为欧拉角。图中，首先绕着航向轴转动航向角 ψ，然后绕着俯仰轴转动俯仰角 θ，最后绕着横滚轴转动横滚角 ϕ。

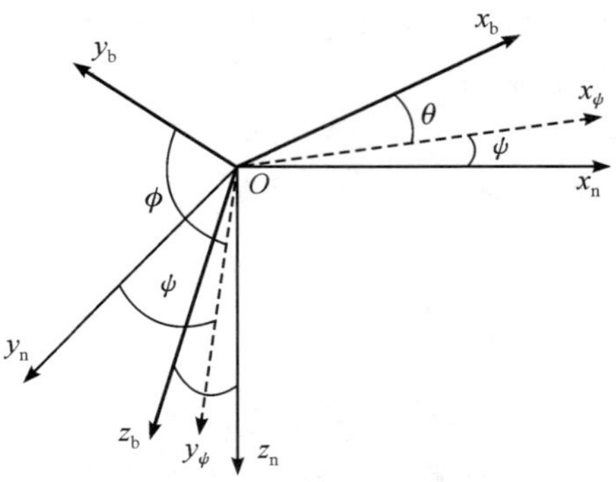

图 2-7 欧拉角旋转关系图

三次转动可以用数学方法表述成三个独立的

方向余弦矩阵，分别定义为

$$\boldsymbol{C}_1=\begin{bmatrix}\cos\psi & \sin\psi & 0\\ -\sin\psi & \cos\psi & 0\\ 0 & 0 & 1\end{bmatrix},\ \boldsymbol{C}_2=\begin{bmatrix}\cos\theta & 0 & -\sin\theta\\ 0 & 1 & 0\\ \sin\theta & 0 & \cos\theta\end{bmatrix},\ \boldsymbol{C}_3=\begin{bmatrix}1 & 0 & 0\\ 0 & \cos\phi & \sin\phi\\ 0 & -\sin\phi & \cos\phi\end{bmatrix}$$

地理坐标系到载体坐标系的变换可以用这 3 个独立变换的乘积表示，即

$$\boldsymbol{C}_{\mathrm{n}}^{\mathrm{b}}=\boldsymbol{C}_3\boldsymbol{C}_2\boldsymbol{C}_1$$

经计算可得

$$\boldsymbol{C}_{\mathrm{n}}^{\mathrm{b}}=\begin{bmatrix}C\theta S\psi & C\theta S\psi & -S\theta\\ -C\phi S\psi+S\phi S\theta C\psi & C\phi C\psi+S\phi S\theta S\psi & S\phi C\theta\\ S\phi S\psi+C\phi S\theta C\psi & -S\phi C\psi+C\phi S\theta S\psi & C\phi C\theta\end{bmatrix}\tag{2-20}$$

其中，S 代表正弦运算，C 代表余弦运算。

同样地，载体坐标系到参考系的变换可以由下式给出：

$$\boldsymbol{C}_{\mathrm{b}}^{\mathrm{n}}=(\boldsymbol{C}_{\mathrm{n}}^{\mathrm{b}})^{\mathrm{T}}=\boldsymbol{C}_1^{\mathrm{T}}\boldsymbol{C}_2^{\mathrm{T}}\boldsymbol{C}_3^{\mathrm{T}}$$

经解算得

$$\boldsymbol{C}_{\mathrm{b}}^{\mathrm{n}}=\begin{bmatrix}C\theta C\psi & -C\phi S\psi+S\phi S\theta C\psi & S\phi S\psi+C\phi S\theta C\psi\\ C\theta S\psi & C\phi C\psi+S\phi S\theta S\psi & -S\phi C\psi+C\phi S\theta S\psi\\ -S\theta & S\phi C\theta & C\phi C\theta\end{bmatrix}\tag{2-21}$$

采用欧拉角时，应注意坐标系的定义以及旋转顺序，不同旋转顺序得到的 $\boldsymbol{C}_{\mathrm{b}}^{\mathrm{n}}$ 也不同。

2. 欧拉角随时间的传递

定义 ψ、θ、ϕ 为欧拉角，$\dot{\psi}$、$\dot{\theta}$、$\dot{\phi}$ 为欧拉角速率，ω_x、ω_y、ω_z 为三轴角速率，则三轴角速率与欧拉角速率的关系为

$$\begin{bmatrix}\omega_x\\ \omega_y\\ \omega_z\end{bmatrix}=\begin{bmatrix}\dot{\phi}\\ 0\\ 0\end{bmatrix}+\boldsymbol{C}_3\begin{bmatrix}0\\ \dot{\theta}\\ 0\end{bmatrix}+\boldsymbol{C}_3\boldsymbol{C}_2\begin{bmatrix}0\\ 0\\ \dot{\psi}\end{bmatrix}\tag{2-22}$$

其中，$\boldsymbol{C}_3$、$\boldsymbol{C}_2$ 分别为旋转角 θ、ϕ 对应的旋转矩阵。整理式(2-22)可得

$$\begin{bmatrix}\omega_x\\ \omega_y\\ \omega_z\end{bmatrix}=\begin{bmatrix}0 & 1 & -\sin\theta\\ \cos\phi & 0 & \sin\phi\cos\theta\\ -\sin\phi & 0 & \cos\phi\cos\theta\end{bmatrix}\begin{bmatrix}\dot{\theta}\\ \dot{\phi}\\ \dot{\psi}\end{bmatrix}\tag{2-23}$$

为了简化式(2-23)，令

$$\boldsymbol{C}=\begin{bmatrix}0 & 1 & -\sin\theta\\ \cos\phi & 0 & \sin\phi\cos\theta\\ -\sin\phi & 0 & \cos\phi\cos\theta\end{bmatrix}$$

则有三个欧拉角的微分方程为

$$\begin{bmatrix}\dot{\theta}\\ \dot{\phi}\\ \dot{\psi}\end{bmatrix}=(\boldsymbol{C})^{-1}\begin{bmatrix}\omega_x\\ \omega_y\\ \omega_z\end{bmatrix}=\begin{bmatrix}0 & \cos\phi & -\sin\phi\\ 1 & \sin\phi\tan\theta & \cos\phi\tan\theta\\ 0 & \sin\phi/\cos\theta & \cos\phi/\cos\theta\end{bmatrix}\begin{bmatrix}\omega_x\\ \omega_y\\ \omega_z\end{bmatrix}\tag{2-24}$$

式(2－24)可整理成分量形式：

$$\begin{cases}\dot{\phi}=(\omega_y\sin\phi+\omega_z\cos\phi)\tan\theta+\omega_x\\ \dot{\theta}=\omega_y\cos\phi-\omega_z\sin\phi\\ \dot{\psi}=(\omega_y\sin\phi+\omega_z\cos\phi)\sec\theta\end{cases}\tag{2-25}$$

式中，三个角速率分量 ω_x、ω_y、ω_z 可通过安装在载体上的角速率陀螺仪测得，可认为是已知量。求解微分方程(2－25)就可以直接得到载体的姿态角。

欧拉角微分方程非常简单，概念比较浅显易懂，并且在解算过程中不需要作正交化。但是方程中包含三角函数，很难进行实时的计算，当俯仰角趋近 90°时，方程会出现退化，在临近奇点的时候，误差就会变大，导致求解偏离实际。

2.2.3 四元数

1. 四元数的定义

1843 年哈密顿首先提出了四元数的数学概念，但是四元数在当时很少得到实际的应用。近年来，随着控制理论、计算机技术、惯性技术以及其他相关技术的发展，四元数被越来越多地应用于描述角运动。

四元数姿态表达式包含四个参数。它的基本思路是：一个坐标系到另一个坐标系的转换可以通过绕一个定义在参考坐标系中的矢量 $\boldsymbol{\mu}$ 的单次转动来实现。四元数用符号 $\boldsymbol{q}$ 表示，它是一个包含四个元素的矢量，这些元素是该矢量方向和转动角度的函数。

$$\boldsymbol{q}=\begin{bmatrix}q_0\\q_1\\q_2\\q_3\end{bmatrix}=\begin{bmatrix}\cos\left(\frac{\mu}{2}\right)\\ \left(\frac{\mu_x}{\mu}\right)\sin\left(\frac{\mu}{2}\right)\\ \left(\frac{\mu_y}{\mu}\right)\sin\left(\frac{\mu}{2}\right)\\ \left(\frac{\mu_z}{\mu}\right)\sin\left(\frac{\mu}{2}\right)\end{bmatrix}\tag{2-26}$$

式中，μ_x、μ_y、μ_z 是矢量$\boldsymbol{\mu}$ 的分量，μ 是其大小。

四元数也可以用其分量 q_0、q_1、q_2、q_3 表示成一个具有四个参数的复数形式，定义为

$$\boldsymbol{q}=q_0+q_1\mathrm{i}+q_2\mathrm{j}+q_3\mathrm{k}\tag{2-27}$$

式中，q_0、q_1、q_2、q_3 为实数，i、j、k 是虚数单位。四元数的模可表示为

$$\|q\|=\sqrt{q_0^2+q_1^2+q_2^2+q_3^2}\tag{2-28}$$

注意，四元数一般要进行归一化处理，确保四元数的模为 1。由于计算误差等因素，计算过程中四元数会逐渐失去规范化特性，因此若干次更新后，必须对四元数作规范化处理，即

$$q_i=\frac{q_i}{\sqrt{\hat{q}_0^2+\hat{q}_1^2+\hat{q}_2^2+\hat{q}_3^2}},\ i=0,\ 1,\ 2,\ 3\tag{2-29}$$

其中，$\hat{q}_0$、$\hat{q}_1$、$\hat{q}_2$、$\hat{q}_3$ 是四元数更新所得的值。

在载体坐标系定义的一个矢量 $\boldsymbol{r}^{\mathrm{b}}$ 可以直接利用四元数将其在参考系中表示为 $\boldsymbol{r}^{\mathrm{n}}$：

$$\boldsymbol{r}^{\mathrm{n}}=\boldsymbol{C}_{\mathrm{b}}^{\mathrm{n}}\boldsymbol{r}^{\mathrm{b}}\tag{2-30}$$

式中，$C_b^n=\begin{bmatrix} q_0^2+q_1^2-q_2^2-q_3^2 & 2(q_1q_2-q_0q_3) & 2(q_1q_3+q_0q_2) \\ 2(q_1q_2+q_0q_3) & q_0^2-q_1^2+q_2^2-q_3^2 & 2(q_2q_3-q_0q_1) \\ 2(q_1q_3-q_0q_2) & 2(q_2q_3+q_0q_1) & q_0^2-q_1^2-q_2^2+q_3^2 \end{bmatrix}$

2. 四元数随时间的传递

四元数随时间传递的公式为

$$\dot{\boldsymbol{q}}=\frac{1}{2}\boldsymbol{q}\cdot\boldsymbol{p}_n^b \tag{2-31}$$

用 $\boldsymbol{q}$ 的分量将式(2-31)表示成矩阵形式，同时代入 $\boldsymbol{p}_n^b=[0,(\boldsymbol{\omega}_n^b)^T]^T$，则可得四元数变化率与陀螺仪测量值的关系为

$$\dot{\boldsymbol{q}}=\begin{bmatrix}\dot{q}_0\\ \dot{q}_1\\ \dot{q}_2\\ \dot{q}_3\end{bmatrix}=\frac{1}{2}\begin{bmatrix} q_0 & -q_1 & -q_2 & -q_3 \\ q_1 & q_0 & -q_3 & q_2 \\ q_2 & q_3 & q_0 & -q_1 \\ q_3 & -q_2 & q_1 & q_0 \end{bmatrix}\begin{bmatrix}0\\ \omega_x\\ \omega_y\\ \omega_z\end{bmatrix} \tag{2-32}$$

即

$$\begin{cases} \dot{q}_0=-0.5(q_1\omega_x+q_2\omega_y+q_3\omega_z) \\ \dot{q}_1=0.5(q_0\omega_x-q_3\omega_y+q_2\omega_z) \\ \dot{q}_2=0.5(q_3\omega_x+q_0\omega_y-q_1\omega_z) \\ \dot{q}_3=-0.5(q_2\omega_x-q_1\omega_y-q_0\omega_z) \end{cases} \tag{2-33}$$

式(2-33)是四元数的姿态传递公式。在已知当前陀螺仪测量的角速率的情况下，可根据式(2-33)计算未来的姿态四元数。

四元数法实际上就是求解四个未知量的线性方程，计算量比方向余弦法小，同时可以避免欧拉角方法出现奇点的情况，而且算法相对简单。

2.2.4 方向余弦、欧拉角和四元数的关系

比较三种方法的表示公式，可知它们之间相互联系，方向余弦矩阵可以用欧拉角或四元数表示为

$$\begin{aligned} C_b^n&=\begin{bmatrix} c_{11} & c_{12} & c_{13} \\ c_{21} & c_{22} & c_{23} \\ c_{31} & c_{32} & c_{33} \end{bmatrix}=\begin{bmatrix} C\theta C\psi & -C\phi S\psi+S\phi S\theta C\psi & S\phi S\psi+C\phi S\theta C\psi \\ C\theta S\psi & C\phi C\psi+S\phi S\theta S\psi & -S\phi C\psi+C\phi S\theta S\psi \\ -S\theta & S\phi C\theta & C\phi C\theta \end{bmatrix} \\ &=\begin{bmatrix} q_0^2+q_1^2-q_2^2-q_3^2 & 2(q_1q_2-q_0q_3) & 2(q_1q_3+q_0q_2) \\ 2(q_1q_2+q_0q_3) & q_0^2-q_1^2+q_2^2-q_3^2 & 2(q_2q_3-q_0q_1) \\ 2(q_1q_3-q_0q_2) & 2(q_2q_3+q_0q_1) & (q_0^2-q_1^2-q_2^2+q_3^2) \end{bmatrix} \end{aligned} \tag{2-34}$$

比较式(2-34)的各个元素可以发现，四元数可以直接用欧拉角或方向余弦表示。同样地，欧拉角也可以用方向余弦或四元数表示。

1. 用方向余弦表示四元数

对于小角度位移，四元数参数可以用方向余弦矩阵的元素表示为

$$\begin{cases} q_0 = \dfrac{1}{2}(1 + c_{11} + c_{22} + c_{33})^{1/2} \\ q_1 = \dfrac{1}{4q_0}(c_{32} - c_{23}) \\ q_2 = \dfrac{1}{4q_0}(c_{13} - c_{31}) \\ q_3 = \dfrac{1}{4q_0}(c_{21} - c_{12}) \end{cases} \tag{2-35}$$

2. 用欧拉角表示四元数

四元数参数可以用欧拉角表示为

$$\begin{cases} q_0 = \cos\dfrac{\phi}{2}\cos\dfrac{\theta}{2}\cos\dfrac{\psi}{2} + \sin\dfrac{\phi}{2}\sin\dfrac{\theta}{2}\sin\dfrac{\psi}{2} \\ q_1 = \sin\dfrac{\phi}{2}\cos\dfrac{\theta}{2}\cos\dfrac{\psi}{2} - \cos\dfrac{\phi}{2}\sin\dfrac{\theta}{2}\sin\dfrac{\psi}{2} \\ q_2 = \cos\dfrac{\phi}{2}\sin\dfrac{\theta}{2}\cos\dfrac{\psi}{2} + \sin\dfrac{\phi}{2}\cos\dfrac{\theta}{2}\sin\dfrac{\psi}{2} \\ q_3 = \cos\dfrac{\phi}{2}\cos\dfrac{\theta}{2}\sin\dfrac{\psi}{2} + \sin\dfrac{\phi}{2}\sin\dfrac{\theta}{2}\cos\dfrac{\psi}{2} \end{cases} \tag{2-36}$$

3. 用四元数表示欧拉角

同样地，欧拉角可以用四元数参数表示为

$$\begin{cases} \phi = \arctan\left[\dfrac{2(q_2 q_3 + q_0 q_1)}{q_0^2 - q_1^2 - q_2^2 + q_3^2}\right] \\ \theta = \arcsin[-2(q_1 q_3 - q_0 q_2)] \\ \psi = \arctan\left[\dfrac{2(q_1 q_2 + q_0 q_3)}{q_0^2 + q_1^2 - q_2^2 - q_3^2}\right] \end{cases} \tag{2-37}$$

4. 用方向余弦表示欧拉角

当 $\theta \neq 90°$时，欧拉角计算公式为

$$\begin{cases} \phi = \arctan\left(\dfrac{c_{32}}{c_{33}}\right) \\ \theta = \arcsin(-c_{31}) \\ \psi = \arctan\left(\dfrac{c_{21}}{c_{11}}\right) \end{cases} \tag{2-38}$$

当 θ 趋近于$\pm 90°$时，ϕ 和 ψ 不确定。此时，可以利用方向余弦矩阵的其他元素求解 ϕ 和 ψ。利用式(2-38)中未出现的方向余弦矩阵元素 c_{12}、c_{13}、c_{22} 和 c_{23} 来解决这个问题，即

$$\begin{cases} c_{23} + c_{12} = (\sin\theta - 1)\sin(\psi + \phi) \\ c_{13} - c_{22} = (\sin\theta - 1)\cos(\psi + \phi) \\ c_{23} - c_{12} = (\sin\theta + 1)\sin(\psi - \phi) \\ c_{13} + c_{22} = (\sin\theta + 1)\cos(\psi - \phi) \end{cases} \tag{2-39}$$

当 θ 趋近于 $90°$时，有

$$\psi - \phi = \arctan\left(\frac{c_{23} - c_{12}}{c_{13} + c_{22}}\right) \tag{2-40}$$

当 θ 趋近于$-90°$时，有

$$\psi + \phi = \arctan\left(\frac{c_{23} + c_{12}}{c_{13} - c_{22}}\right) \tag{2-41}$$

2.3 姿态更新算法

在航姿测量系统中，传感器通常固连在载体上，随着载体的转动而转动，加速度计测量的比力和陀螺仪测量的角速度都相对载体坐标系，要想获得准确的导航信息必须将载体坐标系转换到导航坐标系上，因此航姿系统的姿态更新算法是关键技术。

姿态更新算法直接影响航姿系统的精度和系统的实时性，因此既要求算法本身的误差小、精度高，又要求计算简单，不能有太大的计算量，并满足系统实时性的要求。

2.3.1 基于方向余弦的姿态更新

根据式(2-24)，方向余弦矩阵的微分方程可表示为

$$\dot{\boldsymbol{C}}(t) = \boldsymbol{C}(t)\boldsymbol{\Omega}(t) \tag{2-42}$$

式中，$\boldsymbol{\Omega}(t) = \begin{bmatrix} 0 & -\omega_z & \omega_y \\ \omega_z & 0 & -\omega_x \\ -\omega_y & \omega_x & 0 \end{bmatrix}$，$\boldsymbol{C}(t) = \begin{bmatrix} T_{11} & T_{21} & T_{31} \\ T_{12} & T_{22} & T_{32} \\ T_{13} & T_{23} & T_{33} \end{bmatrix}$。

求解微分方程较常用的方法有毕卡逼近法、龙格-库塔法、泰勒级数展开法。这里对前两种方法进行说明。

1. 毕卡逼近法

对式(2-42)的方向余弦矩阵的微分方程进行积分，有

$$\boldsymbol{C}(t_{i+1}) = \boldsymbol{C}(t_i) + \int_{t_i}^{t_{i+1}} \boldsymbol{C}(t)\boldsymbol{\Omega}(t)\mathrm{d}t \tag{2-43}$$

用毕卡(Peano-Baker)逼近法求解，将 $\boldsymbol{C}(t_{i+1})$ 的表达式代入式(2-43)，进行若干次迭代运算后可得

$$\boldsymbol{C}(t_{i-1}) = \boldsymbol{C}(t_i)\left\{\boldsymbol{I} + \int_{t_i}^{t_{i+1}} \boldsymbol{\Omega}(t)\mathrm{d}t + \frac{1}{2}\left[\int_{t_i}^{t_{i+1}} \boldsymbol{\Omega}(t)\mathrm{d}t\right]^2 + \frac{1}{3!}\left[\int_{t_i}^{t_{i+1}} \boldsymbol{\Omega}(t)\mathrm{d}t\right]^3 + \cdots + \frac{1}{n!}\left[\int_{t_i}^{t_{i+1}} \boldsymbol{\Omega}(t)\mathrm{d}t\right]^n + \cdots \tag{2-44}$$

式中，$\boldsymbol{I}$ 为单位矩阵。

令 $\int_{t_i}^{t_{i+1}} \boldsymbol{\Omega}(t)\mathrm{d}t = \Delta\boldsymbol{\theta} = \begin{bmatrix} 0 & -\theta_z & \theta_y \\ \theta_z & 0 & -\theta_x \\ -\theta_y & \theta_x & 0 \end{bmatrix}$，则式(2-44)可写成

$$\boldsymbol{C}(t_{i+1}) = \boldsymbol{C}(t_i)\left[\boldsymbol{I} + \Delta\boldsymbol{\theta} + \frac{1}{2}\Delta\boldsymbol{\theta}^2 + \frac{1}{3!}\Delta\boldsymbol{\theta}^3 + \cdots + \frac{1}{n!}\Delta\boldsymbol{\theta}^n + \cdots\right] \tag{2-45}$$

由矩阵 $\Delta\boldsymbol{\theta}$ 可得

$$\begin{cases}\Delta\boldsymbol{\theta}^3=-\theta_0^2\Delta\boldsymbol{\theta}\\ \Delta\boldsymbol{\theta}^4=-\theta_0^2\Delta\boldsymbol{\theta}^2\\ \Delta\boldsymbol{\theta}^5=\theta_0^4\Delta\boldsymbol{\theta}\\ \theta_0^2=\theta_x^2+\theta_y^2+\theta_z^2\end{cases} \tag{2-46}$$

将式(2-46)代入式(2-45)可得

$$\boldsymbol{C}(t_{i+1})=\boldsymbol{C}(t_i)\left[\boldsymbol{I}+\Delta\boldsymbol{\theta}+\frac{1}{2}\Delta\boldsymbol{\theta}^2-\frac{\theta_0^2}{3!}\Delta\boldsymbol{\theta}-\frac{\theta_0^2}{4!}\Delta\boldsymbol{\theta}^2+\frac{\theta_0^4}{5!}\Delta\boldsymbol{\theta}+\cdots\right] \tag{2-47}$$

根据幂级数求和公式，可得

$$\Delta\boldsymbol{\theta}-\frac{\theta_0^2}{3!}\Delta\boldsymbol{\theta}+\frac{\theta_0^4}{5!}\Delta\boldsymbol{\theta}+\cdots=\frac{\Delta\boldsymbol{\theta}}{\theta_0}\left(\theta_0-\frac{\theta_0^3}{3!}+\frac{\theta_0^5}{5!}+\cdots\right)=\frac{\Delta\boldsymbol{\theta}}{\theta_0}\sin\theta_0 \tag{2-48}$$

$$\frac{1}{2}\Delta\boldsymbol{\theta}^2-\frac{\theta_0^2}{4!}\Delta\boldsymbol{\theta}^2+\frac{\theta_0^4}{6!}\Delta\boldsymbol{\theta}^2+\cdots=\frac{\Delta\boldsymbol{\theta}^2}{\theta_0^2}\left(\frac{\theta_0^2}{2}-\frac{\theta_0^4}{4!}+\frac{\theta_0^6}{6!}+\cdots\right)=\frac{\Delta\boldsymbol{\theta}^2}{\theta_0^2}(1-\cos\theta_0) \tag{2-49}$$

将式(2-49)和式(2-48)代入式(2-47)可得

$$\boldsymbol{C}(t_{i+1})=\boldsymbol{C}(t_i)\left[\boldsymbol{I}+\frac{\Delta\boldsymbol{\theta}}{\theta_0}\sin\theta_0+\frac{\Delta\boldsymbol{\theta}^2}{\theta_0^2}(1-\cos\theta_0)\right] \tag{2-50}$$

令 $S=\dfrac{\sin\theta}{\theta_0}$，$C=\dfrac{1-\cos\theta_0}{\theta_0^2}$，则式(2-50)可写成

$$\boldsymbol{C}(t_{i+1})=\boldsymbol{C}(t_i)[\boldsymbol{I}+S\Delta\boldsymbol{\theta}+C\Delta\boldsymbol{\theta}^2] \tag{2-51}$$

将矩阵 $\boldsymbol{C}(t)$、$\Delta\boldsymbol{\theta}$ 代入式(2-50)，可得毕卡逼近法的解为

$$\begin{bmatrix}T_{11}(t_{i+1}) & T_{21}(t_{i+1}) & T_{31}(t_{i+1})\\ T_{12}(t_{i+1}) & T_{22}(t_{i+1}) & T_{32}(t_{i+1})\\ T_{13}(t_{i+1}) & T_{23}(t_{i+1}) & T_{33}(t_{i+1})\end{bmatrix}$$
$$=\begin{bmatrix}T_{11}(t_i) & T_{21}(t_i) & T_{31}(t_i)\\ T_{12}(t_i) & T_{22}(t_i) & T_{32}(t_i)\\ T_{13}(t_i) & T_{23}(t_i) & T_{33}(t_i)\end{bmatrix}\times\begin{bmatrix}1-C\theta_y^2-C\theta_z^2 & -S\theta_z+C\theta_x\theta_y & S\theta_y+C\theta_x\theta_z\\ S\theta_z+C\theta_x\theta_y & 1-C\theta_x^2-C\theta_z^2 & -S\theta_x+C\theta_y\theta_z\\ -S\theta_y+C\theta_x\theta_z & S\theta_x+C\theta_y\theta_z & 1-C\theta_x^2-C\theta_y^2\end{bmatrix} \tag{2-52}$$

当迭代次数为无穷时，式(2-52)即为姿态矩阵微分方程的精确解。但在实际中，无法做到无穷次的迭代，只能进行有限次的迭代，因此式(2-52)的计算结果存在误差。误差的大小与迭代次数有关，迭代次数越多，误差越小，计算精度越高。

2. 龙格-库塔法

四阶龙格-库塔(Runge-Kutta)法根据辛普森公式计算微分方程的积分项。辛普森公式按照拉格朗日二次插值多项式曲线来逼近被积函数，再对其进行积分，并用插值曲线下的面积作为积分结果。

根据辛普森公式，式(2-42)所示方向余弦矩阵的微分方程的积分可写为

$$
\begin{aligned}
\boldsymbol{C}(t_{i+1}) &= \boldsymbol{C}(t_i) + \int_{t_i}^{t_{i+1}} \dot{\boldsymbol{C}}(t)\mathrm{d}t \\
&= \boldsymbol{C}(t_i) + \frac{T}{6}\left[\dot{\boldsymbol{C}}(t_i) + 4\dot{\boldsymbol{C}}(t_{i+\frac{1}{2}}) + \dot{\boldsymbol{C}}(t_{i+1})\right] \\
&= \boldsymbol{C}(t_i) + \frac{T}{6}\left[\dot{\boldsymbol{C}}(t_i) + 2\dot{\boldsymbol{C}}(t_{i+\frac{1}{2}}) + 2\dot{\boldsymbol{C}}(t_{i+\frac{1}{2}}) + \dot{\boldsymbol{C}}(t_{i+1})\right]
\end{aligned} \tag{2-53}
$$

由式(2－42)可得

$$
\dot{\boldsymbol{C}}(t_i) = \boldsymbol{C}(t_i)\boldsymbol{\Omega}(t_i) = \boldsymbol{K}_1 \tag{2-54}
$$

由欧拉法可得

$$
\begin{aligned}
\dot{\boldsymbol{C}}(t_{i+\frac{1}{2}}) &= \boldsymbol{C}(t_{i+\frac{1}{2}})\boldsymbol{\Omega}(t_{i+\frac{1}{2}}) = \boldsymbol{C}\left(t_i + \frac{T}{2}\right)\boldsymbol{\Omega}(t_{i+\frac{1}{2}}) \\
&= \left[\boldsymbol{C}(t_i) + \frac{T}{2}\boldsymbol{K}_1\right]\boldsymbol{C}(t_{i+\frac{1}{2}}) \\
&= \boldsymbol{K}_2
\end{aligned} \tag{2-55}
$$

由向后欧拉法可得

$$
\dot{\boldsymbol{C}}(t_{i+\frac{1}{2}}) = \boldsymbol{C}(t_{i+\frac{1}{2}})\boldsymbol{\Omega}(t_{i+\frac{1}{2}}) = \left[\boldsymbol{C}(t_i) + \frac{T}{2}\boldsymbol{K}_2\right]\boldsymbol{\Omega}(t_{i+\frac{1}{2}}) = \boldsymbol{K}_3 \tag{2-56}
$$

由欧拉法和向后欧拉法可得

$$
\begin{aligned}
\dot{\boldsymbol{C}}(t_{i+1}) &= \boldsymbol{C}(t_{i+\frac{1}{2}})\boldsymbol{\Omega}(t_{i+\frac{1}{2}}) = \left[\boldsymbol{C}(t_{i+\frac{1}{2}}) + \frac{T}{2}\boldsymbol{K}_3\right]\boldsymbol{\Omega}(t_{i+1}) \\
&= \left[\boldsymbol{C}(t_i) + \frac{T}{2}\boldsymbol{K}_3 + \frac{T}{2}\boldsymbol{K}_3\right]\boldsymbol{\Omega}(t_{i+1}) \\
&= \left[\boldsymbol{C}(t_i) + T\boldsymbol{K}_3\right]\boldsymbol{\Omega}(t_{i+1}) = \boldsymbol{K}_4
\end{aligned} \tag{2-57}
$$

将式(2－53)～式(2－57)代入式(2－52)，可得用四阶龙格-库塔法求得的姿态更新矩阵为

$$
\begin{cases}
\boldsymbol{C}(t_{i+1}) = \boldsymbol{C}(t_i) + \dfrac{T}{6}\left[\boldsymbol{K}_1 + 2\boldsymbol{K}_2 + 2\boldsymbol{K}_3 + \boldsymbol{K}_4\right] \\
\boldsymbol{K}_1 = \boldsymbol{C}(t_i)\boldsymbol{\Omega}(t_i) \\
\boldsymbol{K}_2 = \left[\boldsymbol{C}(t_i) + \dfrac{T}{2}\boldsymbol{K}_1\right]\boldsymbol{\Omega}(t_{i+\frac{1}{2}}) \\
\boldsymbol{K}_3 = \left[\boldsymbol{C}(t_i) + \dfrac{T}{2}\boldsymbol{K}_2\right]\boldsymbol{\Omega}(t_{i+\frac{1}{2}}) \\
\boldsymbol{K}_4 = \left[\boldsymbol{C}(t_i) + T\boldsymbol{K}_3\right]\boldsymbol{\Omega}(t_{i+1})
\end{cases} \tag{2-58}
$$

可见，在用四阶龙格-库塔法更新姿态矩阵时，需要用到 t_i 时刻、$t_{i+\frac{1}{2}}$ 时刻和 t_{i+1} 时刻的角速度信息。

2.3.2 基于四元数的姿态更新

式(2－33)是四元数的姿态传递公式，在已知当前陀螺仪测量的角速率情况下，可根据式(2－33)计算未来的姿态四元数。常用的姿态更新算法有毕卡算法、龙格-库塔算法和泰勒级数法。

1. 毕卡算法

毕卡算法是由角增量计算四元数的常用算法。此算法中，角增量对应的采样时间间隔是相同的。在实际工程应用中，常用的四阶毕卡算法模型为

$$\boldsymbol{q}(t_{i+1})=\left\{\boldsymbol{I}\left[1-\frac{(\Delta\theta)^2}{8}+\frac{(\Delta\theta)^2}{384}\right]+\left[\frac{1}{2}-\frac{(\Delta\theta)^2}{48}\right]\Delta\boldsymbol{\Theta}\right\}\boldsymbol{q}(t_i) \tag{2-59}$$

式中，$\boldsymbol{q}(t_{i+1})$表示 $i+1$ 时刻的四元数，$\boldsymbol{q}(t_i)$表示 i 时刻的四元数，$(\Delta\theta)^2=(\Delta\theta_x)^2+(\Delta\theta_y)^2+(\Delta\theta_z)^2$（$\Delta\theta_x$、$\Delta\theta_y$、$\Delta\theta_z$ 为 x、y、z 轴陀螺仪在采样间隔内的角增量）。同时，

$$\Delta\boldsymbol{\Theta}=\int_{t_i}^{i+1}\begin{bmatrix}0 & -\omega_x & -\omega_y & -\omega_z\\ \omega_x & 0 & \omega_z & -\omega_y\\ \omega_y & -\omega_z & 0 & \omega_x\\ \omega_z & \omega_y & -\omega_x & 0\end{bmatrix}\mathrm{d}t\approx\begin{bmatrix}0 & -\Delta\theta_x & -\Delta\theta_y & -\Delta\theta_z\\ \Delta\theta_x & 0 & \Delta\theta_z & -\Delta\theta_y\\ \Delta\theta_y & -\Delta\theta_z & 0 & \Delta\theta_x\\ \Delta\theta_z & \Delta\theta_y & -\Delta\theta_x & 0\end{bmatrix}$$

2. 龙格-库塔算法

四阶龙格-库塔算法表达式为

$$\dot{\boldsymbol{X}}(t)=f[\boldsymbol{X}(t),\boldsymbol{\omega}(t)] \tag{2-60}$$

设

$$\begin{cases}\boldsymbol{K}_1=f[\boldsymbol{X}(t),\boldsymbol{\omega}(t)]\\ \boldsymbol{K}_2=f\left[\boldsymbol{X}(t)+\dfrac{\boldsymbol{K}_1}{2},\boldsymbol{\omega}\left(t+\dfrac{T}{2}\right)\right]\\ \boldsymbol{K}_3=f\left[\boldsymbol{X}(t)+\dfrac{\boldsymbol{K}_2}{2},\boldsymbol{\omega}\left(t+\dfrac{T}{2}\right)\right]\\ \boldsymbol{K}_4=f[\boldsymbol{X}(t)+\boldsymbol{K}_3,\boldsymbol{\omega}(t+T)]\end{cases} \tag{2-61}$$

四元数龙格-库塔算法同样是基于四元数微分方程来进行求解的。四元数微分方程可以表示为

$$\dot{\boldsymbol{q}}=\boldsymbol{\Omega}_{\mathrm{b}}\boldsymbol{q} \tag{2-62}$$

其中，$\boldsymbol{\Omega}_{\mathrm{b}}=\begin{bmatrix}0 & -\omega_x & -\omega_y & -\omega_z\\ \omega_x & 0 & \omega_z & -\omega_y\\ \omega_y & -\omega_z & 0 & \omega_x\\ \omega_z & \omega_y & -\omega_x & 0\end{bmatrix}$。

依据式(2-61)，有

$$\begin{cases}\boldsymbol{K}_1=\boldsymbol{\Omega}_{\mathrm{b}}(t)\boldsymbol{q}(t)\\ \boldsymbol{K}_2=\boldsymbol{\Omega}_{\mathrm{b}}\left(t+\dfrac{T}{2}\right)\left[\boldsymbol{q}(t)+\dfrac{\boldsymbol{K}_1}{2}\right]\\ \boldsymbol{K}_3=\boldsymbol{\Omega}_{\mathrm{b}}\left(t+\dfrac{T}{2}\right)\left[\boldsymbol{q}(t)+\dfrac{\boldsymbol{K}_2}{2}\right]\\ \boldsymbol{K}_4=\boldsymbol{\Omega}_{\mathrm{b}}(t+T)[\boldsymbol{q}(t)+\boldsymbol{K}_3]\end{cases} \tag{2-63}$$

$$\boldsymbol{q}(t+T)=\boldsymbol{q}(t)+\frac{T}{6}(\boldsymbol{K}_1+2\boldsymbol{K}_2+2\boldsymbol{K}_3+\boldsymbol{K}_4) \tag{2-64}$$

3. 泰勒级数法

泰勒级数表达式为

$$q(t_{i+1}) = e^{\frac{1}{2}\int_{t_i}^{t_{i+1}} \boldsymbol{\Omega}_b dt} \cdot q(t_i) \tag{2-65}$$

对式(2-65)作泰勒级数展开，有

$$q(t_{i+1}) = e^{\frac{1}{2}\Delta\boldsymbol{\Theta}} \cdot q(t_i) = \left[\boldsymbol{I} + \frac{\frac{1}{2}\Delta\boldsymbol{\Theta}}{1!} + \frac{\left(\frac{1}{2}\Delta\boldsymbol{\Theta}\right)^2}{2!} + \cdots \right] q(t_i) \tag{2-66}$$

由于

$$(\Delta\boldsymbol{\Theta})^2 = \begin{bmatrix} 0 & -\Delta\theta_x & -\Delta\theta_y & -\Delta\theta_z \\ \Delta\theta_x & 0 & \Delta\theta_z & -\Delta\theta_y \\ \Delta\theta_y & -\Delta\theta_z & 0 & \Delta\theta_x \\ \Delta\theta_z & \Delta\theta_y & -\Delta\theta_x & 0 \end{bmatrix} \begin{bmatrix} 0 & -\Delta\theta_x & -\Delta\theta_y & -\Delta\theta_z \\ \Delta\theta_x & 0 & \Delta\theta_z & -\Delta\theta_y \\ \Delta\theta_y & -\Delta\theta_z & 0 & \Delta\theta_x \\ \Delta\theta_z & \Delta\theta_y & -\Delta\theta_x & 0 \end{bmatrix}$$

$$= \begin{bmatrix} -(\Delta\theta)^2 & 0 & 0 & 0 \\ 0 & -(\Delta\theta)^2 & 0 & 0 \\ 0 & 0 & -(\Delta\theta)^2 & 0 \\ 0 & 0 & 0 & -(\Delta\theta)^2 \end{bmatrix} \tag{2-67}$$

其中，$(\Delta\theta)^2 = (\Delta\theta_x)^2 + (\Delta\theta_y)^2 + (\Delta\theta_z)^2$，所以

$$\Delta\boldsymbol{\Theta}^3 = \Delta\boldsymbol{\Theta}^2 \Delta\boldsymbol{\Theta} = -(\Delta\theta)^2 \Delta\boldsymbol{\Theta}$$
$$\Delta\boldsymbol{\Theta}^4 = \Delta\boldsymbol{\Theta}^2 \Delta\boldsymbol{\Theta}^2 = (\Delta\theta)^4 \boldsymbol{I}$$
$$\Delta\boldsymbol{\Theta}^5 = \Delta\boldsymbol{\Theta}^4 \Delta\boldsymbol{\Theta} = (\Delta\theta)^4 \Delta\boldsymbol{\Theta}$$
$$\Delta\boldsymbol{\Theta}^6 = \Delta\boldsymbol{\Theta}^4 \Delta\boldsymbol{\Theta}^2 = -(\Delta\theta)^6 \boldsymbol{I}$$

$$q(t_{i+1}) = \left(\boldsymbol{I} + \boldsymbol{I} \left[\frac{\frac{1}{2}\Delta\boldsymbol{\Theta}}{1!} + \frac{-\left(\frac{1}{2}\Delta\theta\right)^2}{2!} + \frac{-\left(\frac{1}{2}\Delta\theta\right)^2 \frac{\Delta\boldsymbol{\Theta}}{2}}{3!} + \frac{\left(\frac{1}{2}\Delta\theta\right)^4}{4!} + \frac{\left(\frac{1}{2}\Delta\theta\right)^4 \frac{\Delta\boldsymbol{\Theta}}{2}}{5!} + \frac{-\left(\frac{1}{2}\Delta\theta\right)^6}{6!} + \cdots \right] \right) q(t_i) \tag{2-68}$$

第3章 微惯性传感器

微惯性传感器主要包括MEMS陀螺仪、MEMS加速度计、MEMS磁强计及微惯性测量单元(MIMU)等类型。本章将分别对这几种微惯性传感器的工作原理、性能指标和典型产品进行介绍，以此为后续章节的深入讨论奠定坚实基础。

3.1 MEMS陀螺仪

3.1.1 MEMS陀螺仪工作原理

大部分微机械陀螺仪属于振动陀螺仪，其基本工作原理是产生并检测科里奥利加速度(科氏加速度)，也即利用科里奥利效应(科氏效应)使陀螺仪结构的2个振动模态之间产生能量转换。在一个旋转坐标系中观测运动质点时会有如下现象：当质点以速度 $\boldsymbol{v}$ 在惯性坐标系中作直线运动时，如果旋转坐标系相对惯性坐标系以角速度 $\boldsymbol{\omega}$ 转动，则在旋转坐标系中观测该质点时，质点不再沿原先 $\boldsymbol{v}$ 的方向运动，而是产生了同时垂直于 $\boldsymbol{\omega}$ 和 $\boldsymbol{v}$ 方向的偏移，即质点似乎受到了力的作用。实际上，质点运动状态的改变并不是因为受到了力的作用，而是因为旋转坐标系在旋转，该坐标系不符合牛顿坐标系的条件，不能直接用牛顿运动定律描述质点的运动。为了描述该运动，法国物理学家科里奥利引入了一个虚拟力的概念，这个力称为科里奥利力(科氏力)，其公式为

$$\boldsymbol{F}=-2m\boldsymbol{\omega}\times\boldsymbol{v}$$

其中，m 为质点的质量。可以看出科氏力 $\boldsymbol{F}$ 直接与作用在质点上的输入角速度 $\boldsymbol{\omega}$ 成正比，并会引起质点在 y 轴方向的位移，获得该位移的信息也即获得输入角速度 $\boldsymbol{\omega}$ 的信息。

振动式硅微机械陀螺仪基本原理如图3-1所示，一个质量为 m 的质量块在两个正交方向上由弹性结构支承，与这两个方向正交的方向即为输入轴方向。工作时首先在 y 方向施加驱动力，使之产生沿 y 方向的振动，该方向称为驱动方向，结构的相应振动模态称为驱动模态。此时质量块便具有了速度 $\boldsymbol{v}$ 和动量。当陀螺仪载体有绕 z 轴的角速度 $\boldsymbol{\omega}$ 输入时，根据科氏效应原理质量块将受到沿 x 方向的科氏力作用，从而产生沿 x 方向的振动，该方向称为检测方向，结构的相应振动模态称为检测模态。检测模态的运动通过运动检测装置转换为电信号，并进行必要的处理，即可得到大小与陀螺仪载体的转动角速度成正比

的角速度信号。

硅微机械陀螺仪敏感结构运动时所受到的气体阻尼会使陀螺仪在运动中产生能耗，对陀螺仪性能产生影响，因此是一个要尽量避免的因素。

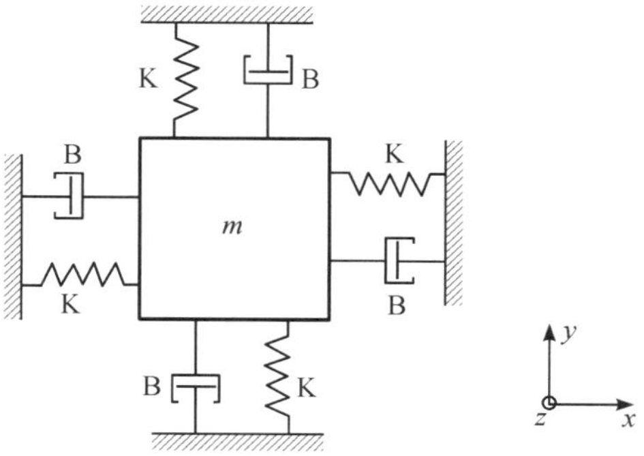

图 3-1　振动式硅微机械陀螺仪基本原理

3.1.2 MEMS 陀螺仪性能指标

分析和评价陀螺仪的性能需要明确陀螺仪的性能指标，并制定一系列的衡量准则，这些准则为陀螺仪应用提供了参考依据。总体而言，微机械陀螺仪的主要性能指标包括刻度因子、阈值与分辨率、测量范围与满量程输出、零偏与零偏稳定性、输出噪声、带宽等。

1. 刻度因子

陀螺仪刻度因子是指陀螺仪输出与输入角速率的比值，通常用某一特定直线的斜率表示。该比值是根据整个输入角速率范围内测得的输入、输出数据，通过最小二乘法拟合求得的。实际上刻度因子拟合的残差决定了该拟合数据的可信程度，表征了与陀螺仪实际输入、输出数据的偏离程度。刻度因子在不同角度包含刻度因子精度、刻度因子非线性度、刻度因子不对称度、刻度因子重复性以及刻度因子温度灵敏度等概念。陀螺仪制造商一般给出的是刻度因子精度和非线性度。比如，某陀螺仪的刻度因子精度小于 1.0%，刻度因子非线性度小于 0.3%FS(FS 指满量程)。

刻度因子通常用 K 表示，针对线性输出器件建立一个陀螺仪输入输出的线性模型为

$$F_j = K \cdot \omega_{ij} + F_0 + V_j \tag{3-1}$$

其中，F_j 为第 j 个输入角速率 ω_{ij} 对应陀螺仪的输出值，F_0 为拟合零位，V_j 为拟合误差。K 和 F_0 可用最小二乘法求出，计算公式为

$$K = \frac{\sum_{j=1}^{M}\omega_{ij} \cdot F_j - \frac{1}{M}\sum_{j=1}^{M}\omega_{ij} \cdot \sum_{j=1}^{M}F_j}{\sum_{j=1}^{M}\omega_{ij}^2 - \frac{1}{M}\left(\sum_{j=1}^{M}\omega_{ij}\right)^2} \tag{3-2}$$

$$F_0 = \frac{1}{M}\sum_{j=1}^{M}F_j - \frac{K}{M}\sum_{j=1}^{M}\omega_{ij} \tag{3-3}$$

在进行实验时，可以假设以下参数：

(1) 设第 j 个输入角速率对应陀螺仪输出的平均值为 $\overline{F}_j$，可表示为

$$\overline{F}_j = \frac{1}{N}\sum_{p=1}^{N} F_{jp} \tag{3-4}$$

其中，N 为采样次数，F_{jp} 为陀螺仪第 j 个输入角速率 ω_{ij} 对应的第 p 个输出值。

(2) 转台静止时，设陀螺仪的输出平均值为 $\overline{F}_r$，可表示为

$$\overline{F}_r = \frac{1}{2}(\overline{F}_s + \overline{F}_e) \tag{3-5}$$

其中，$\overline{F}_s$ 为测试开始时陀螺仪输出的平均值，$\overline{F}_e$ 为测试结束时陀螺仪输出的平均值。

(3) 设第 j 个输入角速率 ω_{ij} 对应陀螺仪的输出值为 F_j，可表示为

$$F_j = \overline{F}_j - \overline{F}_r \tag{3-6}$$

通过式(3-2)计算出刻度因子后，陀螺仪的输入输出关系就可以用拟合直线来表示，即

$$\hat{F}_j = K \cdot \omega_{ij} + F_0 \tag{3-7}$$

陀螺仪输出特性的逐点非线性偏差的计算公式为

$$a_j = \frac{\hat{F}_j - F_j}{|F_m|} \tag{3-8}$$

式中，F_m 为陀螺仪输出的单边幅值。

刻度因子非线性度的计算公式为

$$K_0 = \max|a_j| \tag{3-9}$$

2. 阈值与分辨率

陀螺仪的阈值表示陀螺仪能敏感检测的最小输入角速率，分辨率表示在规定的输入角速率下陀螺仪能敏感检测的最小输入角速率增量。这 2 个量均表征陀螺仪的灵敏度。通常分辨率是根据带宽给出的，如某硅微机械陀螺仪的分辨率小于 0.05(°)/s(带宽大于 10 Hz)。

3. 测量范围与满量程输出

陀螺仪正、反方向输入角速率的最大值表示了陀螺仪的测量范围。该最大值除以阈值为陀螺仪的动态范围，动态范围越大表示陀螺仪对速率的变化越敏感。对于同时提供模拟信号和数字信号输出的陀螺仪，满量程输出可以分别用电压和数据位数来描述。如某陀螺仪的测量范围为±15(°)/s，满刻度输出模拟量为±4 V DC，数字量为－32 768～32 767。

4. 零偏与零偏稳定性

零偏是指陀螺仪在零输入状态下的输出，其用较长时间输出的均值等效折算为输入角速率，单位为(°)/h 或(°)/s。在零输入状态下的长时间稳态输出是一个平稳的随机过程，即稳态输出将围绕均值(零偏)起伏和波动，这种起伏和波动习惯上用均方差来表示。这种均方差被定义为零偏稳定性，也称为偏置漂移或零漂，也可用相应的等效输入角速率表示。零漂值的大小标志着观测值围绕零偏的离散程度。陀螺仪的零偏随时间、环境温度等因素的变化而变化，并带有极大的随机性，由此又引出了零偏重复性、零偏温度灵敏度、零偏温度速率灵敏度等概念。对于微机械陀螺仪，由于其结构材料(多为硅材料)受温度的影响较大，所以零偏稳定性往往在某温度条件下给出。如某陀螺仪在 25 ℃条件下的零偏稳定性为±1(°)/s，在－40～85 ℃下为±9(°)/s，经过温度补偿后则保持为±2(°)/s。

零偏值、零偏稳定性值和零偏重复性值的计算公式分别为

$$B_0 = \frac{1}{K} \cdot \overline{F} \tag{3-10}$$

$$B_s = \frac{1}{K}\sqrt{\frac{1}{(n-1)}\sum_{i=1}^{n}(F_i - \overline{F})^2} \tag{3-11}$$

$$B_r = \sqrt{\frac{1}{(Q-1)}\sum_{i=1}^{Q}(B_{0i} - \overline{B}_0)^2} \tag{3-12}$$

其中，$\overline{F}$ 为陀螺仪输出量的平均值，F_i 为陀螺仪在 t_i 时刻输出的单边幅值，K 为刻度因子，n 为采样点数，B_{0i} 为第 i 个试验温度点的陀螺仪零偏值，$\overline{B}_0$ 为零偏平均值，Q 为零偏测试次数。

5. 输出噪声

当陀螺仪处于零输入状态时，陀螺仪的输出信号为白噪声和慢变随机函数的叠加。其中，慢变随机函数可用来确定零偏或零偏稳定性指标；白噪声定义为单位检测带宽平方根下等价旋转角速率的标准偏差，单位为$[(°)/s]/\sqrt{Hz}$或$[(°)/h]/\sqrt{Hz}$。这个白噪声也可以用单位为$(°)/\sqrt{h}$的角度随机游走系数来表示。随机游走系数是指由白噪声产生的随时间累积的陀螺仪输出误差系数。当外界条件基本不变时，可认为各种噪声的主要统计特性是不随时间推移而改变的。从某种意义上讲，随机游走系数反映了陀螺仪的研制水平，也反映了陀螺仪的最小可检测角速率，并间接给出了由光子、电子的散粒噪声效应所限定的检测极限的距离。根据随机游走系数可推算出采用现有方案和元器件构成的陀螺仪是否还有提高性能的潜力，故此项指标极为重要。

目前，在陀螺仪测试中较多采用 Allan 方差分析法来确定振动式硅微机械陀螺仪的随机游走系数。Allan 方差分析法的突出特点是能够对陀螺仪的各种噪声源及整个噪声统计特性进行细致的表征和辨识，从而分离出各种噪声源的噪声系数，因此该分析法是测量和评价陀螺仪各类误差和噪声特性的一种重要手段。陀螺仪输出数据的 Allan 方差与功率谱密度之间存在定量关系，利用这一关系，通过在整个陀螺仪输出数据的样本长度上进行处理，可以得到陀螺仪数据中的各种噪声项的特征，同时也可以根据输出数据的 Allan 方差 σ-τ 双对数曲线判定该产品的性能指标是否满足其系统要求。MEMS 陀螺仪随机误差 Allan 方差典型分布如图 3-2 所示。

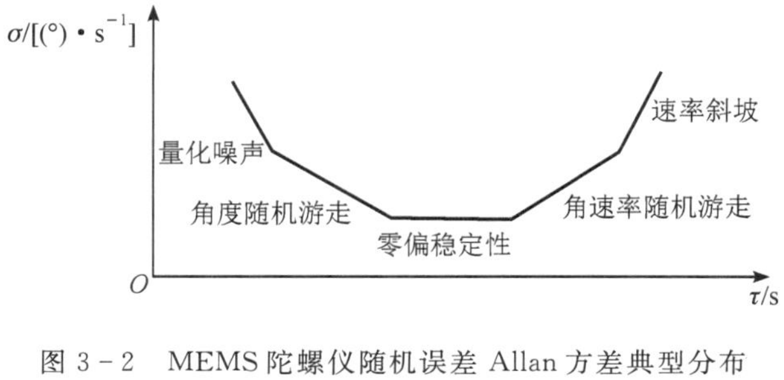

图 3-2　MEMS 陀螺仪随机误差 Allan 方差典型分布

6. 带宽

带宽是指陀螺仪能够精确测量的输入角速率的频率范围。这个范围越大，表明陀螺仪的动态响应能力越强。如某型号的硅微机械陀螺仪带宽为 10 Hz。

在上述的性能指标中，刻度因子、分辨率、零偏、零偏稳定性以及输出噪声(通常用随机游走系数表示)是确定陀螺仪性能的重要参数。

3.1.3 MEMS 陀螺仪特性

陀螺仪放置于载体上，其测量的是载体坐标系的角速率。欧拉角速率与三轴陀螺仪输出角速率的关系为

$$\begin{bmatrix}\omega_x\\\omega_y\\\omega_z\end{bmatrix}=\begin{bmatrix}\dot{\phi}\\0\\0\end{bmatrix}+\begin{bmatrix}1&0&0\\0&\cos\phi&\sin\phi\\0&-\sin\phi&\cos\phi\end{bmatrix}\begin{bmatrix}0\\\dot{\theta}\\0\end{bmatrix}+\begin{bmatrix}1&0&0\\0&\cos\phi&\sin\phi\\0&-\sin\phi&\cos\phi\end{bmatrix}\begin{bmatrix}\cos\theta&0&-\sin\theta\\0&1&0\\\sin\theta&0&\cos\theta\end{bmatrix}\begin{bmatrix}0\\0\\\dot{\psi}\end{bmatrix}\tag{3-13}$$

其中，ω_x、ω_y、ω_z 分别表示载体坐标系 x、y、z 轴陀螺仪角速率测量值，ϕ、θ 分别对应横滚角、俯仰角。

根据式(3－13)可得到欧拉角的微分方程为

$$\begin{bmatrix}\dot{\phi}\\\dot{\theta}\\\dot{\psi}\end{bmatrix}=\begin{bmatrix}1&\sin\phi\tan\theta&\cos\phi\tan\theta\\0&\cos\phi&-\sin\phi\\0&\dfrac{\sin\phi}{\cos\theta}&\dfrac{\cos\phi}{\cos\theta}\end{bmatrix}\begin{bmatrix}\omega_x\\\omega_y\\\omega_z\end{bmatrix}\tag{3-14}$$

需要明确的是，对于航向角 ψ 来说，载体指向正北时为 0°，由北向东旋转为正，例如正东方向为 90°，正南方向为 180°；对于俯仰角 θ 来说，载体水平时为 0°，载体向上为正，也就是说上坡时俯仰角为正，下坡时俯仰角为负；对于横滚角 ϕ 来说，载体水平时为 0°，向右倾斜为正。

3.1.4 MEMS 陀螺仪分类和典型产品

1. MEMS 陀螺仪分类

MEMS 陀螺仪与其他振动陀螺仪一样，都是基于科氏效应工作的。相比于其他类型的陀螺仪，MEMS 陀螺仪具有体积小、成本低等优点。如图3－3 所示，根据振动结构、驱动方式、材料、工作模式、检测方式和加工方式，MEMS 陀螺仪可以分为不同类型。

(1) 按振动结构分类。MEMS 陀螺仪的振动结构可分成线振动结构和旋转振动结构。其中线振动结构又可划分成正交线振动结构和非正交线振动结构。正交线振动结构指驱动模态和检测模态相互垂直的结构，正交线振动结构又包含振动梁结构、振动音叉结构、振动平板结构和加速度计振动结构等；而非正交线振动结构主要指驱动模态和检测模态共面且相差 45°的振动结构，典型的采用非正交线振动结构的 MEMS 陀螺仪有半球谐振陀螺仪(Hemispherical Resonator Gyroscope，HRG)，以及在其基础上发展形成的共振环结构陀螺仪和共振圆柱陀螺仪。旋转振动结构有振动盘结构和旋转盘结构等，这种结构的陀螺仪多属于表面微机械双轴速率陀螺仪。

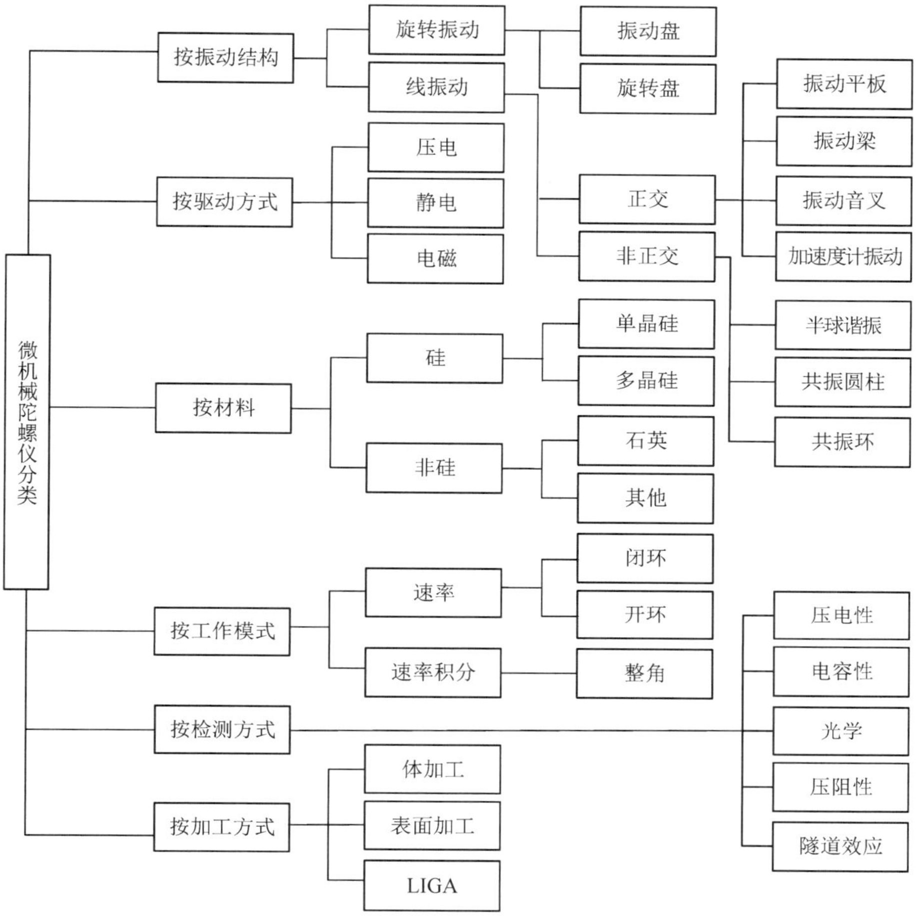

图 3-3　MEMS 陀螺仪分类

Draper 实验室于 1985 年就着手微机械陀螺仪的研制，先后研制出了角振动框架式微机械陀螺仪、线振动音叉式微机械陀螺仪及振动轮式微机械陀螺仪。Draper 实验室 1993 年研制的新型线振动音叉式微机械陀螺仪，其驱动模态和检测模态的运动相对于基座为直线运动。相对于框架式结构的硅微机械陀螺仪，新型线振动音叉式微机械陀螺仪在性能指标上提升很大。该微机械陀螺仪的刻度因子为 50 mV/(rad · s^{-1})，刻度因子非线性度小于 0.2%，驱动方向和检测方向上的品质因数 Q 值分别为 40 000 和 5000。总的来说，Draper 实验室研发的微机械陀螺仪性能在逐步优化，例如零偏移定性由 1994 年的 4000(°)/h 降低至 2000 年的 10(°)/h。

1994 年，美国密歇根大学报道了一种振动式环形微机械陀螺仪，其主要结构为一系列弧形梁支撑圆环，在圆环的四周分布驱动及检测电极。其驱动运动为沿两个互相垂直的径向对称振动，且两个振动方向相反。其敏感轴方向为圆环的轴向，当无角速率输入时，圆环上与驱动方向成 45°的方向处的振动为零；当有角速率输入时，该处产生与角速率成正比的振动，从而可以敏感检测角速率。圆环直径为 1.1 mm，结构厚度为 80 pm，深宽比达

20∶1，工作频率在 20 kHz 左右。在其品质因数为 1200 时，分辨率可达 0.01(°)/s · $Hz^{\frac{1}{2}}$，减小寄生电容及提高品质因数可以大幅度地提高其分辨率。

2014 年，同济大学研制了一种可用于高 g 冲击环境的音叉微机械陀螺仪。该微机械陀螺仪采用由中间连梁连接的双对称框架结构以提高耐冲击性，通过体硅微机械加工技术在 300 μm 厚硅片上加工而成，其工作频率达到 10 kHz。其驱动和检测模态的工作频率分别为 10 240 Hz 和 11 160 Hz，陀螺仪沿 x 轴的抗冲击能力为 15 000 g，y 轴为 14 000g，z 轴为 11 000g。

(2) 按驱动方式分类。根据驱动方式的不同，微机械陀螺仪可划分成静电式驱动陀螺仪、电磁式驱动陀螺仪和压电式驱动陀螺仪等。

(3) 按材料分类。按照材料不同，微机械陀螺仪可划分为硅材料陀螺仪和非硅材料陀螺仪。硅材料陀螺仪又可分成单晶硅陀螺仪和多晶硅陀螺仪；非硅材料陀螺仪包括石英材料陀螺仪和其他材料陀螺仪。

(4) 按工作模式分类。根据工作模式的不同，微机械陀螺仪可划分成速率陀螺仪和速率积分陀螺仪。速率陀螺仪包括开环模式陀螺仪和闭环模式(力再平衡反馈控制)陀螺仪；速率积分陀螺仪则指整角模式陀螺仪。一般非正交线振动结构的陀螺仪多可在整角模式下工作，而大部分其他类型的陀螺仪均属于速率陀螺仪。

(5) 按检测方式分类。根据检测方式的不同，微机械陀螺仪可划分成电容性检测陀螺仪、压阻性检测陀螺仪、压电性检测陀螺仪、光学检测陀螺仪和隧道效应检测陀螺仪。

(6) 按加工方式分类。微机械陀螺仪可划分成体加工陀螺仪、表面加工陀螺仪、LIGA 陀螺仪等。

2. 典型产品

振动类 MEMS 陀螺仪不仅在技术上相对成熟，而且已经实现了量产。典型的振动类 MEMS 陀螺仪有 ST 公司各个量程的单双轴微机械陀螺仪、挪威 Sensonor 公司的微机械陀螺仪 STIM202 系列、ADI 公司生产的 ADXRS 系列及国内唯一一家商用陀螺仪设计与生产公司——上海深迪半导体公司生产的 ST200G 三轴微机械陀螺仪等。

1) ADXRS 系列陀螺仪

ADI 公司 ADXRS 系列的典型产品为 ADXRS150 和 ADXRS300。ADXRS300 陀螺仪为芯片级封装的平面音叉式硅微机械陀螺仪，其外形封装形式如图 3-4 所示。

图 3-4 ADXRS 陀螺仪外形图

ADXRS300陀螺仪的测量范围为±300(°)/s，刻度因子为5 mV/[(°)/s]，刻度因子非线性度为满量程的0.1%，输出噪声为0.1[(°)/s]/$\sqrt{Hz}$，常温零漂不大于180(°)/h，体积为(7×7×3) mm³，质量为0.5 g，工作温度范围为−40～85 ℃，抗冲击能力可达2000 g(0.5 ms)。该陀螺仪具有体积小、重量轻、抗冲击能力强等优点，但精度较差。

ADI公司MEMS陀螺仪的主要性能见表3-1。

表3-1 ADI公司MEMS陀螺仪主要性能

型号	量程/[(°)/s]	刻度因子/[mV/(°)·s^{-1}]	噪声/[(°)/s]/$\sqrt{Hz}$)	频带宽/kHz	电压/V	工作温度范围/℃	价格
ADXRS150	±150	12.5±10%	0.05	0～2	4.75～5.25	−40～85	$30
ADXRS300	±300	5.0±8%	0.10	0～2	4.75～5.25	−40～85	$30

2) CRS系列陀螺仪

Silicon Sensing Systems公司生产的振环式硅微机械陀螺仪，带有金属封装，主要产品有CRS02、CRS03、CRS04三款。CRS03振环式硅微机械陀螺仪是英国航天公司和日本住友精密工业公司合作生产的产品。该陀螺仪在中心对称的振动圆筒陶瓷杯外挂8片压电硅片，圆筒振动产生具有4个波腹、4个波节的驻波，各个方向具有相同的振动频率。当有角速率输入时，波节和波腹的位置便沿圆筒壁向与旋转方向相反的方向运动，沿圆筒壁切线方向将产生科氏力，这些科氏力形成一个合矢量，沿着与驱动方向成45°的径向方向作用于圆筒壁，这个力可以通过压电换能器来检测，其大小同角速率的输入成正比。CRS03外形封装形式如图3-5所示。

图3-5 CRS03振环式硅微机械陀螺仪

CRS03振环式硅微机械陀螺仪的测量范围为±200(°)/s，刻度因子为20 mV/[(°)·s^{-1}]，刻度因子非线性度为满量程的0.05%，常温零漂为100(°)/h左右，体积为(29×29×19) mm³，质量为18 g，工作温度范围为−40～85 ℃，抗冲击能力为200g(1 ms)。该陀螺仪精度较高，但体积较大。

3) STIM系列陀螺仪

挪威Sensonor Technologies AS公司STIM系列陀螺仪的典型产品为STIM210和STIM202等。STIM202是该公司于2010年发布的一款业界已知最高精度的MEMS陀螺仪，性价比甚至高于同精度等级的光纤陀螺仪，其外形如图3-6所示。STIM202具有全温度范围极小漂移、低噪声、低功耗、小尺寸、轻重量、易安装、高可靠性、低成本、坚固耐用等优势，可以应用于包括导弹制导、飞行器航姿系统、图像稳定、惯性测量单元、GPS辅助导航等多个领域。其主要性能参数如表3-2所示。

图3-6 STIM202陀螺仪

表3-2 STIM202陀螺仪性能参数

性能指标	参　　数
量程/[(°)/s]	±400
零偏稳定性[(°)/h]	0.5
角度随机游走系数/[(°)/$\sqrt{h}$]	0.2
采样频率/Hz	125～1000

4）日本 Silicon CRG20 系列陀螺仪

日本 Silicon CRG20 系列陀螺仪是一种用来测量运动物体角速率的微惯性传感器，适合大批量的应用，其外形如图3-7所示。该系列产品使用了硅环MEMS技术，在剧烈冲击和振动条件下仍能保持稳定的性能，同时，其零漂小并具有良好的重复性。

图3-7 CRG20系列陀螺仪

3.2　MEMS 加速度计

加速度计是将加速度转化为形变或应力偏差的传感器。形变或应力偏差被转化为一种电矢量信号，其在一定程度上可准确估计加速度矢量。

3.2.1　MEMS 加速度计工作原理

1. 梳齿式电容加速度计

梳齿式电容加速度计是微惯性测量单元的核心元件，同时其应用也已迅速扩大到其他民用领域。在军用领域，梳齿式电容加速度计主要用于战术武器中段制导、灵巧炸弹等。在民用领域，梳齿式电容加速度计主要用于车辆控制系统、汽车安全系统、高速铁路、摄像机、照相机、机器人、工业自动化系统、医用电子设备、鼠标、高级玩具等。

这种表面加工的定齿均匀配置的梳齿式电容加速度计的一般结构如图 3-8 所示。图中，活动敏感质量元件为微机械双侧梳齿结构，与两端挠性梁结构相连，并通过立柱固定于基片上，其相对用于固定活动敏感质量部分的基片悬空。每个梳齿由中央质量杆(齿枢)向其两侧伸出，每个活动梳齿为可变电容的一个活动电容极板；固定梳齿直接固定在基片上，与活动梳齿交错等距离配置，形成差动电容。这种敏感质量元件的微机械双侧梳齿结构与基片平行。敏感质量元件可以沿敏感轴方向运动。这种固定梳齿与活动梳齿均置方案的主要优点是可以节省管芯板面尺寸，这对于表面加工的微机械传感器是有利的。但由于表面加工得到的梳齿结构测量电容偏小，影响了梳齿式电容加速度计分辨率和精度的进一步提高，另外这种结构的加速度计横向交叉耦合误差也较大。

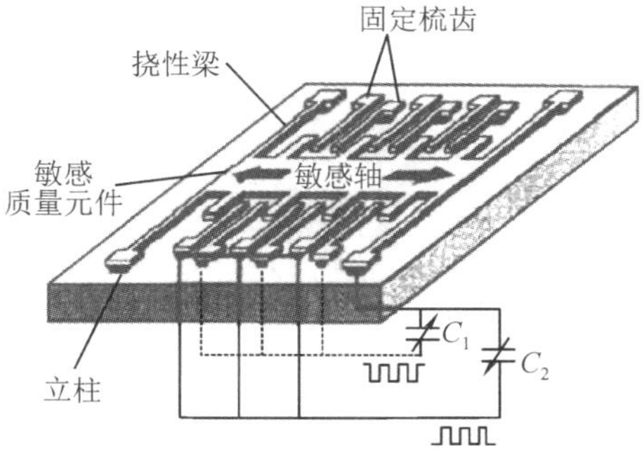

图 3-8　表面加工的定齿均匀配置的梳齿式电容加速度计结构

载体的加速度反映为梳齿式电容的变化，测出电容的变化量即对应的加速度。梳齿式电容加速度计又包括电容式开环微机械加速度计和电容式闭环微机械加速度计两种。图 3-9 为电容式开环微机械加速度计示意图。其中，u_s 是微机械加速度计载波，C_{s1} 和 C_{s2} 是一对检测差动电容，m 为敏感元件质量，b 为微结构机械阻尼系数，k 为微结构折叠梁弹比刚度，a 为感受到的加速度，x 为感受加速度时敏感元件相对壳体的位移量，u_{out} 为加速度计输出。

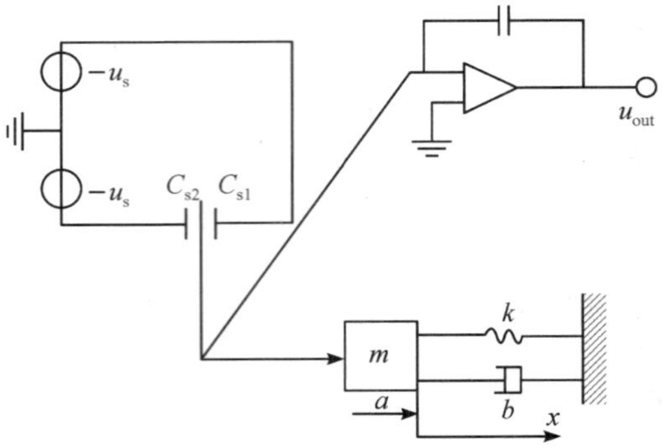

图 3-9 电容式开环微机械加速度计示意图

如果加静电反馈，便可组成力反馈闭环微机械加速度计。图 3-10 为电容式闭环微机械加速度计示意图。其中，u_s 是微机械加速度计载波，C_{s1} 和 C_{s2} 是一对检测差动电容，C_{f1} 和 C_{f2} 是一对加力差动电容，u_1 和 u_2 是反馈电压，f_e 是反馈力，m 为敏感元件质量，b 为微结构机械阻尼系数，k 为微结构折叠梁弹性刚度，a 为感受到的加速度，x 为感受加速度时敏感质量相对壳体的位移量，u_{out} 为加速度计输出。差动电容由载波信号激励，输出的电压经过放大和相敏解调作为反馈信号加给力矩器电容极板，产生静电力，使得极板回到零位附近。加在力矩器电容极板上的平衡电压和被测加速度呈线性关系。

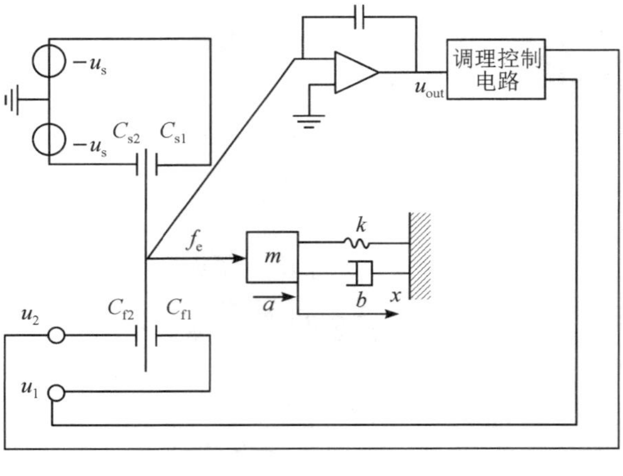

图 3-10 电容式闭环微机械加速度计示意图

2. 三明治摆式电容加速度计

三明治摆式电容加速度计又被称作悬臂梁式硅微机械加速度计，它的内部采用夹层结构，可动极板被夹在固定极板的中间。这种结构相对比较简单，电容可动极板是通过在中间的敏感质量硅摆片的上下两面电镀的方法制成的，由与其相对应的固定极板组成一组差动电容，用来测量外界加速度的大小。这种结构的微机械加速度计的原理是：当敏感质量硅摆片受到外界加速度的激励而上下运动时，电容极板之间的间距会随之变化，从而改变差动电容的大小。通过理论推算可知，在敏感质量硅摆片位移较小的情况下，差动电容的大小和加速度近似成线性比例关系，因此可以根据差动电容的变化得到加速度。但是这种夹层结构需要在敏感质量硅摆片的两面进行光刻，这对工艺技术的要求比较高，且难度极大。若克服这种技术困难，实现这种结构，就可以做出精度较高、封闭性较好的微机械加速度计。

3. 跷跷板摆式电容加速度计

跷跷板摆式电容加速度计又称为扭摆式硅微机械加速度计，其典型结构是敏感质量块绕着弹性梁扭转。早在 1990 年美国 Draper 实验室就研制出了该结构的微机械加速度计，其敏感质量块与其下方的玻璃基片之间形成了差动电容。由于分别位于承扭梁两边的质量块的质量和惯性矩不相等，当有加速度垂直于质量块输入时，质量块将绕着支撑梁发生扭转，这就使得一对差动电容一个增大一个减小，通过所测量的差动电容值就可以得到该敏感质量块所获得的加速度大小。采用 100 kHz 载波信号激励扭转质量块，与基片之间形成差动电容，将输出的电压经过放大和解调后，作为反馈信号反馈到力矩器电容极板，由此产生的静电力使得极板之间的转动角回复到零位附近，且加在力矩器的电容极板上的平衡电压与所测得的加速度呈线性关系。

3.2.2 MEMS 加速度计性能指标

一般而言，MEMS 加速度计的主要性能指标为测量范围、零偏、输出的死区和阈值、分辨率、刻度因子、带宽和频率响应等。

（1）测量范围。测量范围就是加速度计测量的最大值和最小值。

（2）零偏。与陀螺仪类似，零偏就是静止状态下加速度计的输出。

（3）输出的死区和阈值。加速度计的死区表示输出测量值为零的范围。相应的阈值表示加速度计能够测量的最小加速度的值。通常 MEMS 加速度计的测量阈值较大。

（4）分辨率。加速度计的分辨率表示能够敏感检测的最小加速度的变化量，高精度的加速度计测得的加速度能够精确到小数点后七位。根据经验，通常最小加速度的变化量约为刻度因子输出增量的二分之一。这个参数主要是对加速度计敏感度的描述。

（5）刻度因子。定义与陀螺仪的刻度因子类似，只是单位不同。通常在设计加速度计时，为了提高信号传输的信噪比，刻度因子越大越好。加速度计主要是将加速度物理量转换为电信号，如电压信号、电流信号等。加速度计的种类多种多样，其中有一种积分式的加速度计，主要对脉冲进行积分累加，将脉冲与角速度等价后进行累积积分得出加速度。

（6）带宽、频率响应。带宽主要反映的是加速度信号的频率测量范围，与陀螺仪的测量范围指标类似。它与动态响应特性呈正相关关系，因此能够衡量加速度的动态响应特性。频率响应范围越小则表明响应能力越弱。

3.2.3 MEMS 加速度计特性

加速度计工作于倾角仪状态时，通过直接测量当地重力加速度来确定载体的姿态。由于加速度计固连于载体，其测量的是载体所受的比力，即

$$\boldsymbol{f}=\dot{\boldsymbol{v}}^{\mathrm{b}}+\boldsymbol{\omega}\times\boldsymbol{v}^{\mathrm{b}}-\boldsymbol{g}^{\mathrm{b}}=\begin{bmatrix}\dot{u}-\omega_z u+\omega_y w\\ \dot{v}+\omega_z u-\omega_x w\\ \dot{w}-\omega_y u+\omega_x v\end{bmatrix}+\begin{bmatrix}g\sin\theta\\ -g\sin\phi\cos\theta\\ -g\cos\phi\cos\theta\end{bmatrix}\tag{3-15}$$

其中，$\dot{\boldsymbol{v}}^{\mathrm{b}}=[\dot{u}\quad \dot{v}\quad \dot{w}]^{\mathrm{T}}$ 是加速度矢量，$\boldsymbol{\omega}=[\omega_x\quad \omega_y\quad \omega_z]^{\mathrm{T}}$ 为陀螺仪输出，$\boldsymbol{g}^{\mathrm{b}}$ 为重力场在载体坐标系中的分量。

如果忽略科氏加速度及其他机动加速度的影响，此时加速度计输出可看作重力场在载体坐标系中的分量，满足

$$\boldsymbol{f}=\begin{bmatrix}f_x\\ f_y\\ f_z\end{bmatrix}\approx -g\begin{bmatrix}-\sin\theta\\ \sin\phi\cos\theta\\ \cos\phi\cos\theta\end{bmatrix}\tag{3-16}$$

其中，f_x、f_y 和 f_z 是加速度计在各个轴向的输出值。此时，倾角可以表示为

$$\theta_a=\arcsin\left(\frac{f_x}{g}\right),\ \phi_a=\arctan\left(\frac{f_y}{f_z}\right)\tag{3-17}$$

其中，θ_a 和 ϕ_a 分别为根据加速度计确定的俯仰角和横滚角。

加速度计无法区分重力加速度和非重力加速度，当有非重力加速度的干扰时，直接用加速度计的测量数据进行载体俯仰角和横滚角的解算，得到的俯仰角和横滚角估计会出现较大误差，如图 3-11 所示。

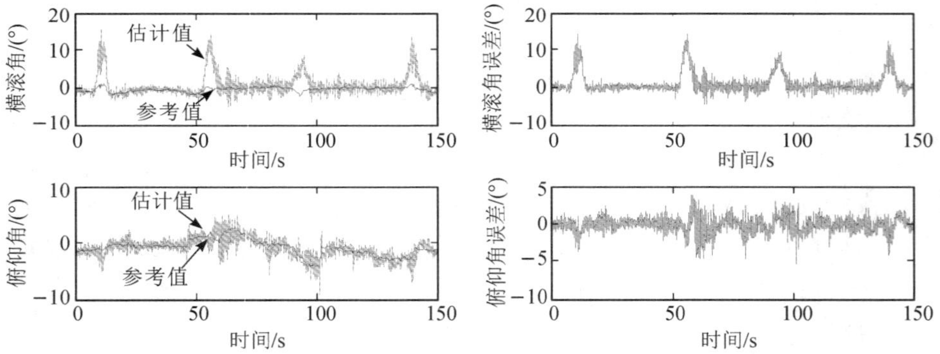

图 3-11　加速度计估计出的姿态角与误差

3.3　MEMS 磁强计

MEMS 磁强计是一种测量磁场的传感器，它具有体积小、性能可靠、功耗低等优点，在飞行载体导航以及姿态测量中得到了广泛的应用。

3.3.1　MEMS 磁强计工作原理

MEMS 磁强计的工作原理主要基于各向异性磁阻（Anisotropic Magneto Resistance,

AMR)效应。AMR 效应简单来说就是：各向异性磁性材料接入电流后，该磁性材料的阻抗大小与所接的电流以及其磁化方向的夹角有关。如果再向该磁性材料施加一个磁场，那么磁性材料本身的磁化方向将会改变，随即与所接入电流之间的夹角也将改变，外部的直观表现就是该磁性材料阻抗的改变。一般可认为各向异性磁性材料的阻抗与外部磁场的方向成正比，所以各向异性磁性材料可以用来测量磁场。基于 AMR 效应来测量大地磁场时，由于大地磁场非常微弱，因此各向异性磁性材料的阻抗变化非常小，很难直接测得。为了检测微弱的阻抗变化，通常引入惠斯通电桥，如图 3－12 所示。

图 3－12 中，AMR 电阻 R_1、R_2、R_3、R_4 的阻抗大小开始是相同的，但是 R_1、R_2 和 R_3、R_4 的磁化特性相反。当向此电桥加入一个正交偏置磁场时，R_1、R_2 的阻抗会随之增加 ΔR，而 R_3、R_4 的阻抗会减小 ΔR，此时电桥会输出一个电压 ΔV；当外界没有加入正交偏置磁场时，电桥的输出为零。磁强计通过惠斯通电桥来检测 AMR 阻抗的变化，进而得到外界磁场变化。三轴磁强计内部有 3 个惠斯通电桥。在安装时将磁强计的三轴与载体坐标系的三轴重合，即可测量载体周围的三维磁场强度变化。

MCN202 磁强计是由某军工研究所生产的一款三轴捷联磁强计，如图 3－13 所示。MCN202 具有可靠性高、抗干扰能力强、测量范围宽、响应速度快、功耗低等优点，可以被广泛地应用于水下作业、姿态控制以及相关军事领域。其性能参数如表 3－3 所示。

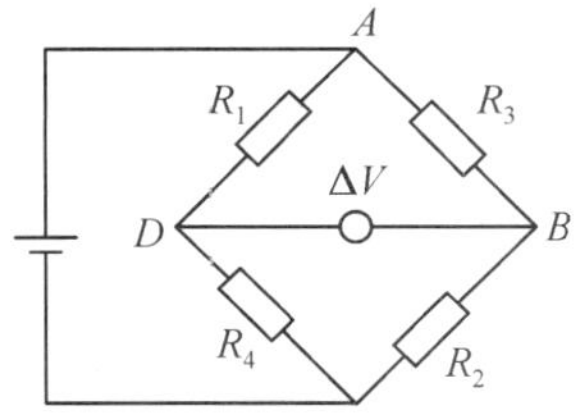

图 3－12　惠斯通电桥

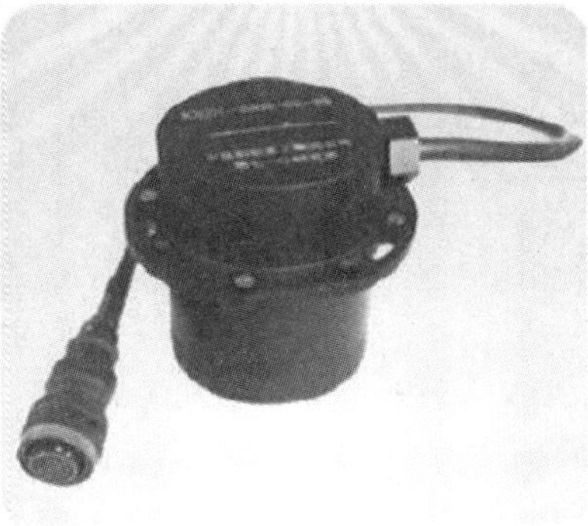

图 3－13　MCN202 磁强计

表 3－3　MCN202 性能参数

参　数	典　型
三通磁通量	±100 μT
工作温度	－55～70℃
工作湿度	＜80％
数据更新率	25 Hz
精度	±30 nT

3.3.2　MEMS 磁强计模型

MEMS 磁强计可以测量地磁场矢量的 3 个分量，同时可以配合姿态角测量传感器测量载体自身的姿态，通过坐标系转换计算出在地理坐标系下的方位。如果利用磁偏角进行修正，即可计算出以地理北为参考方位的坐标系。MEMS 磁强计应用时固定安装在载体上，当载体处于水平状态时，利用三轴 MEMS 磁强计的两个水平磁传感器的输出即可计算出载体的方位角。

三轴 MEMS 磁强计由 3 个一维磁传感器组合而成，3 个磁传感器分别沿磁传感器坐标系的 3 个轴 Ox_s、Oy_s、Oz_s 安装，坐标系定义如图 3－14 所示。三轴磁强计 x 轴沿载体纵轴向前，y 轴平行于磁强计安装面向右，并与 x 轴正交，z 轴与 x、y 轴垂直，方向向下。

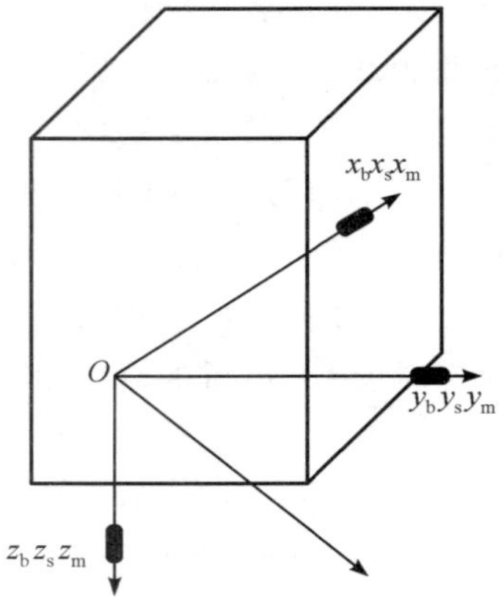

图 3－14　坐标系定义

在实际应用中，磁传感器坐标系（$Ox_s y_s z_s$）与载体坐标系（b 系）重合，设磁地理坐标系为 m 系（$Ox_m y_m z_m$），当载体坐标系（b 系）与磁地理坐标系（m 系）重合，即磁传感器坐标系（$Ox_s y_s z_s$）与磁地理坐标系（m 系）重合时，磁阻传感器的感应电势为

$$\overline{\boldsymbol{E}}_s=\overline{\boldsymbol{E}}_m=[E_N \quad 0 \quad E_D] \tag{3-18}$$

式中，E_N 为磁地理坐标系与磁传感器坐标系重合时，由地磁水平分量在磁传感器坐标系 x 轴上产生的感应电势；E_D 为磁地理坐标系与磁传感器坐标系重合时，由地磁垂直分量在磁传感器坐标系 z 轴上产生的感应电势。

当载体坐标系处于任意姿态时，磁阻传感器的感应电势为

$$\overline{\boldsymbol{E}}_s=\begin{bmatrix}E_{bx}\\E_{by}\\E_{bz}\end{bmatrix}=\boldsymbol{C}_b^n\cdot\overline{\boldsymbol{E}}_m=\begin{bmatrix}E_N\cos\psi_m\cos\theta-E_D\sin\theta\\(\cos\psi_m\sin\theta\sin\phi-\sin\psi_m\cos\phi)E_N+\cos\theta\sin\phi E_D\\(\cos\psi_m\sin\theta\cos\phi+\sin\psi_m\sin\phi)E_N+\cos\theta\cos\phi E_D\end{bmatrix} \tag{3-19}$$

式中，ψ_m 为载体的磁航向角，θ 为载体的俯仰角，ϕ 为载体的横滚角，E_{bx} 为地磁在载体坐标系 x 轴上的感应电势，E_{by} 为地磁在载体坐标系 y 轴上的感应电势，E_{bz} 为地磁在载体坐标系 z 轴上的感应电势，$\boldsymbol{C}_b^n$ 为地理坐标系对载体坐标系的方向余弦矩阵。

在三轴 MEMS 磁强计俯仰角 θ、横滚角 ϕ 和 E_{bx}、E_{by}、E_{bz} 已知的情况下，可以得到 x 轴和 y 轴上总的感应电势为

$$\begin{cases}E_x=E_{bx}\cos\theta+E_{by}\sin\phi\sin\theta+E_{bz}\cos\phi\sin\theta=E_N\cos\psi_m\\E_y=E_{by}\cos\phi-E_{bz}\sin\phi=-E_N\sin\psi_m\end{cases} \tag{3-20}$$

根据式(3－20)可以得到磁航向角为

$$\psi_m=\begin{cases}\arctan\left|\dfrac{E_y}{E_x}\right| & (E_x>0,\ E_y<0)\\180^\circ-\arctan\left|\dfrac{E_y}{E_x}\right| & (E_x<0,\ E_y<0)\\360^\circ-\arctan\left|\dfrac{E_y}{E_x}\right| & (E_x>0,\ E_y>0)\\180^\circ+\arctan\left|\dfrac{E_y}{E_x}\right| & (E_x<0,\ E_y>0)\end{cases} \tag{3-21}$$

3.4　微惯性测量单元

微惯性测量单元(Micro Inertial Measurement Unit，MIMU)一般包含三轴的微加速度计和三轴的微机械陀螺仪，用来测量物体在三维空间中的加速度和角速率。与传统的惯性测量单元相比，MIMU 在体积、质量和成本等方面均具有明显的优势。随着 MIMU 技术的进步和应用领域的不断扩大，微惯性测量单元已经开始与其他多种微传感器相结合，构成功能更多、使用范围更广的广义微惯性测量单元，在航姿参考系统、微惯性和卫星组合导航系统、多传感器融合系统等中均有应用。

3.4.1　MIMU 组成

MIMU 一般包括惯性敏感元件组件(Inertial Senor Assembly，ISA)、信号处理单元、信息解算单元、电源单元、减振器等。惯性敏感元件组件是 MIMU 的核心组件，它为系统提供了最基本的敏感功能和性能基础。该组件包括微机械陀螺仪、微机械加速度计、机械安装基准座、连接电缆等。信号处理单元由高性能的 A/D 转换器和数字信号处理电路组成，用以实现陀螺仪和加速度计的信号转换、控制和处理功能。信息解算单元通常由嵌入式 CPU 或 DSP 以及外围控制电路组成，用以实现系统导航信息的解算功能。电源单元的功能是将外部提供的电源变换成系统中敏感元件和数字电路所需的稳定的、低噪声的多路电源，并滤除来自外部和内部的各种电磁干扰。减振器的功能是衰减载体的高频振动，用以为惯性仪表提供一个良好的工作环境。MIMU 组成如图 3－15 所示。

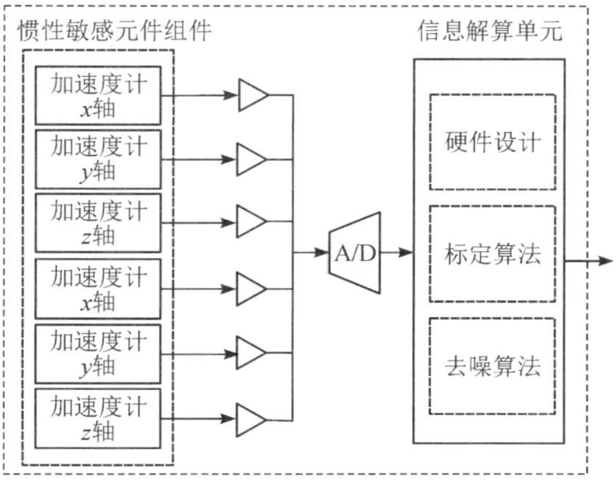

图 3－15　MIMU 组成

3.4.2　MIMU 典型产品

ADI 公司的 ADIS 系列三维微惯性测量单元，包含 ADI 公司微机械和混合信息处理技术，是一类高度集成的产品，能够提供校准后的数字惯性感应。ADIS16350 微惯性测量单元的外形如图 3－16 所示，性能参数如表 3－4 所示。ADI 公司的另一款典型产品型号是

ADIS16355。ADIS16355 微惯性测量单元提供在温度范围为−40～+85℃的校准，支持±75、±150、±300(°)/s 的设置；三轴加速度计的测量范围为−10*g*～10*g*，带宽为 350 Hz。其广泛应用于导向控制、平台控制与稳定、综合导航、图像稳定和机器人。

图 3-16　ADIS16350 微惯性测量单元

表 3-4　ADIS16350 性能参数

传感器类型	参　　数	典型值	单位
陀螺仪	零偏稳定性	0.015	(°)/s
	角度随机游走	4.2	(°)/$\sqrt{\text{h}}$
	电压灵敏度	0.25	[(°)/s]/V
	输出噪声	0.60	(°)/s
	速率噪声密度	0.05	[(°)/s]/$\sqrt{\text{Hz}}$
	频响 3 dB 带宽	350	Hz
加速度计	动态范围	±10*g*	
	零偏稳定性	$0.7\times10^{-3}g$	
	速度随机游走	2.0	(m/s)/$\sqrt{\text{h}}$

Honeywell 公司的 HGuide I300 微惯性测量单元是 Honeywell 的 MIMU 系列中最新和体积最小的产品，如图 3-17 所示。其包括 I300BA50 和 I300AA50 两种型号。HGuide I300 微惯性测量单元尺寸为 14 mm×42 mm×28 mm，重 35 g，功耗 0.5 W，适用于精准农业、自动驾驶汽车、通信、工业设备、海洋、石油和天然气、机器人、测绘、稳定平台、运输、无人机和无人地面车辆等领域。

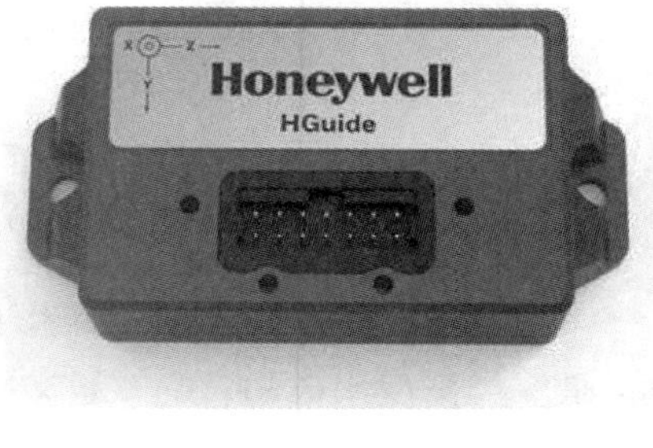

图 3-17　HGuide I300 微惯性测量单元

LORD 公司是无人驾驶飞行器、无人地面车辆和其他机器人平台的创新高性能微惯性测量单元的开发商。如图 3－18 所示，3DM-CV5-10 垂直测量单元(Vertical Measurement Unit，VMU)是该公司微惯性测量单元中体积最小、最轻、最经济实惠的系列。它在工业极板级单元集成了三轴加速度计、陀螺仪和温度传感器，可提供在数学上与正交坐标系对齐的最佳测量组合，具有很高的精度。3DM-CV5-10 的输出包括加速度、角速率、角度增量和速度增量。

Silicon Sensing DMU30 微惯性测量单元是中星寰宇研制的高精度六自由度 MIMU，其外形如图 3－19 所示。它采用 VSG3Q MAX 感应陀螺仪和 MEMS 电容加速度计，具有优异的零偏稳定性和较小的随机游走系数，可应用于水文测量、机载测绘与制图系统、惯性导航系统、姿态航向参考系统、GPS 辅助组合导航系统、海上制导与控制系统、自动驾驶车辆控制系统、远程遥控系统和工业机械控制系统等，也可用于替代 FOG/RLG 的 MIMU 需求。DMU30 采用的陀螺仪和加速度计的具体性能指标如表 3－5 所示。

图 3－18　3DM-CV5-10

图 3－19　DMU30 惯性测量单元

表 3－5　DMU30 基本参数

传感器	性能指标		
	量程	零偏	零偏稳定性
陀螺仪	±490(°)/s	<15(°)/h	<0.1(°)/h
加速度计	±10g	<1.5g	<0.015g

图 3－20 为星网宇达公司的微惯性测量单元 XW-IMU5220。XW-IMU5220 微惯性测量单元是其自行研制的高精度六自由度微惯性测量单元，可以按 100 Hz 的更新速率稳定提供角速率和线加速度的测量信息。该产品可靠性高、性能稳定、结构紧凑。内部包含 3 个采用微机械技术加工的角速率陀螺仪、3 个高性能的加速度计和高速数字信号处理电路，可在全温度范围(－40～85 ℃)内，对各传感器进行降噪、温度补偿、非线性校正和交叉耦合补偿。其基本性能指标如表 3－6 所示。

图 3－20　XW-IMU5220 实物图

表 3-6 XW-ADU5220 基本参数

传感器	性能指标			
	量程	零偏	零偏稳定性	零偏重复性
陀螺仪	±150(°)/s (±100(°)/s 可选)	<0.08(°)/s	<0.05(°)/s	<0.05(°)/s
加速度计	±10g (±2g 可选)	<0.005g	<0.001g	<0.002g

图 3-21 为本课题组研制的低成本系列微惯性测量单元，其采用了独特的温度补偿方法，突破了随机误差补偿、温度补偿等误差补偿技术，大幅提高了测控精度，降低了系统成本。

图 3-21 低成本系列微惯性测量单元

3.4.3 MIMU 典型应用

MIMU 由于成本低，可大批量生产，目前已被广泛使用，如在航姿参考系统、微惯性-卫星组合导航系统、多传感器融合系统、无陀螺仪导航系统等中均有应用。

1. 冗余微惯性测量单元

冗余微惯性测量单元采用多个微惯性传感器，并将其通过一定的排布方式进行组合以获得与多个 MIMU 相同的性能。传感器级的冗余结构能够进一步减小系统的体积和重量，降低成本和复杂度，同时容错性能也能得到提升。冗余结构可大致分为正交式和斜置式两类。其中，正交式冗余结构沿载体坐标系 3 个相互正交的坐标轴安装多个传感器；斜置式冗余结构的传感器并不按照载体坐标轴安装，而是按照一定的空间结构进行配置和排布。

虚拟陀螺仪采用一种典型的正交式冗余结构，将多个普通精度陀螺仪组成阵列，融合成一个高精度陀螺仪，其核心在于软件滤波器的设计，即通过对陀螺仪阵列测量值的分析辨识，设计最优滤波器，估计出陀螺仪各项误差的大小，并对测量信息补偿校正，得到输入角速率的高精度估计值。

正交式冗余结构具有结构简单、安装方便等优点，但各个敏感轴上的测量数据没有耦合关系，安装在一个轴上的传感器不能向其他轴上的传感器提供冗余信息。因此，在相同的性能要求下，正交式冗余结构所需的传感器数量要多于斜置式。国内外众多的研究者为响应空间高精度、高可靠性导航的要求，提出了更多的冗余配置方案。显然，冗余结构有利于传感器数量的减少，对可靠性的提高具有重要意义。利用冗余容错技术提高航姿系统的可靠性已逐渐成为现代导航技术的主要发展方向之一，并已经成功地应用于多个领域。

2. 微机械航姿参考系统

微机械航姿参考系统(Attitude and Heading Reference System，AHRS)包括多个轴向传感器，能够为载体提供准确可靠的姿态与航向信息。

1) MIMU-磁强计组合

微机械航姿参考系统包括三轴陀螺仪、三轴加速度计和磁强计，它能以重力矢量和地磁矢量作为参考信息来修正陀螺仪积分后的漂移误差。敏感轴相互垂直构成一个三维的正交坐标系，以实时提供载体的六自由度参数及磁场信息。

微机械航姿参考系统组成如图 3-22 所示。传感器输出信号由 A/D 数据采集单元送入嵌入式控制器中，进行数据调理和误差补偿后，经过坐标变换，通过卡尔曼滤波器进行数据融合，输出为航向角和水平姿态角的最优估计。与 MIMU 的区别在于，航姿参考系统包含了嵌入式的姿态数据解算单元与航向信息，而 MIMU 仅仅提供传感器数据，并不具有提供准确可靠的姿态数据的功能。微机械航姿参考系统的技术难点在于磁强计的信号很容易受到干扰，因此对于磁干扰补偿算法的研究显得尤为重要。

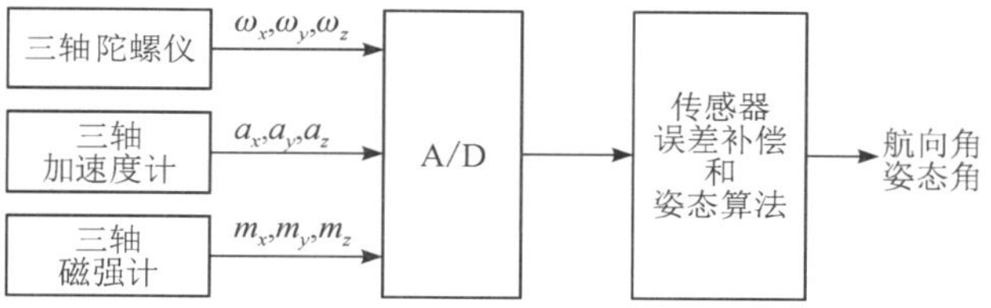

图 3-22　微机械航姿参考系统组成框图

ADI 公司生产的 ADIS16405 是一款具有代表性的低精度航姿参考系统。它采用 MIMU 和磁强计组合的方式，能够不依赖外界辅助完全自主导航。ADIS16405 抗干扰能力强、可靠性高，其外形及内部结构如图 3-23 所示。

图 3-23　ADIS16405 的外形及内部结构

2) MIMU-GPS 传感器组合

普通的 AHRS 采用陀螺仪、加速度计和磁强计组合定姿的方法，先用加速度计输出的加速度信息和磁强计输出的磁场强度信息计算姿态角，再用该姿态角作为测量值来补偿陀螺仪的漂移。这种算法既可以保证定姿的精度，又可以保证系统具有较高的动态性和稳定性。这种工作方式通过卡尔曼滤波确定载体的姿态，以重力向量和地磁向量为参考信息修正陀螺仪积分后的角度漂移，提高了航姿系统的精度。但这种方式也存在一些弊端。当传感器处于无磁场干扰的空旷区域时，地磁场没有受到干扰，此时的航向角是正确的。而实际上，磁强计安装在载体上，载体平台、载体上元件如发动机、电缆等都会对电磁场产生干扰。另外，外部物体如经过的车、建筑物、高压电线、大的金属物等也会产生电磁干扰。这些干扰会扰乱、弯曲地磁场，最终导致航向角误差。采用单基线 GPS 测姿可以校正航向角。

北京星网宇达科技开发有限公司的 ADU5600 外形如图 3 - 24 所示，它采用 MIMU-GPS 传感器组合的方案，包含 CRS03 陀螺仪、加速度计和 2 个 GPS 传感器，其技术参数如表 3 - 7 所示。

图 3 - 24　ADU5600 动态测姿系统

表 3 - 7　ADU5600 基本参数

<table>
<tr><th colspan="3">性能指标</th><th>参　数</th></tr>
<tr><td rowspan="6">系统精度</td><td colspan="2">航向精度</td><td>0.1(°)/h(2 m 基线)
0.05(°)/h(4 m 基线)
0.025(°)/h(8 m 基线)</td></tr>
<tr><td rowspan="2">姿态精度</td><td>横滚</td><td>0.2(°)/h(静态)
1(°)/h(动态)</td></tr>
<tr><td>俯仰</td><td>0.2(°)/h(2 m 基线)
0.1(°)/h(4 m 基线)
0.05(°)/h(8 m 基线)</td></tr>
<tr><td colspan="2">位置精度</td><td>0.3 m(差分 GPS)
<2 m (无 SA)</td></tr>
<tr><td colspan="2">速度精度</td><td>0.02 m/s</td></tr>
<tr><td colspan="2">数据更新率</td><td>100 Hz</td></tr>
</table>

续表

性能指标			参　数
主要器件性能	陀螺仪	量程	±100(°)/s，±200(°)/s 可选
		零偏	≤0.08(°)/s
		零偏稳定性	≤0.05(°)/ s
		零偏重复性	≤0.05(°)/s
	加速度计	量程	±10*g*，±2*g* 可选
		零偏	≤0.005*g*
		零偏稳定性	≤0.001*g*
		零偏重复性	≤0.002*g*
	GPS	定位精度	2 m
		速度精度	0.02 m/s
		授时精度	50 ns
接口特性		接口方式	RS－232/485
		波特率	115 200
物理指标		供电电压	12 V DC 额定(9～15 V)
		工作温度	－40～85℃
		物理尺寸	132 mm×68 mm×79 mm
		重量	775*g*

3）MIMU-GPS-磁强计组合

美国 Crossbow 技术公司推出的 AHRS500 是一种姿态和方位参考组合系统，如图 3－25 所示。其能在高动态下提供稳定的横滚角、俯仰角和航向角信息。其中，MIMU 包括 3 个微机械陀螺仪、3 个加速度计和 3 个磁强计。各传感器在室内进行校正，然后将校正参数和温度补偿曲线写到系统的非易失性存储器中。传感器输出的模拟信号通过一个同步采样 16 位 A/D 转换系统以 32 kHz 的频率转换成数字信号，数据经过一个有限冲激响应(Finite

图 3－25　AHRS500 组合系统

Impulse Response, FIR)滤波器以超过 1 kHz 的频率输送到数据存储器中，再由一个浮点数字信号处理器(DSP)进一步根据校正表格完成温漂、失调、刻度因子、偏差等的修正剔除。AHRS500 组合系统在姿态的更新算法中采用四元数法，用一个四阶龙格-库塔积分器递推载体的位置、速度和姿态；精密的时间基准信号采用 GPS 的 1PPS 脉冲，通过串行通信口接收 GPS 的测量信号，由 DSP 进行综合处理。卡尔曼滤波器融合了加速度计、陀螺仪、磁强计和 GPS 的数据，对导航状态和传感器参数进行校正。

3. 微惯性-卫星组合导航系统

惯性导航系统(Inertial Navigation System, INS)是一种利用惯性传感器测量载体的比力及角速度信息，并结合给定的初始条件实时推算速度、位置、姿态等参数的自主式导航系统。具体来说，惯性导航系统属于一种推算方式的导航系统，其通过加速度计实时测量载体运动的加速度，经积分运算得到载体的实时速度和位置信息，如图 3-26 所示。假设载体内部有一个导航平台(物理平台或数学平台)，取 xOy 为导航坐标系，将两个加速度计通过测量轴稳定在 Ox 轴和 Oy 轴方向上，分别测量沿两个轴向的加速度，则载体运动的速度和位置分别为

$$\begin{cases} v_x = v_{x_0} + \int_0^t a_x \mathrm{d}t \\ v_y = v_{y_0} + \int_0^t a_y \mathrm{d}t \\ x = x_0 + \int_0^t v_x \mathrm{d}t \\ y = y_0 + \int_0^t v_y \mathrm{d}t \end{cases}$$

式中，v_{x_0} 和 v_{y_0}、x_0 和 y_0 分别为载体的初始速度和初始位置，a_x 和 a_y 为载体的运动加速度。

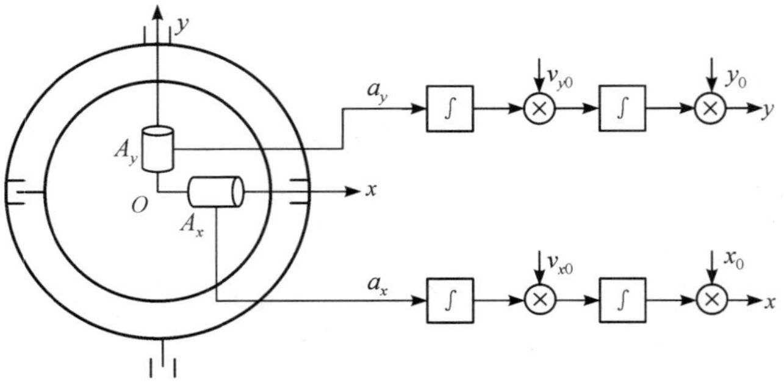

图 3-26 惯性导航系统原理框图

从原理上看，加速度计测量的是其敏感轴向上的比力。如何在载体运动(平动、转动)过程中保证加速度计的输出是沿导航坐标系的，是实现准确导航定位的基础，这就需要建立坐标基准，而这一过程是通过陀螺仪来实现的。

保证加速度计的输出沿导航坐标系有两种途径：一种是利用陀螺仪稳定平台建立一个相对某一空间基准的三维空间导航坐标系，以解决加速度计输出信号测量基准的问题，即采用陀螺仪稳定平台来始终跟踪所需要的导航坐标系，陀螺仪稳定平台由陀螺仪控制，加速度计

安装在陀螺仪稳定平台上；另一种是通过不同坐标系之间的转换，来解决加速度计输出的指向问题，即将加速度计和陀螺仪都直接固联安装在载体上，陀螺仪的输出角速率信息用来解算载体相对导航坐标系的姿态变换矩阵，加速度计的输出经姿态变换矩阵变换至导航坐标系，这相当于建立了一个数学平台。因此，惯性导航系统是以陀螺仪和加速度计为敏感元件，根据陀螺仪的输出建立导航坐标系，通过加速度计的输出结合初始运动状态，来推算载体的瞬时速度和瞬时位置等导航参数的解算系统。

微惯性导航系统的技术难点在于传感器本身精度较低，不能满足纯惯性导航的精度要求，因此系统往往与其他辅助导航设备融合才能使用。微惯性-卫星组合导航系统可以有效地利用各自的优点，系统间取长补短，从而减小系统误差，提高系统的性能。微惯性-卫星组合导航系统已经成为导航领域的标准算法以及互补信息融合的典范，广泛应用于各种需要可靠的位置、速度以及姿态信息的导航、制导与控制系统中。对于车载应用来说，该系统可用于车辆控制、自动驾驶、稳定控制以及防撞系统等多种车辆控制系统中。随着微机械技术的快速发展，采用低成本的微惯性传感器构成的组合导航系统已经成为研究的热点，且出现了各种提高导航精度以及可靠性的紧组合、超紧组合算法。

美国 J. F. Lehman & Company 公司收购了英国 BAE 系统公司的惯性器件业务后，重新开始在惯性技术领域进行研究与开发。其研发的 SiNAV 型组合导航系统是低精度组合导航系统的代表，如图 3－27 所示。SiNAV 采用 MIMU-GPS 紧组合方案，定位误差不超过 10 m，速度误差不超过 0.1 m/s，并且可承受 20 000g 的冲击。

图 3－27　SiNAV 型组合导航系统

美国角斗士技术公司生产的陆标系列组合导航系统是最经典的中高精度组合导航产品之一，如图 3－28 所示。它采用了 MIMU-GPS 组合方式，测量功能齐全，精度较高，系统定位误差仅为 2.5 m。

(a) LandMark 10/20　　(b) LandMark 20 eXT

图 3－28　陆标系列组合导航系统

LORD公司的3DM-GX5-45系统采用MIMU-GNSS组合(如图3-29所示)，具有与GPS、GLONASS、北斗和伽利略卫星星座兼容的多星座接收器。该系统采用了最先进的自适应滤波算法，可在高动态条件下生成高度精确的俯仰、横滚、航向、方向、位置、速度和GNSS输出。

图3-29　3DM-GX5-45系统

MTI-G-700系统是以GPS辅助、IMU增强的GPS-INS系统，如图3-30所示，其能提供高精度的方向和位置信息。MTI-G-700系统是高性能MTI-100系列产品的一部分，具备振动抑制陀螺仪，有良好的高运行偏置不稳定性。该惯性导航系统能够输出范围广泛的数据，如无漂移3D定位数据、3D位置和速度数据、3D校准加速度、转弯速率、磁场数据和压力数据。

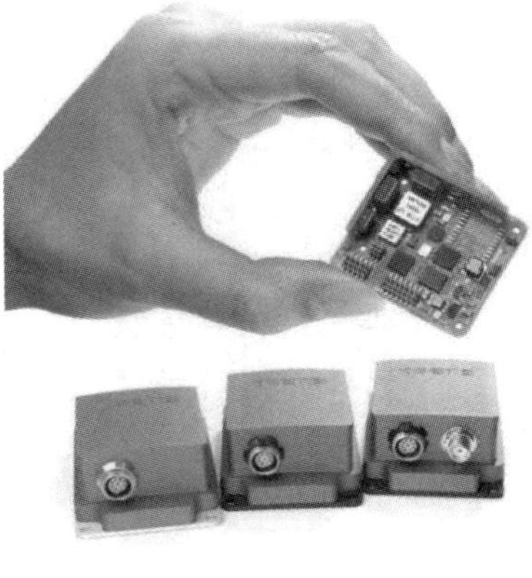

图3-30　MTI-G-700系统

第 4 章　微惯性传感器的误差分析与补偿技术

针对微惯性传感器在实际应用中面临的各类误差，如零偏误差、刻度因子误差、交叉耦合误差等，本章介绍一系列有效的误差分析与补偿技术，旨在提升传感器的测量精度与稳定性。

4.1　微惯性传感器误差

对于微惯性传感器，其误差主要分为系统误差（确定性误差）和随机误差，如图 4－1 所示。系统误差主要包括系统漂移误差、刻度因子误差和其他误差等；随机误差主要是指传感器的随机漂移，包括量化误差、随机游走和偏差不稳定性等。

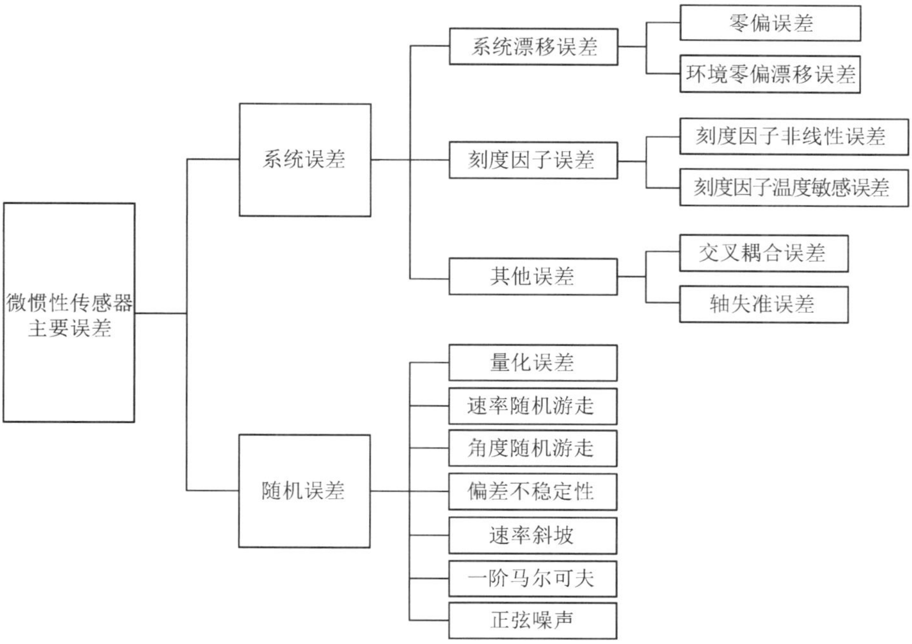

图 4－1　微惯性传感器主要误差

4.1.1 系统误差

对于微惯性传感器，系统误差主要包括由于传感器本身的设计、焊接、安装等确定性因素产生的交叉耦合误差、陀螺仪自身固定零偏误差以及由于环境和温度变化而产生的环境零偏漂移误差等。

1. 零偏误差

零偏误差是指实际操作中微惯性传感器在静态工作状态的输出值，不同微惯性传感器导致零偏误差的主要因素也不同，例如 MEMS 陀螺仪受温度因素影响较大。通常系统在运行一段时间后，真实的误差会发生改变，其中零偏误差的改变最为明显，也最为复杂。微惯性传感器零偏误差在工作后由于各种随机因素影响发生变化，因此只能通过误差补偿模型有限度地补偿。

2. 环境零偏漂移误差

微惯性传感器的精度不仅与制作工艺、使用材料有关，还受到环境和温度的影响。温度对微惯性传感器的影响主要分为两个方面：一是由于微惯性传感器本身的材料对温度较为敏感，其内部电子在不同温度下的热运动差异会产生环境零偏漂移误差；二是环境零偏漂移在温度变化的情况下会有一个逐渐累积的趋势，这使不同温度趋势下的环境零偏漂移误差不断增大。

3. 刻度因子误差

微惯性传感器的输出值一般是由因子系数同测量值进行数值运算得到的，而这个因子系数就是刻度因子。刻度因子是微惯性传感器的输出与输入之比。MEMS 陀螺仪和 MEMS 加速度计的输出均为电压信号，若要得到角速率和加速度信息，必须使用刻度因子将输出电压进行信号转换。刻度因子通过标定测试预存在导航计算机中，计算导航信息时，角速率和加速度的真实值为刻度因子乘以采样值。实际应用中预先存储的刻度因子可能与工作中微惯性传感器实际的刻度因子不相同，由此产生的误差即刻度因子误差。

4. 交叉耦合误差

微惯性传感器的交叉耦合误差也称为非正交误差。生产、集成和安装过程可能导致微机械陀螺仪和微机械加速度计与载体坐标系不完全一致，从而产生一个微小的偏差角，这使微惯性传感器所在的坐标系为非正交系，由此产生的误差即为交叉耦合误差。交叉耦合误差一般通过构建安装校正矩阵消除。

综上所述，这些系统误差对微惯性传感器精度都有很大影响，需要对这些误差分别建立误差模型进行误差补偿。

4.1.2 随机误差

随机误差主要是指传感器的随机漂移，包括量化误差、随机游走和偏差不稳定性等。

1. 量化误差

量化误差是由传感器输出的离散化和量化性质造成的，其代表了传感器的最小分辨率。

2. 随机游走

随机游走包括角度随机游走和速率随机游走，指的是由白噪声所引起的随着时间不断累积的陀螺仪或加速度计输出误差系数。角度随机游走是对宽带噪声积分的结果，是影响系统的主要误差；速率随机游走是对宽带加速度信号的功率谱密度积分的结果。白噪声在这里指的是微机械陀螺仪或微机械加速度计所受到的一种外界随机干扰，当外界条件基本保持不变时，可以认为各种噪声的主要统计特性与时间是不相关的。随机游走是一个非确定性误差，无法建立固定的误差模型，只能对其进行统计分析，然后建立合适的滤波器对其进行滤波和优化。

3. 偏差不稳定性

偏差不稳定性主要表现为低频零偏抖动，是由电子器件或者其他部件易受随机波动影响而导致的。

4.1.3 误差分析

提高微惯性传感器的精度主要有两种途径。一种是提高各类传感器本身的精度，包括改善器件的制造工艺、设计更优化的硬件结构、生产更精密的器件，即从器件自身方面寻找提高精度的方法。不足的是，该方法容易导致器件的加工工艺复杂化、加工成本增加、器件结构复杂化等问题，同时这种方法提高的精度有限，因此该方法一般作为辅助方法使用。另一种是通过软件补偿的方法来提高微惯性传感器的精度，这种方法对微惯性传感器进行测试，建立误差模型方程，通过误差补偿来提高微惯性传感器的实际使用精度。

1. 系统误差

系统误差的变化是系统性的，有一定的规律，一般可以通过专门的测试设备和测试标定来建立误差模型，对系统误差进行补偿。典型的测试有零偏性能测试、速率转台试验、温度试验。

1）零偏性能测试

零偏性能测试的目的是得到微惯性传感器的零偏稳定性、零偏重复性和噪声等参数。以陀螺仪为例，零偏性能测试需要将陀螺仪置于一个稳定的水平基座上，并将陀螺仪敏感轴指向东或西。零偏性能测试的时间周期根据应用需要确定。

零偏性能测试时，将陀螺仪置于水平基座上，记录规定时间内陀螺仪的输出值，其输出值的数学期望为陀螺仪的零偏；按照规定的平滑时间取平均值，通过求这些平均值的标准偏差得出陀螺仪的零偏稳定性（1σ 时），或求取这些平均值的极差得出陀螺仪的零偏稳定性（峰-峰值时）。

在同样的测试条件及规定时间间隔内，测试得到多个工作周期的零偏，计算其标准偏差得出陀螺仪的刻度因子重复性（1σ 时），或求这些零偏的极值得出陀螺仪的刻度因子重复性（峰-峰值时）。

利用 Allan 方差分析法处理陀螺仪静止时的输出数据，可以求得陀螺仪的角度随机游走、角速率随机游走等陀螺仪输出噪声特性参数。

2）速率转台试验

速率转台试验的目的是得到陀螺仪刻度因子的各种特性及陀螺仪能够测量的最大和最小角速率。

进行速率转台试验时，将陀螺仪置于速率转台上，使其敏感轴平行于速率转台的旋转轴，转台输入角速率按绝对值从小到大的顺序改变，在每个角速率下分别记录陀螺仪的输出，其中必须包含测量范围的最大和最小值。

利用最小二乘法可计算陀螺仪的刻度因子和拟合零位；用最小二乘法分别拟合出正向和负向刻度因子，求得其差值与陀螺仪刻度因子的比值，即可获得陀螺仪的刻度因子不对称度；输出量相对于最小二乘法拟合直线的最大偏差值与满量程输出值之比，即为刻度因子非线性度。

在同样的测试条件及规定时间间隔内，测试得到多个工作周期的刻度因子，计算其标准偏差与其平均值之比，即可获得陀螺仪的刻度因子重复性。

3）温度试验

进行温度试验时，规范化的做法是采用温控转台，即转台在温控箱内，以建立不同的温度环境。

温度试验有多种方式可以采用，如保持陀螺仪在设定的温度下稳定，或在给定的周期内进行有控制的温度增加或降低，即温度梯度试验。

在陀螺仪工作范围内的各种温度下重复进行速率转台试验并记录陀螺仪的输出，可以对陀螺仪工作范围内不同温度下的刻度因子进行估计。如果陀螺仪安装有热传感器，还可以根据上述评估得到的温度表达式，建立温度变化的在线补偿模型。

在室温、上限工作温度、下限工作温度下分别测试并计算陀螺仪的刻度因子和零偏，可求得由温度变化引起的刻度因子变化量(或零偏变化量)与温度变化量之比，取其最大值即可获得陀螺仪的刻度因子温度灵敏度(或零偏温度灵敏度)。

2. 随机误差

随机误差一般是由随机常数、一阶马尔可夫过程和白噪声组成的，具有偶然性、随机性，是无规律性误差，可以依靠系统辨识等统计学方法(如 AR、MA、ARMA 等线性时间序列方法)得到其统计规律，然后利用滤波估计的方法加以补偿。

4.2 典型微惯性传感器测试设备

微惯性传感器测试设备是标定、测试和检验微惯性传感器或惯性导航系统的专用设备，包括速率转台、离心机、温控箱和六面体夹具等。

4.2.1 速率转台

速率转台是分析、研制、生产微惯性传感器和惯性导航系统最重要的测试设备之一。动态测试条件下输出参数与静态输出参数的比较，可以用于确定角加速率和角速率输入对系统精度的影响。速率转台按转台速率轴的数目可分为单轴速率转台、双轴速率转台、三轴速率转台以及单轴速率单轴位置转台等，如图 4-2 所示。其中高精度三轴速率转台是微惯性传感器测试最理想的大型、多功能的设备，当然其价格也较高。

三轴速率转台包含三个框架，分别为外框、中框和内框(或称外环、中环和内环)，一般被测对象安装固定在内框上。三框构成了万向支架，可对被测对象实施空间任意方向的角速率运动。三轴速率转台主要有立式和卧式两种结构。立式三轴速率转台的外框为航向框，中框为俯仰框，内框为横滚框，多用于常规水平航行式运载体惯性导航系统的测试(外、中、内框对应的欧拉角分别为航向角、俯仰角和横滚角)；而卧式转台的外框为俯仰框，中框为航向框，内框为横滚框，多用于垂直发射式运载体惯性导航系统的测试(外、中、内框对应欧拉角分别为俯仰角、航向角和横滚角)。

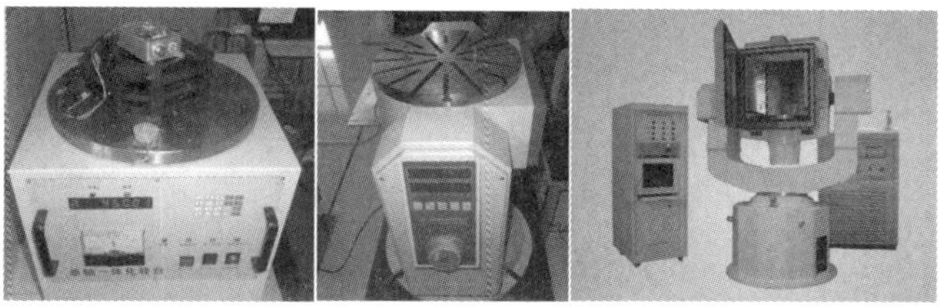

(a) 单轴速率转台　(b) 双轴速率转台　(c) 三轴速率转台

图 4-2　速率转台

三轴速率转台主要由基座和三个框架系统组成，每个框架系统都可独立进行角速率控制，它们的原理基本相同。以内框系统为例，它又可细分为内框架、内框轴、力矩电机、测速电机和控制电路等组成部分。用户指定的角速率输入自动转换为精密电压基准信号，测速电机测量输出的信号与框架转速成比例，当转速出现波动时，测速信号也随之波动，测速信号通过反馈与基准信号比较形成误差，再经过直流放大和功率放大，控制力矩电机转速使之精确等于用户给定的角速率。因此，速率控制系统主要通过测速反馈来达到稳速的目的。

在三轴速率转台中，由于内框相对中框、中框相对外框、外框相对基座均可以 360°无限度自由旋转，因此，尤其在大角速率运行状态下，内框上的被测对象与地面设备之间不能直接使用导线连接，而必须采用安装在框架轴上的导电滑环进行电气传输。滑环数目和额定电流是导电滑环的两个重要性能参数。

除三轴速率转台外，在微惯性传感器测试中也常常用到单轴速率单轴位置转台或单轴速率转台。单轴速率单轴位置转台的外框轴(水平俯仰轴)一般为手动位置轴，而内框轴(主轴)为速率轴，水平俯仰轴倾斜可用于调整主轴的方向，比如让主轴平行于极轴，以方便进行陀螺仪的极轴翻滚测试。单轴速率转台的工作台面一般调整至水平面内，因而速率轴(主轴)只能指向天向。单轴速率转台常常与六面体夹具配合使用，翻动六面体可使被测对象在每个坐标轴上都能检测到转台角速率。

速率转台的主要技术指标是速率范围、速率精度和速率均匀性。转台速率范围必须满足被测试陀螺仪测量范围的要求，速率精度和速率均匀性必须满足被测试陀螺仪工作精度的要求。

4.2.2 离心机

离心机作为模拟高过载运动条件的测试设备，主要用于测试与标定加速度计在高过载条件下的输出性能。离心机外形如图 4-3 所示。

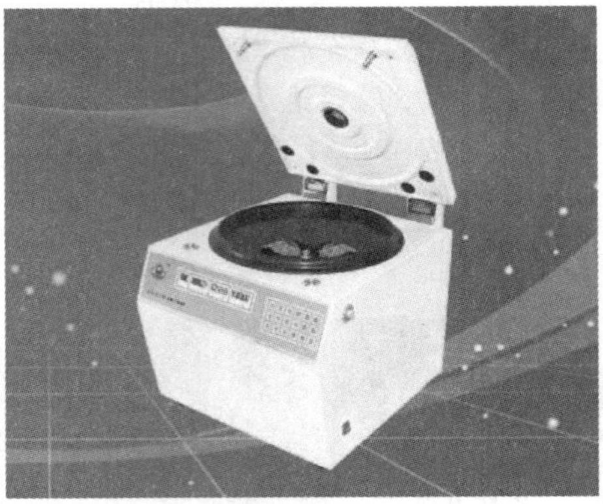

图 4-3 离心机

离心机能够持续提供恒定的大于 $1g$ 的加速度，常常用于精确分离加速度计模型中的高阶项系数。在重力场 $1g$ 范围内标定的加速度计高阶项系数可信度不高，而在高 g 条件下高阶项有利于提高标定精度。

离心机的简单示意图如图 4-4 所示，它主要由驱动系统、离心机杆臂、工装、被测件和配重等部分组成。驱动系统驱动离心机杆臂作恒角速率转动，被测件通过工装安装在离心机杆臂上，与旋转轴线距离为 R，R 常称为工作半径。调节离心机的转速和工作半径 R，可获得不同的向心加速度 a，即

$$a=\omega^2 R$$

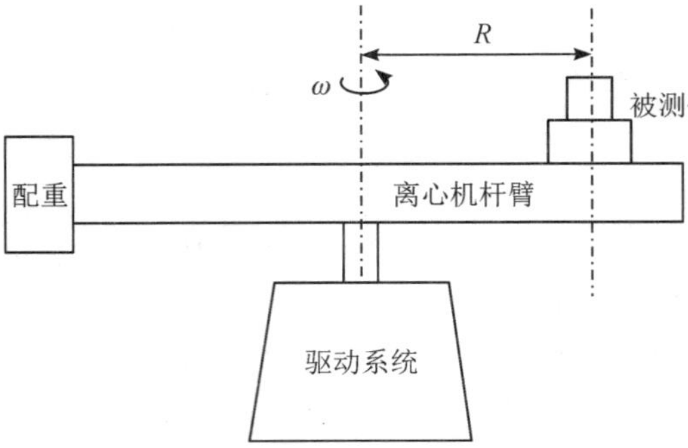

图 4-4 离心机示意图

普通离心机上限加速度 a 的典型范围为 $10g\sim100g$。为了保证测试参考基准的精度，离心机旋转轴应尽量沿铅直方向并保持离心机杆臂旋转平面在水平面上，以减小重力加速度对向心加速度的耦合干扰。

4.2.3 温控箱

微惯性传感器是精密仪器，温度变化是影响其性能和精度的最主要因素之一。在高精度的导航系统中一般都采用了温度控制措施，温度控制精度可达 0.1℃，但是温度控制过程往往延长了系统的准备时间，还增加了体积、功耗和复杂性。进行温度补偿是提高微惯性传感器在各种温度环境下实际使用精度的重要措施，这时必须使用到模拟各种温度环境的试验工具——温控箱，如图 4－5 所示。

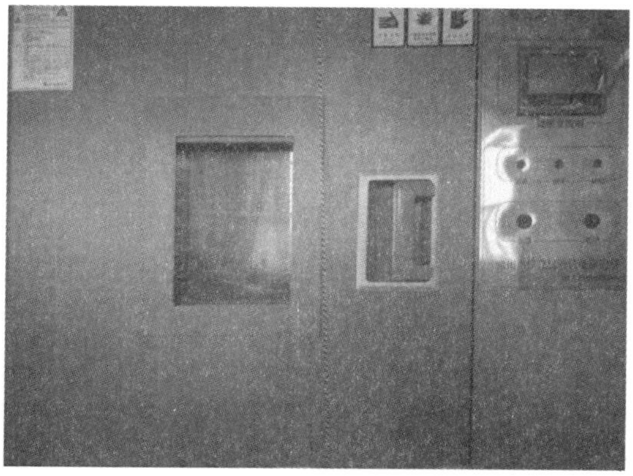

图 4－5　温控箱

温控箱可为微惯性传感器提供不同恒定温度或不同温度梯度的工作条件。温控箱还常常与速度转台等测试设备配合使用，以便在各种温度环境下实施更多的操作，从而对微惯性传感器中与温度有关的模型系数进行测试。

4.2.4 六面体夹具

六面体夹具是一种中间过渡装置，测试对象可通过它安装到测试台面上。如图 4－6 所示，六面体夹具通常为长方体框架结构，被测试对象通过螺栓和定位销等连接器固定在六面

图 4－6　六面体夹具

体夹具内，六面体夹具外六个相邻面之间具有很高的垂直度，可作为测试台面上的安装定位基准。六面体夹具常常与平板配合使用，变换六面体夹具与平板的接触面可以改变重力加速度矢量在被测对象上的投影分量，以方便和快速地测定被测对象静态误差模型的主要参数。

4.3 微惯性传感器温度补偿方法

微机械陀螺仪中的硅成分对温度比较敏感，这导致其存在较大的温度零偏误差，且温度变化造成的误差量会随着时间的累积不断增加。因此，如何对微机械陀螺仪温度零偏误差进行补偿是需要重点解决的问题。如图 4－7 所示，微机械陀螺仪中的温度零偏误差存在较大非线性。因此，为了提高微机械陀螺仪的精度和性能，建立微机械陀螺仪温度零偏误差的有效温度补偿模型，减少温度对微机械陀螺仪零偏的影响是十分必要的。

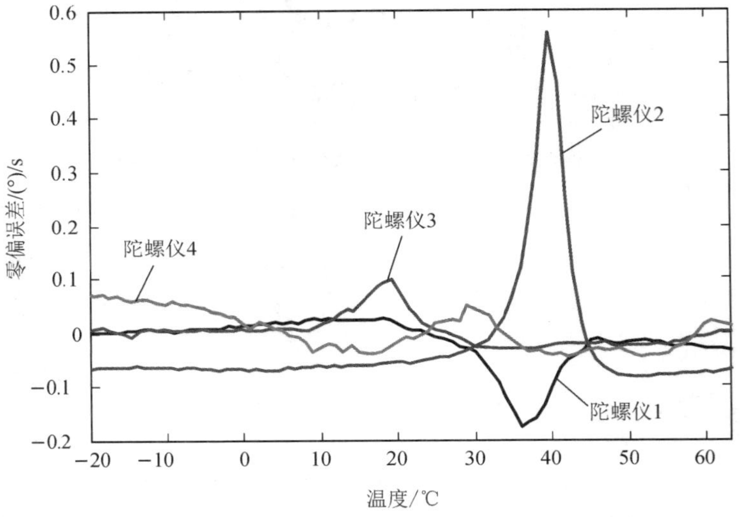

图 4－7　陀螺仪温度零偏误差曲线

目前，微机械陀螺仪温度零偏误差的研究主要是在一系列温度实验的基础上，得到陀螺仪输出与温度之间的关系，通过模式识别或多项式拟合建立相应的温度补偿模型，之后再对陀螺仪的输出进行实时的温度补偿来减少陀螺仪的温度零偏误差。

4.3.1 多项式拟合温度补偿方法

1. 最小二乘估计原理

最小二乘估计是高斯在 1795 年为测定行星轨道而提出的参数估计算法。这种估计的特点是算法简单，不必知道与被估计量及测量量有关的任何统计信息。

设 $\boldsymbol{X}$ 为某一确定性常值向量，维数为 i。一般情况下 $\boldsymbol{X}$ 不能直接测量，而只能测量到 $\boldsymbol{X}$

各分量的线性组合。记第 i 次测量 $\boldsymbol{Z}_i$ 为

$$\boldsymbol{Z}_i = \boldsymbol{H}_i\boldsymbol{X} + \boldsymbol{V}_i \tag{4-1}$$

式中，$\boldsymbol{Z}_i$ 为 m_i 维向量，$\boldsymbol{H}_i$ 和 $\boldsymbol{V}_i$ 为第 i 次测量的测量矩阵和随机测量噪声。若共测量 r 次，即

$$\begin{cases} \boldsymbol{Z}_1 = \boldsymbol{H}_1\boldsymbol{X} + \boldsymbol{V}_1 \\ \boldsymbol{Z}_2 = \boldsymbol{H}_2\boldsymbol{X} + \boldsymbol{V}_2 \\ \quad\cdots \\ \boldsymbol{Z}_r = \boldsymbol{H}_r\boldsymbol{X} + \boldsymbol{V}_r \end{cases} \tag{4-2}$$

则由式(4－2)可得描述 r 次测量的测量方程

$$\boldsymbol{Z} = \boldsymbol{H}\boldsymbol{X} + \boldsymbol{V} \tag{4-3}$$

式中，$\boldsymbol{Z}$ 和 $\boldsymbol{V}$ 为 m 维向量，$\boldsymbol{H}$ 为 $m\times n$ 矩阵。

最小二乘估计的目标是使各次测量的 $\boldsymbol{Z}_i$ 与由估计 $\hat{\boldsymbol{X}}$ 测量的估计 $\boldsymbol{Z}_i=\boldsymbol{H}_i\hat{\boldsymbol{X}}$ 之差的平方和最小，即

$$\min J(\hat{\boldsymbol{X}}) = (\boldsymbol{Z} - \boldsymbol{H}\hat{\boldsymbol{X}})^{\mathrm{T}}(\boldsymbol{Z} - \boldsymbol{H}\hat{\boldsymbol{X}}) \tag{4-4}$$

要使式(4－4)达到最小，应满足

$$\left.\frac{\partial J}{\partial \boldsymbol{X}}\right|_{\boldsymbol{X}=\hat{\boldsymbol{X}}} = -2\boldsymbol{H}^{\mathrm{T}}(\boldsymbol{Z} - \boldsymbol{H}\hat{\boldsymbol{X}}) = 0 \tag{4-5}$$

若 $\boldsymbol{H}$ 具有最大秩 n，即 $\boldsymbol{H}^{\mathrm{T}}\boldsymbol{H}$ 正定，且 $m=\sum\limits_{i=1}^{r} m_i > n$，则最小二乘估计为

$$\hat{\boldsymbol{X}} = (\boldsymbol{H}^{\mathrm{T}}\boldsymbol{H})^{-1}\boldsymbol{H}^{\mathrm{T}}\boldsymbol{Z} \tag{4-6}$$

从式(4－6)可以看出最小二乘估计是一种线性估计。

为了说明最小二乘估计最优的含义，将式(4－4)改写成

$$\begin{aligned} \min J(\hat{\boldsymbol{X}}) &= \left[(\boldsymbol{Z}_1 - \boldsymbol{H}_1\hat{\boldsymbol{X}})^{\mathrm{T}}(\boldsymbol{Z}_2 - \boldsymbol{H}_2\hat{\boldsymbol{X}})^{\mathrm{T}}\cdots(\boldsymbol{Z}_r - \boldsymbol{H}_r\hat{\boldsymbol{X}})^{\mathrm{T}}\right]\begin{bmatrix} \boldsymbol{Z}_1 - \boldsymbol{H}_1\hat{\boldsymbol{X}} \\ \boldsymbol{Z}_2 - \boldsymbol{H}_2\hat{\boldsymbol{X}} \\ \cdots \\ \boldsymbol{Z}_r - \boldsymbol{H}_r\hat{\boldsymbol{X}} \end{bmatrix} \\ &= \sum_{i=1}^{r}(\boldsymbol{Z}_i - \boldsymbol{H}_i\hat{\boldsymbol{X}})^{\mathrm{T}}(\boldsymbol{Z}_i - \boldsymbol{H}_i\hat{\boldsymbol{X}}) \end{aligned} \tag{4-7}$$

这说明，最小二乘估计虽然不能满足每一个方程，使每个方程都有偏差，但它能使所有方程偏差的平方和达到最小。这实际上兼顾了所有方程的近似程度，使整体误差达到最小。

2. 多项式拟合温度补偿

MEMS 陀螺仪的温度补偿问题本质上是函数拟合问题，即根据样本数据辨识温度与陀螺仪零偏误差之间的关系。以某型陀螺仪为例，图 4－8 为在－20～70 ℃的温度区间内 8 个陀螺仪的零偏误差变化情况。

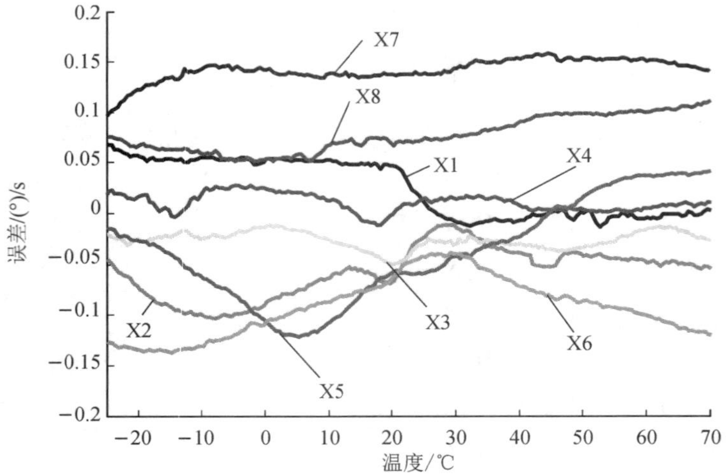

图 4-8 陀螺仪温度-零偏误差曲线

多项式拟合方法根据全温区范围内陀螺仪零位输出的温度特性进行多项式拟合，通过最小二乘法得到误差拟合系数，并代入模型方程对陀螺仪零偏进行补偿。该方法适用于温度变化范围较窄、温度曲线比较规则的情况，对于不规则非线性变化情况则效果较差。比较典型的办法是采用分段拟合，将温度分为有限个等值区间，分别对各个区间进行最小二乘建模。

工程上最常用到的陀螺仪零偏误差模型辨识方法就是多项式拟合方法，即建立多项式

$$y = \beta_k x^k + \cdots + \beta_1 x + \beta_0 \tag{4-8}$$

其中，x 为陀螺仪温度，β_k、…、β_1、β_0 为陀螺仪零偏误差拟合系数，k 为多项式阶数。由式(4-8)可以发现陀螺仪的温度变化是多元非线性变化，需要使用多元非线性回归理论进行辨识，该理论的主要思想为

$$y_i = \beta_0 + \beta_1 x_{1i} + \beta_2 x_{2i}^2 + \beta_3 x_{3i}^3 + \cdots + \beta_k x_{ki}^k \tag{4-9}$$

令 $z_{1i}=x_{1i}$，$z_{2i}=x_{2i}^2$，…，$z_{ki}=x_{ki}^k$，则式(4-9)改写为

$$y_i = \beta_0 + \beta_1 z_{1i} + \beta_2 z_{2i} + \beta_3 z_{3i} + \cdots + \beta_k z_{ki} \tag{4-10}$$

这样就将非线性问题转化为线性问题，对于线性问题的处理就会容易许多。当有 n 组数据时可列出所有的线性关系为

$$\begin{cases} y_1 = \beta_0 + \beta_1 z_{11} + \beta_2 z_{21} + \beta_3 z_{31} + \cdots + \beta_k z_{k1} \\ y_2 = \beta_0 + \beta_1 z_{12} + \beta_2 z_{22} + \beta_3 z_{32} + \cdots + \beta_k z_{k2} \\ \qquad \vdots \\ y_n = \beta_0 + \beta_1 z_{1n} + \beta_2 z_{2n} + \beta_3 z_{3n} + \cdots + \beta_k z_{kn} \end{cases} \tag{4-11}$$

式(4-11)用矩阵形式表示为

$$\boldsymbol{Y} = \boldsymbol{Z\beta} \tag{4-12}$$

式中，$\boldsymbol{Y}=\begin{bmatrix} y_1 \\ y_2 \\ \vdots \\ y_n \end{bmatrix}$，$\boldsymbol{Z}=\begin{bmatrix} 1 & z_{11} & \cdots & z_{k1} \\ 1 & z_{12} & \cdots & z_{k2} \\ \vdots & \vdots & & \vdots \\ 1 & z_{1n} & \cdots & z_{kn} \end{bmatrix}$，$\boldsymbol{\beta}=\begin{bmatrix} \beta_0 \\ \beta_1 \\ \vdots \\ \beta_k \end{bmatrix}$，采用最小二乘法得到拟合系数

$$\boldsymbol{\beta} = (\boldsymbol{Z}^{\mathrm{T}}\boldsymbol{Z})^{-1}\boldsymbol{Z}^{\mathrm{T}}\boldsymbol{Y} \tag{4-13}$$

将式(4-13)得到的拟合系数代入式(4-8)，即可得到陀螺仪零偏误差模型。

本节根据整个温度区间温度-零偏误差曲线的特点，设计出一种根据曲线变化趋势，以其合适的拐点作为分段区间的端点，自动将曲线划分为不同的小段，再对各个区间的曲线进行多项式拟合，形成陀螺仪零偏模型的温度补偿方法，如图 4-9 所示。

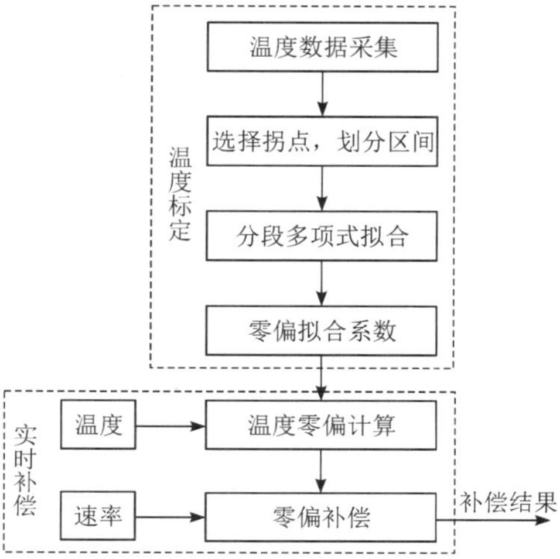

图 4-9　本节提出的陀螺仪温度补偿方法框图

1）温度标定

(1) 温度数据采集。将陀螺仪置于温控箱中，在全温条件下对 MEMS 陀螺仪进行静态速率采集，对数据进行预处理，剔除异常值。对各个温度点的采集数据求均值、残差、标准差，即

$$\begin{cases} \bar{x} = \dfrac{1}{n}\sum\limits_{i=1}^{n} x_i \\ r_i = x_i - \bar{x} \\ \sigma = \sqrt{\dfrac{\sum\limits_{i=1}^{n} r_i^2}{n-1}} \end{cases} \tag{4-14}$$

式中，$\bar{x}$ 表示均值，r_i 表示残差，σ 表示标准差。根据莱布尼茨准则，当 $r_i > 3\sigma$ 时，就认为该数据为其异常值。

(2) 选择拐点，划分区间。剔除异常值后，对剩余数据求均值，将该均值作为该温度下的陀螺仪零偏值，再用相同方法计算出各个温度的陀螺仪零偏值 b_{T_1}、b_{T_2}、…、b_{T_n}，下标 T_1、T_2、…、T_n 代表不同的温度。判别整个温度区间的拐点的方法为

$$(b_{T_i} - b_{T_{i+1}}) \times (b_{T_i} - b_{T_{i-1}}) > \delta_1 \tag{4-15}$$

其中，δ_1 表示阈值，其大小设置应根据具体陀螺仪设置。通过式(4-14)得到整个温度区间的拐点 a_1、a_2、…、a_m，再通过拐点将温度区间分段。在工程应用中，分段区间过多会增加温度

补偿的复杂性，因此需要对得到的拐点进行剔除，舍去间隔过近的拐点，剔除规则为

$$\begin{cases}|a_i - a_{i-1}| < \delta_2 \text{ 且 } |a_i - a_{i+1}| < \delta_2 \\ b_{|a_i - a_{i-1}|} < \delta_3 \text{ 且 } b_{|a_i - a_{i+1}|} < \delta_3\end{cases} \tag{4-16}$$

其中，$\delta_2>0$ 代表温度阈值，$\delta_3>0$ 代表幅度阈值。将剩下的拐点再次运用剔除规则进行判断，直到拐点都不符合剔除规则，得到最终拐点为 c_1、c_2、…、c_{m_1}。根据拐点将温度区间划分为 m_1+1 个不等间隔区间。

(3) 分段多项式拟合，得到零偏拟合系数。对各个温度区间进行多项式拟合，采用最小二乘法计算其拟合系数，具体计算方程为

$$f(T) = d_n T^n + \cdots + d_1 T + d_0 \tag{4-17}$$

其中，T 表示陀螺仪的温度，d_n、…、d_1、d_0 为陀螺仪零偏拟合系数，n 代表多项式阶数，一般 $n\leqslant 3$。

2) 实时补偿

(1) 温度零偏计算。通过各个区间的温度模型计算出陀螺仪当前的温度零偏值：

$$f(T) = d_n^i T^n + \cdots + d_1^i T + d_0^i \tag{4-18}$$

(2) 零偏补偿。根据温度零偏值计算陀螺仪零偏补偿后的角速率：

$$\omega = \omega_0 - f(T) \tag{4-19}$$

式中，ω 为温度补偿后的陀螺仪角速率，ω_0 为陀螺仪的原始角速率。

将陀螺仪放置在温控箱中，温度设置为 −20 ℃，待陀螺仪温度稳定后，以 1 ℃/min 的变化率升温至 65 ℃，按照 100 Hz 的采样率对其进行数据采样，陀螺仪温度零偏变化曲线如图 4-10 所示。

参数设置如下：拐点判别阈值 $\delta_1=10^{-4}$、$\delta_2=3$、$\delta_3=0.01$，多项式阶数 $n=3$，得到整个温度区间的拐点，对其进行筛选，最终得到 6 个拐点 c_1，c_2，…，c_6，将温度区间划分为 7 个不等间隔区间，如图 4-11 所示。

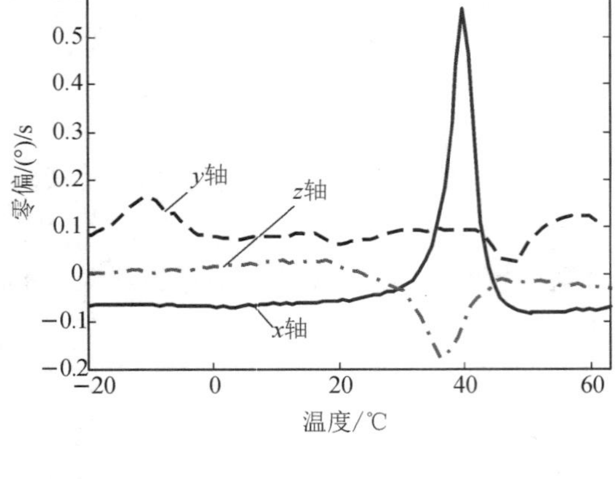

图 4-10 陀螺仪温度零偏变化曲线

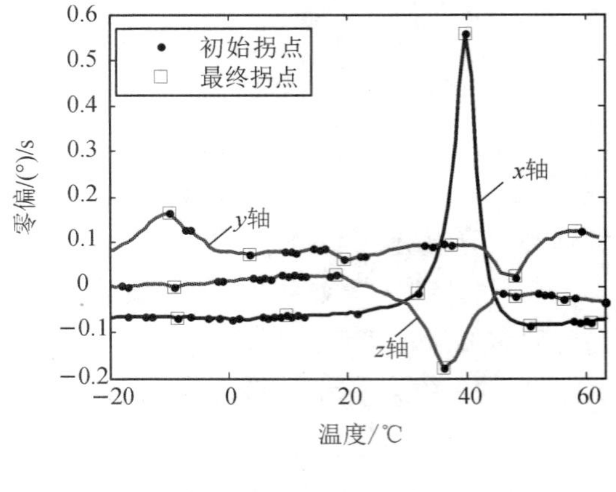

图 4-11 温度拐点判别

为了更好地验证本节方法的性能，将其与固定分段法进行对比。固定分段法每隔 5 ℃划分一个区间，−20 ℃至 60 ℃共分为 16 个区间。两种方法拟合方法比较如图 4 − 12 和图 4 − 13 所示。

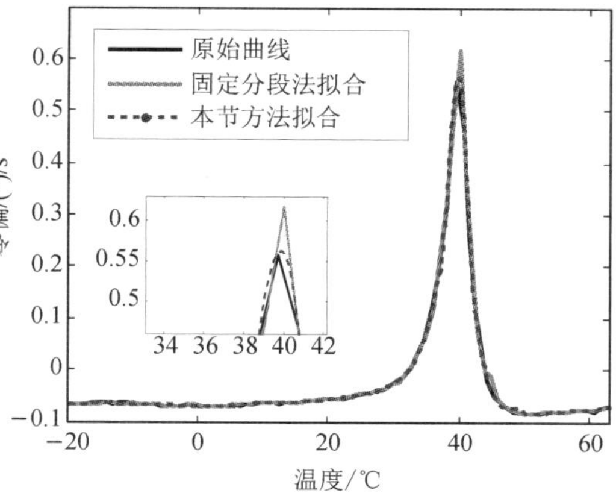

图 4 − 12　x 轴拟合曲线对比

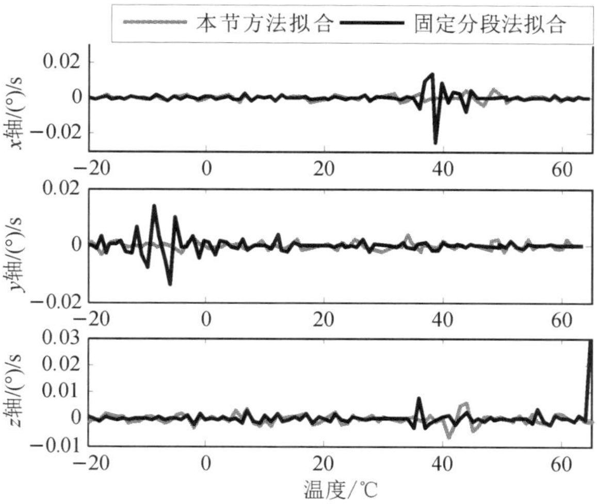

图 4 − 13　各轴拟合误差对比

为了更好地在数值上进行对比，对两种方法进行误差统计，如表 4 − 1 所示。由表 4 − 1 和图 4 − 12 可以看出，本节方法 x 轴陀螺仪的分段区间只需要 7 个，对应的拟合系数为 28 个，标准差为 0.51×10^{-2}(°)/s；固定分段法共分为 16 个区间，对应的零偏拟合系数为 64 个，标准差为 2.56×10^{-2}(°)/s。通过分析，可以看出本节方法比固定分段法拟合精度更高，分段区间更少。这是由于本节提出的拟合方法能根据全温度区间温度曲线的变化特点，自动提取合适的拐点作为分段区间的端点，与固定分段法相比，该方法得到的区间整个为单调区间，在区间端点处过渡更加平滑。

表 4-1 本节方法与固定分段法误差统计

方法	标准差/[×10⁻²(°)/s]			最大误差/[×10⁻²(°)/s]		
	x	y	z	x	y	z
本节方法	0.51	0.39	0.67	0.14	0.13	0.18
固定分段法	2.56	1.36	3.68	0.37	0.30	0.58

为了进一步验证本节温度补偿方法的有效性，随机对 x 轴的一个陀螺仪进行数据采集，温度区间为 30～34℃，温度变化曲线如图 4-14 所示。图 4-15 为温度补偿前后陀螺仪的输出对比，可以看出补偿后的陀螺仪输出基本不受温度影响，而未补偿的陀螺仪零偏较大。图 4-16 为陀螺仪积分累积误差，可以清晰地看出在 1.94 h 内陀螺仪积分误差由 300°降低到 100°之内，说明被温度补偿极大地降低了陀螺仪累积误差。

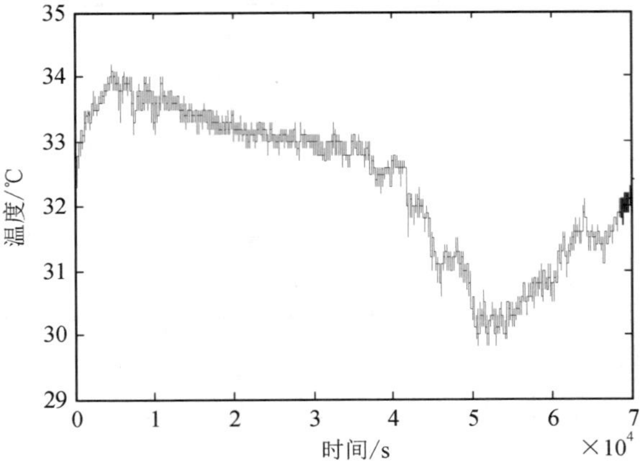

图 4-14 验证数据的温度变化曲线

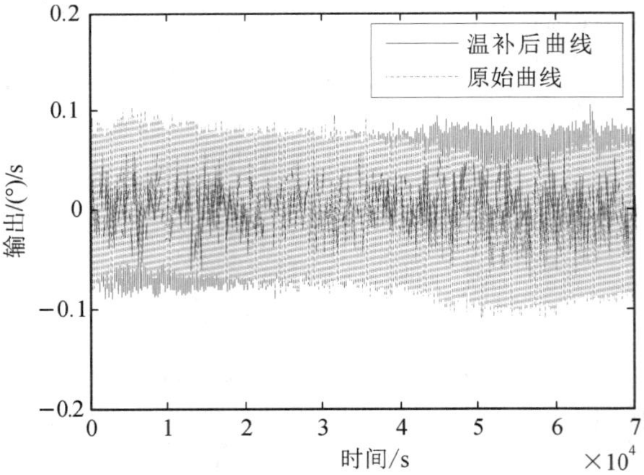

图 4-15 温度零偏补偿前后陀螺仪输出对比

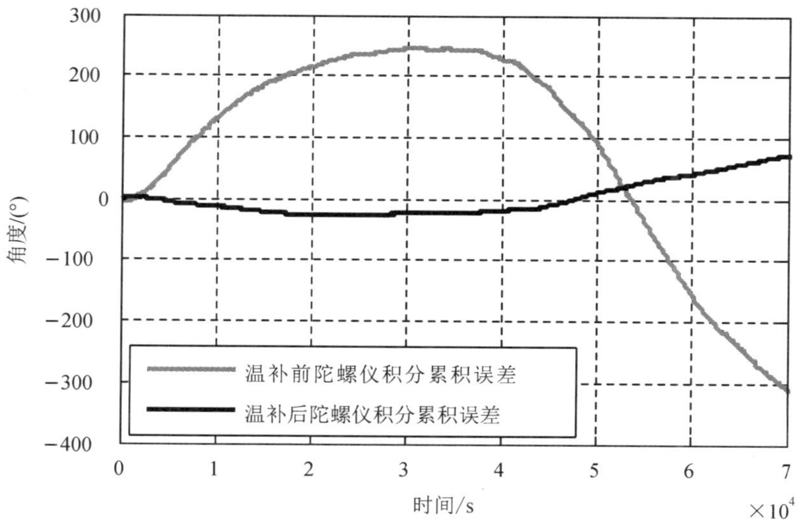

图 4 - 16　温度零偏补偿前后陀螺仪积分累积误差对比

4.3.2 神经网络温度补偿方法

神经网络具有良好的逼近非线性函数的能力，神经网络对陀螺仪温度零偏误差进行建模补偿可以有效提高补偿精度。

反向传播(Back Propagation，BP)神经网络即多层网络的误差反向传播算法，其原理是基于梯度下降的最优拟合算法，通过调节网络连接权值保证网络误差极小。通常 BP 神经网络具有三层结构，即输入层、隐含层和输出层，如图 4 - 17 所示。

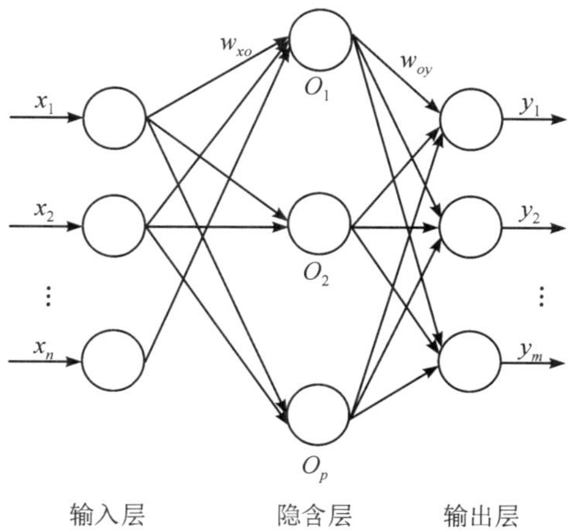

图 4 - 17　BP 神经网络基本结构

BP 神经网络的工作过程分为正向传播和反向传播两个部分。正向传播过程中，每一层神经元只影响下一层神经元的结构，通过激活函数得到输出端的输出值。当输出值与理想输出值偏差较大或者不满足误差要求时，就要将误差信号转入反向传播过程对神经网络进行校正，不断地修改各层神经元的权值使得网络输出值逐渐逼近理想输出值，直到输出误差达到限定的水平。

图 4-17 所示的 BP 神经网络有 n 个输入单元、m 个输出单元和一个 p 节点的隐含层，则隐含层输出与网络层输出分别为

$$O=g\left(\sum_{i=1}^{n}w_{x_{ik}}x_i\right)\quad(k=1,\ 2,\ \cdots,\ p) \tag{4-20}$$

$$y=g\left(\sum_{i=1}^{p}w_{o_{ik}}O_i\right)\quad(k=1,\ 2,\ \cdots,\ m) \tag{4-21}$$

式中，$x_i(i=1,\ 2,\ \cdots,\ n)$为网络的输入值，$O_i(i=1,\ 2,\ \cdots,\ p)$为隐含层输出值，$w_{x_{ik}}$ 表示输入层和隐含层之间的权值，$w_{o_{ik}}$ 表示隐含层和输出层之间的权值，$y_i(i=1,\ 2,\ \cdots,\ m)$为网络输出值，函数 g 称为激励函数。

BP 神经网络建立的 MEMS 陀螺仪温度特性的黑箱模型，无需对零偏和刻度因子分别进行建模，温度补偿步骤得以简化，补偿精度得到提高，而且一旦 BP 网络训练达到要求，就能够得出逼近陀螺仪温度特性的非线性函数的表达式，这便于将训练好的 BP 网络应用在工程上。因此，BP 神经网络能够起到黑箱的作用。

BP 神经网络温度补偿方法流程图如图 4-18 所示。使用温度试验采集到的静态数据(陀螺仪温度、陀螺仪输出)作为训练数据训练，得到 BP 神经网络模型，后续再用采集的数据修正温度零偏误差。

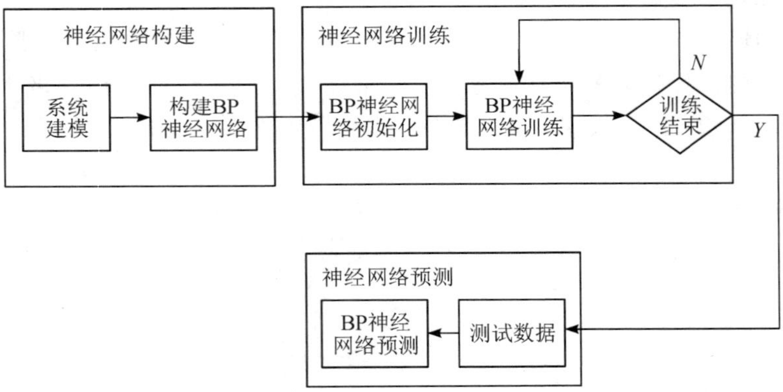

图 4-18　BP 神经网络温度补偿方法流程图

4.3.3　基于支持向量机的温度补偿方法

支持向量机(Support Vector Machine，SVM)具有以下的特点：

(1) 支持向量机的训练相当于解决一个二次规划问题，从而产生一个独特的全局最优解；

(2) 通过使用内积和内核函数能有效地解决非线性问题。

因此，SVM 已经应用于 MEMS 陀螺仪温度补偿。

1. 支持向量机函数拟合方法

MEMS 陀螺仪的温度补偿问题是确定陀螺仪输出值和温度的对应关系，本质上是函数拟合问题，并且两者的函数关系很难依据理论方法进行准确建模。一般函数 $f(x)$ 的表达式只能根据样本数据 (x_1, y_1)、(x_2, y_2)、…、(x_k, y_k) 求解，其中 x_i 表示陀螺仪温度，y_i 表示陀螺仪输出值。

对一个未知函数 $y=f(x)$，让估计函数 $\hat{f}(x)$ 与 $f(x)$ 之间的距离 R 为最小，即

$$R(f, \hat{f})=\int L(f, \hat{f})\mathrm{d}x \tag{4-22}$$

式中，L 为损失函数(Loss Function)。

SVM 采用如下的形式对未知函数 $f(x)$ 进行拟合逼近：

$$y=f(x)=\boldsymbol{w}^{\mathrm{T}}\varphi(\boldsymbol{x})+b \tag{4-23}$$

式中，待拟合函数的自变量和因变量分别为 $\boldsymbol{x}\in\mathbf{R}^n$，$y\in\mathbf{R}$，$b$ 为偏置项，$\varphi(\cdot)$ 为将自变量从低维空间向高维空间映射的特征函数。

式(4-23)先将非线性函数从低维空间映射到高维空间，然后进行线性拟合。假设所有训练样本数据精度误差都可以不大于不敏感系数 ε，即

$$\begin{cases} y_i-\langle\boldsymbol{w}, \boldsymbol{x}_i\rangle-b\leqslant\varepsilon \\ \langle\boldsymbol{w}, \boldsymbol{x}_i\rangle+b-y_i\leqslant\varepsilon \end{cases} \tag{4-24}$$

其中，$i=1, 2, \cdots, k$。式(4-24)的条件过于严苛，对于允许存在拟合误差的情况，引入松弛因子 $\xi_i^*\geqslant 0$ 和 $\xi_i\geqslant 0$，将式(4-23)改写为

$$\begin{cases} y_i-\langle\boldsymbol{w}, \boldsymbol{x}_i\rangle-b\leqslant\varepsilon+\xi_i \\ \langle\boldsymbol{w}, \boldsymbol{x}_i\rangle+b-y_i\leqslant\varepsilon+\xi_i^* \\ \xi_i, \xi_i^*\geqslant 0 \end{cases} \tag{4-25}$$

其中，$i=1, 2, \cdots, k$。

从而，可以将未知函数拟合问题转换为在式(4-25)约束条件下函数 R 的最小化问题：

$$R(\boldsymbol{w}, \xi_i, \xi_i^*)=\frac{1}{2}\|\boldsymbol{w}\|^2+C\sum_{i=1}^{k}(\xi_i+\xi_i^*) \tag{4-26}$$

式中，$\frac{1}{2}\|\boldsymbol{w}\|^2$ 主要用来提高支持向量机方法拟合的泛化能力，以帮助回归函数更为平坦；而 $C\sum_{i=1}^{k}(\xi_i+\xi_i^*)$ 则用来减少拟合误差，通常采用的方法是引入不灵敏惩罚函数。ε 为正常数，当 $f(x_i)$ 与 y_i 的差别小于 ε 时不计入误差，即

$$|f(\boldsymbol{x}_i)-y_i|=\begin{cases} 0, & |f(\boldsymbol{x}_i)-y_i|<\varepsilon \\ |f(\boldsymbol{x}_i)-y_i|-\varepsilon, & |f(\boldsymbol{x}_i)-y_i|\geqslant\varepsilon \end{cases} \tag{4-27}$$

惩罚因子 C 为常数，并且 $C>0$，用来表达对超出误差 ε 样本的重视程度的控制。

式(4-26)的函数最小化问题是一个凸二次优化问题，因此引入拉格朗日函数：

$$L(\boldsymbol{w}, b, \xi, \xi^*, a, a^*, \gamma, \gamma^*)=\frac{1}{2}\|\boldsymbol{w}\|^2+C\sum_{i=1}^{k}(\xi_i+\xi_i^*)-\sum_{i=1}^{k}a_i|\xi_i+\varepsilon-y_i+f(x_i)|-\sum_{i=1}^{k}a_i^*|\xi_i^*+\varepsilon-y_i+f(x_i)|-\sum_{i=1}^{k}(\xi_i\gamma_i+\xi_i^*\gamma_i^*) \tag{4-28}$$

式中，a_i、$a_i^*\geqslant 0$，γ_i、$\gamma_i^*\geqslant 0$，$i=1、2、\cdots、k$。式(4-26)中求函数R的最优解的问题转化为式(4-28)的求鞍点问题，在鞍点处，函数L是关于$\boldsymbol{w}$、b、ξ、ξ^*的极小值点，并且是关于a、a^*和γ、γ^*的极大值点。从而，将式(4-26)的最小化问题转换为式(4-28)对偶问题的最大化问题，即

$$\hat{w}(a, a^*, \gamma, \gamma^*)=\min_{w, b, \xi, \xi^*} L(\boldsymbol{w}, b, \xi, \xi^*) \tag{4-29}$$

在鞍点处，拉格朗日函数L是有关$\boldsymbol{w}$、b、ξ、ξ^*的极小点，因此

$$\begin{cases}\dfrac{\partial}{\partial \boldsymbol{w}}L=0\Rightarrow \boldsymbol{w}-\sum\limits_{i=1}^{k}(a_i-a_i^*)\boldsymbol{x}_i=0\\ \dfrac{\partial}{\partial b}L=0\Rightarrow \sum\limits_{i=1}^{k}(a_i-a_i^*)=0\\ \dfrac{\partial}{\partial \xi_i}L=0\Rightarrow C-a_i-\gamma_i=0\\ \dfrac{\partial}{\partial \xi_i^*}L=0\Rightarrow C-a_i^*-\gamma_i^*=0\end{cases} \tag{4-30}$$

将式(4-30)代入式(4-28)中，可得到拉格朗日函数的对偶函数为

$$\begin{cases}\max \boldsymbol{w}(a, a^*)=-\dfrac{1}{2}\sum\limits_{i,j=1}^{k}(a_i-a_i^*)(a_j-a_j^*)\langle \boldsymbol{x}_i, \boldsymbol{x}_j\rangle-\sum\limits_{i=1}^{k}(a_i+a_i^*)\varepsilon+\sum\limits_{i=1}^{k}(a_i-a_i^*)y_i\\ \text{s. t.} \sum\limits_{i=1}^{k}(a_i-a_i^*)=0,\ 0\leqslant a_i, a_i^*\leqslant C,\ i=1, 2, \cdots, k\end{cases} \tag{4-31}$$

支持向量机非线性回归可以分为三步。第一步，把数据从低维空间映射到一个高维特征空间，即$x\rightarrow\varphi(\boldsymbol{x})$；第二步，在高维空间进行线性回归；第三步，根据第二步的结果取得在原空间非线性回归的效果，并且引入符合 Mercer 条件的核函数$k(\boldsymbol{x}_i, \boldsymbol{x}_j)=\langle\varphi(\boldsymbol{x}_i), \varphi(\boldsymbol{x}_j)\rangle$，即

$$\begin{cases}\max \boldsymbol{w}(a, a^*)=-\dfrac{1}{2}\sum\limits_{i,j=1}^{k}(a_i-a_i^*)(a_j-a_j^*)k(\boldsymbol{x}_i, \boldsymbol{x}_j)-\sum\limits_{i=1}^{k}(a_i+a_i^*)\varepsilon+\sum\limits_{i=1}^{k}(a_i-a_i^*)y_i\\ \text{s. t.} \sum\limits_{i=1}^{k}(a_i-a_i^*)=0,\ 0\leqslant a_i, a_i^*\leqslant C,\ i=1, 2, \cdots, k\end{cases} \tag{4-32}$$

此时

$$w = \sum_{i=1}^{k} (a_i - a_i^*) \varphi(\boldsymbol{x}_i) \tag{4-33}$$

令$\langle \boldsymbol{w}, \boldsymbol{x} \rangle = w_0$，因此，求得回归函数 $f(\boldsymbol{x})$可表示为

$$f(\boldsymbol{x}) = \sum_{i=1}^{k} (a_i - a_i^*) k(\boldsymbol{x}, \boldsymbol{x}_i) + b = w_0 + b \tag{4-34}$$

对于支持向量机的方法，选用不同的核函数 $k(\boldsymbol{x}, \boldsymbol{x}_j)$，就可构成不一样的支持向量机。其中应用最为广泛的是径向基核函数，径向基核函数是局部性强的核函数。相比其他核函数，径向基核函数适用于小样本和大样本、高维和低维的情况；与多项式核函数相比，径向基核函数参数少，函数复杂程度低，计算量小。本节选用的径向基核函数为

$$k(\boldsymbol{x}, \boldsymbol{x}_i) = \exp\left(\frac{-\| \boldsymbol{x} - \boldsymbol{x}_i \|^2}{2\sigma^2}\right) \tag{4-35}$$

式中，σ^2 是径向基核函数的核宽度。

2. 参数寻优

用 SVM 作非线性拟合时需要调节相关的参数(主要是惩罚因子 C、核函数参数 σ 以及不敏感系数 ε)才能得到较好的精度。采用布谷鸟搜索(Cuckoo Search，CS)算法进行支持向量机的参数寻优具有很多优点，其中最主要的是可以有效避免过学习和欠学习状态的发生，最终得到较理想的准确率。

1) 布谷鸟搜索算法

在计算智能领域，布谷鸟搜索算法是除蚁群算法、鱼群算法之外的一种群体智能的优化算法，该算法最早是由 Yang 和 Deb 在 2010 年提出的。该算法的灵感来源于两种特殊行为：布谷鸟的寄生繁殖行为和果蝇的莱维飞行行为。它着重于三个理想化的规则：

(1) 每只布谷鸟每次只产一个蛋，并将蛋放入随机选择的巢穴中；

(2) 产蛋质量最好的巢穴会传给下一代；

(3) 可用宿主巢穴的数量是固定的，并且宿主鸟发现布谷鸟放置的蛋的检测概率 $P_a \in [0, 1]$。在这种情况下，宿主鸟可以将蛋扔掉或放弃巢穴，并建立一个全新的巢穴。

布谷鸟寻找巢穴和位置更新的公式为

$$e_i^{(t+1)} = e_i^{(t)} + \partial \oplus K(\lambda) \quad (i = 1, 2, \cdots, n) \tag{4-36}$$

式中，$e_i^{(t)}$ 和 $e_i^{(t+1)}$ 为第 i 个布谷鸟巢穴第 t 和 $t+1$ 代的位置，∂表示步长控制量，$\oplus$表示点对点乘法，$K(\lambda)$表示随机搜索路径。

2) 检测概率的动态调整策略

在 CS 算法中，是否产生新个体由随机数 ε 和检测概率 P_a 的比较结果决定。最优解的搜索结果受 P_a 数值的影响：当 P_a 太大时，较好的巢穴很难收敛到最优位置；相反，当 P_a 太小时，较差的巢穴位置慢速收敛。根据自然界的周期性变化，在 CS 算法中引入周期变异算子可以调整检测概率 P_a。本节将余弦循环算子引入 CS 算法以实现 P_a 的周期性变化，即

$$P_a(t) = P_{a,\max} \left| \cos\left(\frac{2\pi}{T}\right) \right| + P_{a,\min} \tag{4-37}$$

其中，T 是周期算子的周期；t 是当前迭代次数；$P_{a,\max}$ 和 $P_{a,\min}$ 是 P_a 的动态控制参数，分别等于 0.75 和 0.1。

3）步长的动态调整策略

通过分析原始 CS 算法，可以看出 CS 算法的步长对全局最优解和搜索精度有显著影响。一方面，较大的尺寸有助于算法跳出局部最优状态，但会降低收敛精度并减小收敛速度；另一方面，步长较小时，获得局部最佳结果非常容易。因此，关键是如何获得合适的搜索步长，以避免局部最优解，并提高收敛速度和收敛精度。本节提出一种自适应布谷鸟搜索算法，该算法通过最后一次最优嵌套生成和当前迭代次数的组合信息对步长进行调整。

根据当前的优化进程，即迭代次数与最大迭代次数的关系，布谷鸟搜索步骤 S 设置为

$$S=\frac{m}{\mathrm{best}E_{i-1}}\times\exp\left[-h\times\left(\frac{t}{t_{\max}}\right)^{p}\right]+S_{\min} \tag{4-38}$$

式中，$m\in(0,1)$是调节因子；$\mathrm{best}E_{i-1}$ 是上一代群体的最佳巢穴位置；$h\in[0,1]$是限制因素；t 和 $t_{\max}$ 是当前迭代次数和最大迭代次数；$S_{\min}$ 是最小的搜索步骤；p 是 1 至 30 的整数。

根据最优鸟巢位置 $e_b^{(t)}$，将相对应的 C、ε、σ 值作为 SVM 的最优参数，最佳粒子显示为

$$\boldsymbol{E}_{\mathrm{gbest}}=[C_b\quad \varepsilon_b\quad \sigma_b] \tag{4-39}$$

3. 算法实现步骤

通过大量的陀螺仪温度实验获取零偏样本数据，利用本节提出的基于改进 CS 优化 SVM 参数方法对微机械陀螺仪的零偏进行建模。该过程包括以下 3 个步骤。

1）数据归一化

为了加快参数寻优的速度，提高模型训练的效率，以及优化内存空间，可以对样本数据进行归一化处理，即

$$y=\frac{y_{\max}-y_{\min}}{x_{\max}-x_{\min}}(x-x_{\min})+y_{\min} \tag{4-40}$$

式中，y 表示归一化后的输出值，$y_{\max}=1$，$y_{\min}=-1$；x 表示归一化前的输入值，$x_{\max}$ 为输入数据的最大值，$x_{\min}$ 为输入数据最小值。式(4-40)可以将任意实数范围内的数据变换到[-1, 1]的区间内。

2）改进布谷鸟算法优化 SVM

以实验数据为训练数据对 SVM 的惩罚因子 C、核函数参数 σ 以及不敏感系数 ε 进行寻优。

3）模型训练

根据基于改进 CS 优化 SVM 参数方法的拟合原理，将第二步基于粒子群法调优的参数寻优结果和第一步归一化后的数据代入支持向量机函数进行训练，得到最佳拟合函数，即

$$\overline{D}=f(\boldsymbol{y})=\left[\sum_{i=1}^{k}(a_i-a_i^*)\exp\left(-\frac{\|\boldsymbol{y}-\boldsymbol{y}_k\|^2}{2\sigma^2}\right)\right]+b \tag{4-41}$$

式中，a_i 和 a_i^* 为支持向量对应的 Lagrange 因子，b 为偏置项。式(4-41)为利用粒子群算法优化 SVM 参数后，拟合得到的温度误差模型。

例如，将微机械陀螺仪放在温控箱中，将环境温度从−30 ℃开始以 1 ℃/min 的速率逐渐升温至 70 ℃，如图 4-19 所示。微机械陀螺仪在工作过程中，以 50 Hz 的频率实时输出陀螺仪值测量数据以及温度数据。分别应用传统的最小二乘估计方法、BP 神经网络以及基于改进 CS 的 SVM 算法对微机械陀螺仪零偏输出进行辨识，然后进行对比。参数设置如表 4-2 和表 4-3 所示。利用三种方法辨识得到的数据对温度变化下微机械陀螺仪的零偏进行补偿，补偿效果如图 4-20 所示。

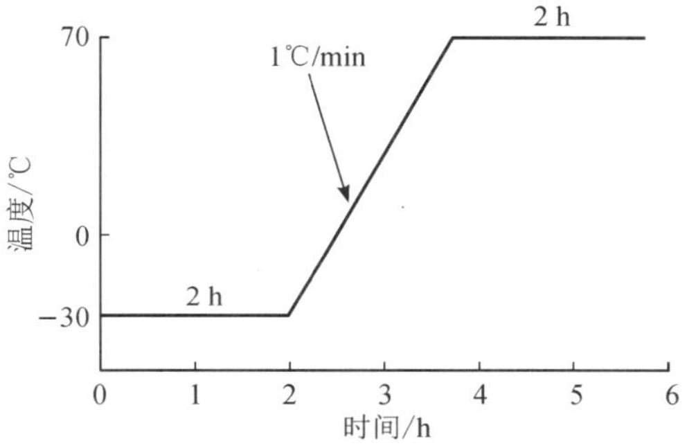

图 4-19　温控箱的温度实验曲线

表 4-2　最小二乘方法和 BP 神经网络方法参数设置

方　法	参　　数				
最小二乘估计	分段间隔			阶数	
	5℃			3	
BP 神经网络	隐层节点数	训练次数	最小均方误差	最小梯度	训练显示间隔
	30	1000	10^{-8}	10^{-20}	200

表 4-3　基于改进 CS 优化 SVM 算法的最佳参数

方向轴	C_b	σ_b	ε_b
x 轴	0.50	1.41	0.003 032 6
y 轴	2.83	0.25	0.005 280 8
z 轴	0.71	0.701	0.003 632 4

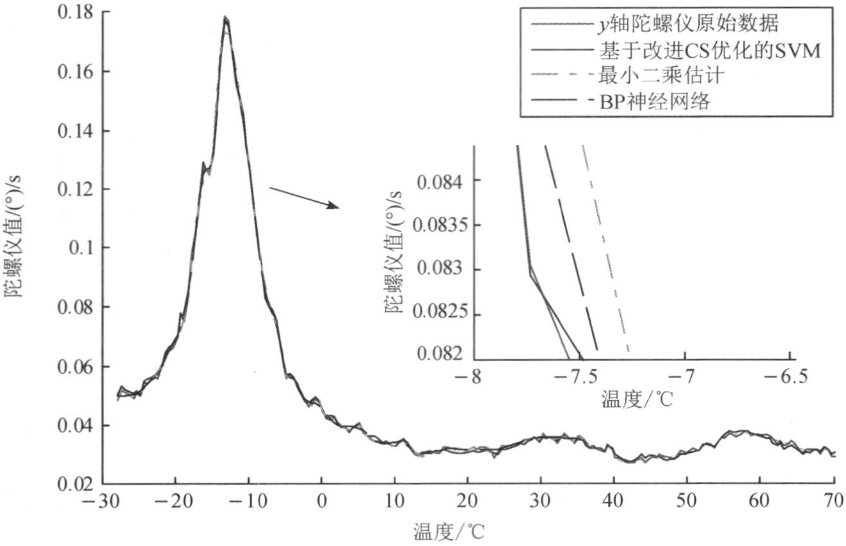

图 4-20　陀螺仪数据拟合效果图

静态条件下(温度 25 ℃)，将微机械陀螺仪放置在转台上，采集 30 min 的数据进行温度补偿验证，如图 4-21 所示。从图中可以看出，对陀螺仪零偏进行温度补偿后，陀螺仪的输出值更加精准有效。再将温度补偿前后的陀螺仪输出值积分到角度进行比较，结果如图 4-22 所示。从图中可以看出，温度补偿前 30 min 陀螺仪累计漂移 18°，温度补偿后 30 min 陀螺仪累计漂移约 0.5°。

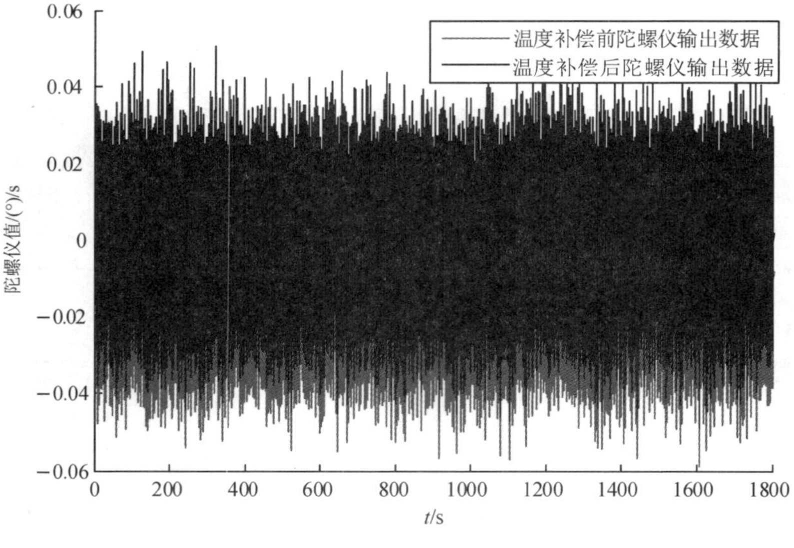

图 4-21　静态条件下温补前后陀螺仪输出值比较

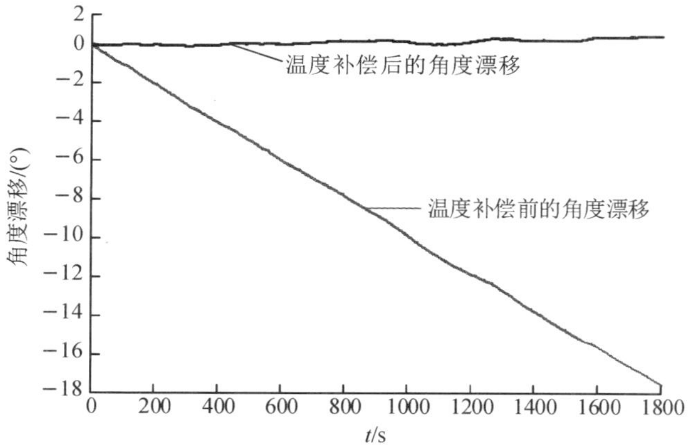

图 4-22　静态条件下温补前后陀螺仪输出值积分比较

4.4　MEMS 陀螺仪标定

MEMS 陀螺仪系统误差包括零偏误差、刻度因子误差、安装误差等，这些误差往往占微机械陀螺仪误差的 70%以上，是微惯性传感器最主要的误差源。因此，对 MEMS 陀螺仪进行精确标定是提高系统精度的有效手段之一。

4.4.1　MEMS 陀螺仪误差模型

1. 误差分析

当 MEMS 陀螺仪处于静态时，理论输出是零。然而陀螺仪由于受折叠悬臂非完全对称和寄生电容的影响，实际输出不为零，这种不为零的输出称为零偏。零偏在其进入正常工作状态后保持不变，可等效为一个常值误差。定义矢量 $\boldsymbol{\omega}_0$ 为陀螺仪 3 个轴向的零偏，表示为 $\boldsymbol{\omega}_0 = [\omega_{x0} \quad \omega_{y0} \quad \omega_{z0}]^{\mathrm{T}}$。

刻度因子是实际测量值与实际输入值的一个比例因数。一个理想的 MEMS 陀螺仪有一个固定的刻度因子，但由于 MEMS 陀螺仪制造工艺的缺陷，实际的刻度因子与理论的刻度因子会存在误差，定义 MEMS 陀螺仪实际刻度因子为

$$\boldsymbol{S}_{\omega} = [S_{\omega x} \quad S_{\omega y} \quad S_{\omega z}]^{\mathrm{T}} \tag{4-42}$$

安装误差是由 MEMS 陀螺仪的实际测量轴与载体的正交坐标轴不完全重合导致的，它使得各个轴向输出相互耦合，产生测量误差。安装误差可以被定义为一个由实际测量坐标系到载体正交坐标系的变换矩阵：

$$\boldsymbol{C} = \begin{bmatrix} 1 & k_{xy} & k_{xz} \\ k_{yx} & 1 & k_{yx} \\ k_{zx} & k_{zy} & 1 \end{bmatrix} \tag{4-43}$$

2. 误差模型

根据 MEMS 陀螺仪静态误差定义与分析，给出陀螺仪的误差模型：

$$\begin{bmatrix} \omega_{xx} \\ \omega_{yy} \\ \omega_{zz} \end{bmatrix} = \begin{bmatrix} S_{\omega x} & k_{xy} & k_{xz} \\ k_{yx} & S_{\omega y} & k_{yz} \\ k_{zx} & k_{zy} & S_{\omega z} \end{bmatrix} \begin{bmatrix} \omega_x \\ \omega_y \\ \omega_z \end{bmatrix} + \begin{bmatrix} \omega_{x0} \\ \omega_{y0} \\ \omega_{z0} \end{bmatrix} \tag{4-44}$$

式中，ω_{xx}、ω_{yy}、ω_{zz} 代表MEMS陀螺仪的实际测量值，ω_x、ω_y、ω_z 代表陀螺仪的理论输出值，$S_{\omega x}$、$S_{\omega y}$、$S_{\omega z}$ 为陀螺仪3个轴上的刻度因子，k_{xy}、k_{xz}、k_{yx}、k_{yz}、k_{zx}、k_{zy} 为陀螺仪的安装误差系数，ω_{x0}、ω_{y0}、ω_{z0} 为陀螺仪3个轴上的零偏。

由式(4-44)可得

$$\begin{cases} \omega_{xx} = S_{\omega x}\omega_x + k_{xy}\omega_y + k_{xz}\omega_z + \omega_{x0} \\ \omega_{yy} = k_{yx}\omega_x + S_{\omega y}\omega_y + k_{yz}\omega_z + \omega_{y0} \\ \omega_{zz} = k_{zx}\omega_x + k_{zy}\omega_y + S_{\omega z}\omega_z + \omega_{z0} \end{cases} \tag{4-45}$$

4.4.2 MEMS陀螺仪标定方法及步骤

在完成误差模型的建立之后，即可采用标定试验方法确定方程中的各项系数。分立式标定方法是工程上比较成熟和常用的标定方法，其主要基于高精度速率转台的转速和定位功能，采用多位置法标定陀螺仪零偏及加速度计刻度因子、安装误差项和常值零偏。速率标定试验通常被用于标定陀螺仪刻度因子和安装误差项，它是将MEMS陀螺仪安装在速率转台上，给定陀螺仪一个输入值，然后测量记录陀螺仪的实际输出值。控制转台分别绕陀螺仪三轴作顺时针和逆时针旋转，获取不同旋转角速率下陀螺仪的测量输出，并根据误差模型的具体形式，对转台旋转的标准值及相应的陀螺仪稳定测量值进行回归分析，确定各项待标定参数。

标定步骤为：

(1) MEMS陀螺仪通电，启动后预热一段时间。

(2) 使转台正向转动，采集陀螺仪 x、y、z 三轴的输出数据，数据采集结束后使转台停止转动；之后再让转台反向转动，采集陀螺仪 x、y、z 三轴的输出数据，采集结束后使转台停止转动。

(3) 设置采样总数和采样频率，给转台一定的输入角速率，对陀螺仪的所有输出值求平均值，将此平均值作为陀螺仪有效输出值。x、y、z 三轴的输入角速率为：对 x 轴进行标定时，$\boldsymbol{\omega}=[\pm\omega_x \quad 0 \quad 0]$；对 y 轴进行标定时，$\boldsymbol{\omega}=[0 \quad \pm\omega_y \quad 0]$；对 z 轴进行标定时，$\boldsymbol{\omega}=[0 \quad 0 \quad \pm\omega_z]$。将正反转输入角速率分别代入对应轴的MEMS陀螺仪误差方程，两式相加、相减可得

$$\begin{cases} \omega_{x0} = \dfrac{\omega_{xx}^{+} + \omega_{xx}^{-}}{2}, \ S_{\omega x} = \dfrac{\omega_{xx}^{+} - \omega_{xx}^{-}}{2\omega_x} \\ \omega_{y0} = \dfrac{\omega_{yy}^{+} + \omega_{yy}^{-}}{2}, \ S_{\omega y} = \dfrac{\omega_{yy}^{+} - \omega_{yy}^{-}}{2\omega_y} \\ \omega_{z0} = \dfrac{\omega_{zz}^{+} + \omega_{zz}^{-}}{2}, \ S_{\omega z} = \dfrac{\omega_{zz}^{+} - \omega_{zz}^{-}}{2\omega_z} \end{cases} \tag{4-46}$$

进行 x 轴标定时，由 y 轴与 z 轴的角速率输出的误差方程，得

$$\begin{cases} \omega_{yy} = k_{yx}\omega_x + \omega_{y0} \\ \omega_{zz} = k_{zx}\omega_x + \omega_{z0} \end{cases} \tag{4-47}$$

将正反转的角速率分别代入式(4－46)，整理可得

$$\begin{cases} k_{yx}=\dfrac{\omega_{yy}^{+}+\omega_{yy}^{-}}{2\omega_x} \\ k_{zx}=\dfrac{\omega_{zz}^{+}+\omega_{zz}^{-}}{2\omega_x} \end{cases} \tag{4-48}$$

同理可得其他安装误差系数为

$$\begin{cases} k_{xy}=\dfrac{\omega_{xx}^{+}+\omega_{xx}^{-}}{2\omega_y} \\ k_{zy}=\dfrac{\omega_{zz}^{+}+\omega_{zz}^{-}}{2\omega_y} \\ k_{xz}=\dfrac{\omega_{xx}^{+}+\omega_{xx}^{-}}{2\omega_z} \\ k_{yz}=\dfrac{\omega_{yy}^{+}+\omega_{yy}^{-}}{2\omega_z} \end{cases} \tag{4-49}$$

由此可见，控制转台角速率，以提供模拟环境，进行角速率测量，建立方程即可实现 MEMS 陀螺仪误差模型中各项参数的辨识。

在设定的输入角速率下，得到陀螺仪补偿前和补偿后的输出值，如图 4－23 所示。结果表明，建立的陀螺仪的误差模型能够有效地补偿陀螺仪的系统误差，提高了陀螺仪的输出精度。

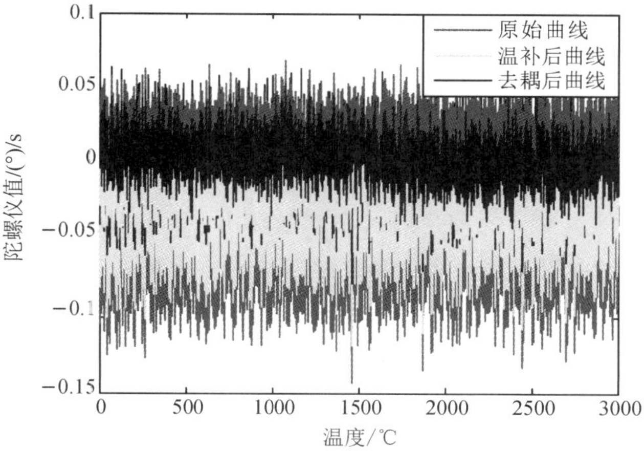

图 4－23　陀螺仪补偿前后对比

4.5　MEMS 加速度计标定

MEMS 加速度计标定是一个关键的步骤，用于确保加速度计能够准确测量物体的加速度。标定过程主要是确定加速度计的数学模型参数，如零偏、刻度因子和安装误差系数等。

4.5.1 MEMS 加速度计误差模型

MEMS 加速度计与 MEMS 陀螺仪在建模上是类似的，不同的是加速度计的精度比较高，因此高次项的引入很有必要。从理论上讲，微惯性测量单元误差数学模型的项数越多、阶次越高，对误差的描述越精确、补偿效果越好，但是从实际应用以及计算能力上考虑，这不仅会使计算难度加大，而且提升的效果也不是十分明显。所以出于对补偿精度和实验难度的综合考虑，加速度计采用了 5 个误差项的误差数学模型：

$$\begin{cases}A_x = g_{x0} + K_{xx}a_x + K_{x2}a_x^2 + K_{xy}a_y + K_{xz}a_z \\ A_y = g_{y0} + K_{yy}a_y + K_{y2}a_y^2 + K_{yx}a_x + K_{yz}a_z \\ A_z = g_{z0} + K_{zz}a_z + K_{z2}a_z^2 + K_{zx}a_x + K_{zy}a_y\end{cases} \tag{4-50}$$

式中，A_x、A_y、A_z 分别是 x、y、z 轴向加速度计的实际测量输出；g_{x0}、g_{y0}、g_{z0} 分别是 x、y、z 轴向加速度的零偏；a_x、a_y、a_z 分别是 x、y、z 轴向加速度的理论值；K_{xx}、K_{yy}、K_{zz} 分别是 x、y、z 轴向加速度计的刻度因子；K_{xy}、K_{xz}、K_{yx}、K_{yz}、K_{zx}、K_{zy} 分别是 x、y、z 轴向加速度计的交叉耦合因数；K_{x2}、K_{y2}、K_{z2} 分别是 x、y、z 轴向加速度计的非线性耦合系数，即二次项系数。

4.5.2 MEMS 加速度计六位置标定方法

加速度计的标定一般采用多位置法，如六位置、十位置、十二位置等，其基本原理为通过控制速率转台将加速度计旋转到不同位置，利用竖直向下的重力加速度的标准值求取各轴理想的加速度值，并将理想输入与相应的测量输出代入到所建立的误差模型中，利用回归分析的方法确定方程中未知的各项参数。

以六位置标定方法为例对 MEMS 加速度计误差模型参数进行确定，如表 4-4 所示。每个标准位置可对应 3 个轴向加速度计的理论输入和测量输出，因此只需 5 个位置即可满足标定需求，而多余位置的数据可用来进一步提高模型参数的辨识精度。

表 4-4 加速度计六位置与各轴的重力加速度

位置	坐标轴取向			重力加速度 g		
	x 轴	y 轴	z 轴	x 轴	y 轴	z 轴
1	北	天	东	0	−1	0
2	北	西	天	0	0	−1
3	地	西	北	1	0	0
4	北	地	西	0	1	0
5	天	南	东	−1	0	0
6	东	南	地	0	0	1

如表 4-4 所示，根据 6 个位置下当地重力场对 MEMS 加速度计的激励，可对误差模型进行重新整理，进而得到各轴向加速度计测量值和标准值之间的数学表达式。

x 轴 MEMS 加速度计的输出分别为

$$\begin{cases} A_{x1} = g_{x0} - K_{xy} \\ A_{x2} = g_{x0} - K_{xz} \\ A_{x3} = g_{x0} + K_{xx} + K_{x2} \\ A_{x4} = g_{x0} + K_{xy} \\ A_{x5} = g_{x0} - K_{xx} + K_{x2} \\ A_{x6} = g_{x0} + K_{xz} \end{cases} \tag{4-51}$$

y 轴 MEMS 加速度计的输出分别为

$$\begin{cases} A_{y1} = g_{y0} - K_{yy} + K_{y2} \\ A_{y2} = g_{y0} - K_{yz} \\ A_{y3} = g_{y0} + K_{yx} \\ A_{y4} = g_{y0} + K_{yy} + K_{y2} \\ A_{y5} = g_{y0} - K_{yx} \\ A_{y6} = g_{y0} + K_{yz} \end{cases} \tag{4-52}$$

z 轴 MEMS 加速度计的输出分别为

$$\begin{cases} A_{z1} = g_{z0} - K_{zy} \\ A_{z2} = g_{z0} - K_{zz} + K_{z2} \\ A_{z3} = g_{z0} + K_{zx} \\ A_{z4} = g_{z0} + K_{zy} \\ A_{z5} = g_{z0} - K_{zx} \\ A_{z6} = g_{z0} + K_{zz} + K_{z2} \end{cases} \tag{4-53}$$

根据式(4-51)，可计算得到 x 轴加速度计误差模型的各项参数分别为

$$\begin{cases} g_{x0} = \dfrac{A_{x1} + A_{x2} + A_{x4} + A_{x6}}{4} \\ K_{x1} = \dfrac{A_{x3} - A_{x5}}{2} \\ K_{xy} = \dfrac{A_{x4} - A_{x1}}{2} \\ K_{xz} = \dfrac{A_{x6} - A_{x2}}{2} \\ K_{x2} = \dfrac{-A_{x1} - A_{x2} + 2A_{x3} - A_{x4} + 2A_{x5} - A_{x6}}{4} \end{cases} \tag{4-54}$$

根据式(4-52)，可计算得到 y 轴加速度计误差模型的各项参数分别为

$$\begin{cases} g_{y0}=\dfrac{A_{y2}+A_{y3}+A_{y5}+A_{y6}}{4} \\ K_{y1}=\dfrac{A_{y4}-A_{y1}}{2} \\ K_{yx}=\dfrac{A_{y3}-A_{y5}}{2} \\ K_{yz}=\dfrac{A_{y6}-A_{y2}}{2} \\ K_{y2}=\dfrac{2A_{y1}-A_{y2}-A_{y3}+2A_{y4}-A_{y5}-A_{y6}}{4} \end{cases} \tag{4-55}$$

根据式(4-53)，可计算得到 z 轴加速度计误差模型的各项参数分别为

$$\begin{cases} g_{z0}=\dfrac{A_{z1}+A_{z3}+A_{z4}+A_{z5}}{4} \\ K_{z1}=\dfrac{A_{z6}-A_{z2}}{2} \\ K_{zx}=\dfrac{A_{z3}-A_{z5}}{2} \\ K_{zy}=\dfrac{A_{z4}-A_{z1}}{2} \\ K_{z2}=\dfrac{-A_{z1}+2A_{z2}-A_{z3}-A_{z4}-A_{z5}+2A_{z6}}{4} \end{cases} \tag{4-56}$$

4.5.3 MEMS 加速度计椭球拟合现场标定方法

传统的 MEMS 加速度计往往采用多位置法进行标定，但该方法需要在实验室环境下进行。为了使 MEMS 加速度计在非实验室环境下满足现场高精度自校准的使用需求，可采用一种基于椭球拟合的方法对传感器进行误差补偿。

在理想状态下，三轴加速度计在 3 个相互垂直的方位下测得的重力加速度矢量和大小等于重力加速度常量 g，所以理想的三轴加速度计在三轴正交坐标系中测量数据点的集合轨迹是一个标准圆球面。但是在实际工程应用中，由于传感器本身的噪声、安装误差、温度、非正交性等误差因素的影响，这个理想的标准圆球面会产生一些微小的畸变而成为椭球面。所以三轴加速度计的误差补偿方程根据椭球面的性质，对采集的多个点坐标的加速度数据进行椭球拟合，计算出椭球的中心位置以及形状参数，最终确定三轴加速度计的误差系数。

针对这些误差特性需要建立数学模型来进行误差补偿，即

$$\begin{cases} \boldsymbol{G}=\boldsymbol{K}\boldsymbol{G}_0+\boldsymbol{g}_0 \\ \boldsymbol{G}_0=\boldsymbol{K}^{-1}(\boldsymbol{G}-\boldsymbol{g}_0) \end{cases} \tag{4-57}$$

式中，$\boldsymbol{G}$ 表示加速度计实际输出值组成的矩阵，$\boldsymbol{K}$ 表示误差系数组成的矩阵，$\boldsymbol{g}_0$ 表示加速度计零偏组成的矩阵，$\boldsymbol{G}_0$ 为理想状态下输出值组成的矩阵。

对式(4-57)中的 $\boldsymbol{G}_0$ 取模的平方，可得

$$\|\boldsymbol{G}_0\|^2=(\boldsymbol{G}-\boldsymbol{g}_0)^{\mathrm{T}}(\boldsymbol{K}^{-1})^{\mathrm{T}}\boldsymbol{K}^{-1}(\boldsymbol{G}-\boldsymbol{g}_0) \tag{4-58}$$

MEMS 加速度计椭球拟合现场标定方法的核心是通过采集大量的数据进行椭球拟合，计算出最优的一组椭球参数，使得采集的数据与椭球的中心距离达到最小值。椭球曲面是一种特殊的二次曲面，设该曲面方程为

$$\begin{cases} F(\boldsymbol{\zeta},\ \boldsymbol{v}) = \boldsymbol{\zeta}^{\mathrm{T}}\boldsymbol{v} = ax^2 + by^2 + cy^2 + 2dxy + 2exz + fyz + 2px + 2qy + 2rz + g = 0 \\ \boldsymbol{\zeta} = [a\ b\ c\ d\ e\ f\ p\ q\ r\ g]^{\mathrm{T}} \\ \boldsymbol{v} = [x^2\ y^2\ z^2\ 2xy\ 2yz\ 2x\ 2y\ 2z\ 1] \end{cases} \tag{4-59}$$

其中，$\boldsymbol{\zeta}$ 为椭圆的曲面参数向量，$\boldsymbol{v}$ 为传感器采集数据的运算组合向量。$F(\boldsymbol{\zeta},\ \boldsymbol{v})$为传感器采集的数据$(x,\ y,\ z)$到椭球表面 $F(\boldsymbol{\zeta},\ \boldsymbol{v})=0$ 的代数距离。

在进行椭球拟合时，为了求解最优的椭球参数组合，一般选择数据到椭球表面的平方和最小值为判断依据，即应满足

$$F_{\min} = \| F(\boldsymbol{\zeta},\ \boldsymbol{v}) \|^2 = \min_{\zeta \in \mathbf{R}} \boldsymbol{\zeta}^{\mathrm{T}} \boldsymbol{D}^{\mathrm{T}} \boldsymbol{D} \boldsymbol{\zeta} \tag{4-60}$$

其中，$\boldsymbol{D}$ 为椭球二次曲面的系数，即

$$\boldsymbol{D} = \begin{bmatrix} x_1^2 & y_1^2 & z_1^2 & 2x_1y_1 & 2y_1z_1 & 2z_1x_1 & 2x_1 & 2y_1 & 2z_1 & 1 \\ x_2^2 & y_2^2 & z_2^2 & 2x_2y_2 & 2y_2z_2 & 2z_2x_2 & 2x_2 & 2y_2 & 2z_2 & 1 \\ \vdots & \vdots & \vdots & \vdots & \vdots & \vdots & \vdots & \vdots & \vdots & \vdots \\ x_n^2 & y_n^2 & z_n^2 & 2x_ny_n & 2y_nz_n & 2y_nz_n & 2x_n & 2y_n & 2z_n & 1 \end{bmatrix} \tag{4-61}$$

椭球拟合的基本原则就是使数据到椭球表面的平方和为最小值，但是不能确保每一个数据组合都在椭球曲面上，其有可能是在圆锥曲线上，因此有必要引进椭球曲面的约束条件，这个约束条件基于最小二乘法的椭球拟合算法获得，可表述为

$$\begin{cases} \begin{vmatrix} a & \dfrac{b}{2} & \dfrac{d}{2} \\ \dfrac{b}{2} & c & \dfrac{e}{2} \\ \dfrac{d}{2} & \dfrac{e}{2} & f \end{vmatrix} \neq 0 \\ ac - \dfrac{b^2}{4} > 0 \end{cases} \tag{4-62}$$

椭圆的曲面参数 a、b、c、d、e、f 满足式(4-62)时，那么判断该数据轨迹在椭球曲面上。

最佳拟合椭球曲面 $F(\boldsymbol{\zeta},\ \boldsymbol{v})$的矢量形式为

$$(\boldsymbol{X} - \boldsymbol{X}_0)^{\mathrm{T}} \boldsymbol{A} (\boldsymbol{X} - \boldsymbol{X}_0) = 1 \tag{4-63}$$

其中，$\boldsymbol{A}$ 为参数矩阵，与椭球的半径以及旋转角度有关，即

$$\boldsymbol{A} = \begin{bmatrix} a & d & e \\ d & b & f \\ e & f & c \end{bmatrix} \tag{4-64}$$

$\boldsymbol{X}$ 为拟合椭球曲面上的任意点，$\boldsymbol{X}_0$ 为理想椭球中心点的坐标，即零点坐标：

$$\boldsymbol{X}_0 = -\boldsymbol{A}^{-1} \begin{bmatrix} p \\ q \\ r \end{bmatrix} \tag{4-65}$$

采用带椭球约束的最小二乘法进行椭圆拟合的本质就是通过式(4-61)、式(4-63)以及测量数据求解一组椭圆的曲面参数向量 $\boldsymbol{\zeta}$，使得测量数据与拟合椭球表面的距离在某种意义下达到最小值。

已知理想的三轴加速度计输出为一个标准球体，根据传感器的误差模型，把理想的误差模型转换成

$$\frac{(\boldsymbol{G}-\boldsymbol{g})^{\mathrm{T}}(\boldsymbol{K}^{-1})^{\mathrm{T}}\boldsymbol{K}^{-1}(\boldsymbol{G}-\boldsymbol{g})}{\|\boldsymbol{G}_0\|^2}=1 \tag{4-66}$$

根据式(4-65)、式(4-66)，推导出参数矩阵 $\boldsymbol{A}$ 以及零点坐标为

$$\boldsymbol{A}=\frac{(\boldsymbol{K}^{-1})^{\mathrm{T}}\boldsymbol{K}^{-1}}{\|\boldsymbol{G}_0\|^2} \tag{4-67}$$

$$\boldsymbol{X}_0=g=-\boldsymbol{A}^{-1}\begin{bmatrix}p\\q\\r\end{bmatrix} \tag{4-68}$$

把式(4-68)转化成误差补偿方程为

$$\boldsymbol{G}_0=\boldsymbol{K}^{-1}(\boldsymbol{G}-\boldsymbol{g}) \tag{4-69}$$

最后把参数矩阵式(4-67)以及零点坐标式(4-68)代入误差补偿方程式(4-69)，即可对三轴加速度计的误差进行补偿。

为了验证该方法的有效性，首先把加速度计放置在速率转台上的六面体夹具中，再通过六位置法对 MEMS 加速度计进行标定，得到其标定参数，如表 4-5 所示。下文各表中 g_{x0}、g_{y0}、g_{z0} 依次为 x、y、z 三轴的零偏，交叉耦合因数分别为 K_{xy}、K_{xz}、K_{yx}、K_{yz}、K_{zx}、K_{zy}，刻度因子为 K_{xx}、K_{yy}、K_{zz}。矩阵形式为

$$\boldsymbol{K}=\begin{bmatrix}K_{xx} & K_{yx} & K_{zx}\\ K_{xy} & K_{yy} & K_{zy}\\ K_{xz} & K_{yz} & K_{zz}\end{bmatrix} \tag{4-70}$$

通过六位置法对 MEMS 加速度计进行标定，继而采取其各轴重力标定参数，如表 4-5 所示。

表 4-5　标 定 参 数

零　偏		交叉耦合因数				刻度因子	
参数	值	参数	值	参数	值	参数	值
g_{x0}	$-0.0018g$	K_{xy}	-0.0026	K_{yz}	0.0068	K_{xx}	1.0801
g_{y0}	$0.0186g$	K_{xz}	0.0055	K_{zx}	0.0059	K_{yy}	1.0364
g_{z0}	$-0.0615g$	K_{yx}	-0.0028	K_{zy}	0.0078	K_{zz}	0.9603

再通过椭球拟合现场标定方法对其进行现场标定。该方法需要对三轴加速度计作任意旋转变换，旋转时应尽量使采集数据点均匀分布在椭球面上且避免在转动时有过大的加速度，以提高误差补偿的精度。图 4-24 是椭球拟合现场标定方法得到的加速度计的测量值。由图可知，三轴加速度计测量值的轨迹基本上都在椭球面上，只有几个点在椭球面外。

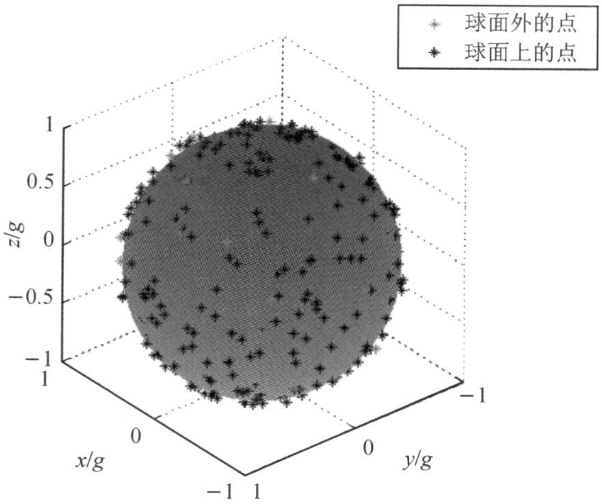

图 4－24　椭球体法加速度计测量值

标定完成后，用同样方法采集其各轴的标定参数，如表 4－6 所示。

表 4－6　标定参数

零偏		交叉耦合因数				刻度因子	
参数	值	参数	值	参数	值	参数	值
g_{x0}	$-0.0012g$	K_{xy}	-0.0026	K_{yz}	0.0068	K_{xx}	1.0847
g_{y0}	$0.0188g$	K_{xz}	0.0053	K_{zx}	0.0053	K_{yy}	1.0367
g_{z0}	$-0.0616g$	K_{yx}	-0.0026	K_{zy}	0.0068	K_{zz}	0.9627

下面通过 Matlab 对标定前加速度计的测量值、用六位置标定方法标定后的测量值和用椭球拟合现场标定方法标定后的测量值三组数据进行分析(以 x 轴为例)，如图 4－25 所示。结合图 4－25 以及表 4－5、表 4－6 可以发现，椭球拟合现场标定方法尽管精度略有下降，但该方法在任意环境下皆可标定，且方法简单可靠。

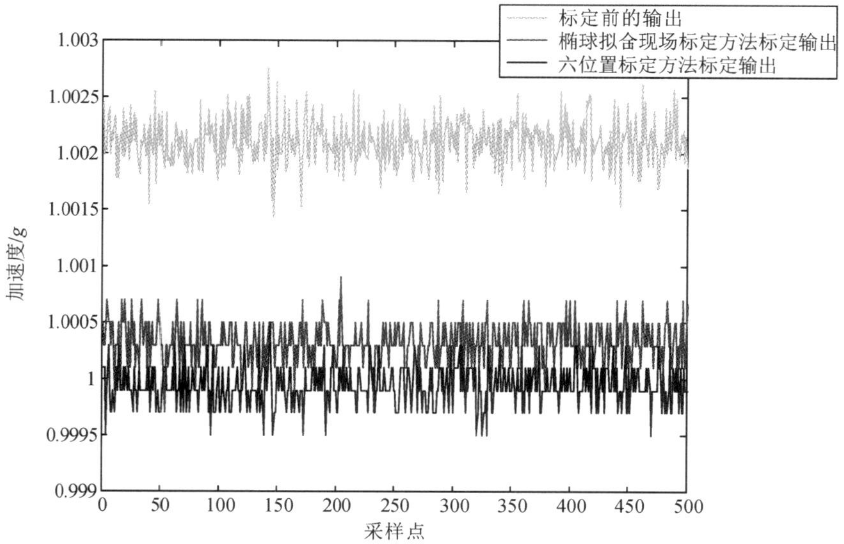

图 4－25　两种方法标定后输出比较

4.6 Allan 方差分析

与系统误差相比，随机误差仅占微惯性传感器误差的一小部分，但同样对系统精度有很大影响。系统误差易于补偿，因此随机误差成为影响微惯性传感器精度的关键因素。目前，随机误差的分析方式有很多种，主要包括：自回归滑动平均（Autoregressive Moving Average，ARMA）方法、自相关函数（Autocorrelation Fuction，ACF）方法、功率谱密度（Power Spectral Density，PSD）方法和 Allan 方差分析方法。ARMA 方法是根据信号的统计特点利用 AR 和 MA 模型对信号建模，不同阶次信号模型的精度也不同。ACF 方法主要是观察随机过程的分布。PSD 方法根据随机信号的功率谱密度曲线观察误差的分布。Allan 方差分析方法通过功率谱密度和 Allan 方差的联系，由 Allan 方差曲线得到各误差的分布。由 ARMA 方法建立的信号模型可以反映随机信号的总体特性，通常在中高精度的微惯性传感器误差分析中使用；对于低精度的微惯性传感器，其输出信号的随机误差较大，ARMA 方法的精度会大幅降低，且无法辨识出物理意义不同的所有误差。在研究随机误差含量较大的微惯性传感器的误差时，一般采用 Allan 方差分析方法。

4.6.1 Allan 方差的定义

Allan 方差分析方法最初是由美国国家标准局的 David Allan 为研究振荡稳定性建立起来的一种基于时域的分析方法，它既可以作为单独的数据分析方法，也可以作为频域分析技术的补充。Allan 方差分析方法是 IEEE 公认的陀螺仪参数分析的标准方法，其不仅适用于陀螺仪的误差特性分析，而且也适用于精密仪器的噪声研究。Allan 方差分析方法的突出特点是能非常容易地对各种类型的误差源和整个噪声统计特性进行细致的表征与辨识，从而确定产生数据噪声的基本随机过程的特性，同时也可以识别给定噪声项的来源。

设陀螺仪信号的采样周期为 T_s，采样点数量为 N，将整个采样数据分为 I 组，每组有 L 个采样点，满足 $1 \leqslant L \leqslant N/2$，可以得到 $I=N/L$，则每一组平均角速率的计算公式为

$$\bar{\omega}_j(L)=\frac{1}{L}\sum_{i=1}^{L}\omega_{i+(j-1)L}, \quad j=1, 2, \cdots, I \tag{4-71}$$

定义 τ 为每一组的相关时间，则

$$\tau=L\times T_s \tag{4-72}$$

Allan 方差定义为

$$\sigma^2(\tau)=\frac{1}{2}\langle(\bar{\omega}_{j+1}(L)-\bar{\omega}_j(L))^2\rangle \cong \frac{1}{2(I-1)}\sum_{j=1}^{I-1}(\bar{\omega}_{j+1}(L)-\bar{\omega}_j(L))^2 \tag{4-73}$$

式中，符号〈〉表示总体平均。

Allan 方差可通过陀螺仪输出的角速率 $\Omega(t)$ 或者角度 $\theta(t)$ 计算得到，其中角度可由角速率积分获得，即

$$\theta(t)=\int_0^t \Omega(t)\,\mathrm{d}t \tag{4-74}$$

设采样时间为 τ_0，则角度测量是在离散时刻 $t_k=k\tau_0(k=1, 2, \cdots, N)$ 上进行的，简记

为 $\theta_k=\theta(k\tau_0)$。时刻 t_k 与 $t_k+\tau$ 间的平均角速率为

$$\bar{\omega}_k(\tau)=\frac{\theta_{k+m}-\theta_k}{\tau} \tag{4-75}$$

式中，$\tau=m\tau_0$。

由角度测量值定义的 Allan 方差为

$$\sigma^2(\tau)=\frac{1}{2}\langle(\bar{\omega}_{k+1}(L)-\bar{\omega}_k(L))^2\rangle\cong\frac{1}{2\tau^2}\langle(\theta_{k+2L}-2\theta_{k+L}+\theta_k)^2\rangle \tag{4-76}$$

Allan 方差的估计公式为

$$\sigma^2(\tau)=\frac{1}{2\tau^2(N-2m)}\sum_{k=1}^{N-2m}(\theta_{k+2m}-2\theta_{k+m}+\theta_k)^2 \tag{4-77}$$

Allan 方差还有其他形式，如

$$\sigma^2(\tau)=\frac{1}{2\tau^2(m-1)}\sum_i(\Omega(\tau)_{i+1}-\Omega(\tau)_i)^2 \tag{4-78}$$

对于实信号 $\Omega(t)$，有

$$\sigma^2(\tau)=2\int_{-\infty}^{\infty}S_\Omega(f)\frac{\sin^4(\pi f\tau)}{(\pi f\tau)^2}\mathrm{d}f=4\int_0^{\infty}S_\Omega(f)\frac{\sin^4(\pi f\tau)}{(\pi f\tau)^2}\mathrm{d}f \tag{4-79}$$

式中，$S_\Omega(f)=\mathrm{PSD}[\Omega(t)]$为功率谱密度。

Allan 方差的平方根 $\sigma(\tau)$通常被称为 Allan 标准差。Allan 方差的估计精度随着数组 I 长度的增加而提高，通过选取不同的数组长度，即相关时间，可以得到相应的 Allan 方差。

4.6.2 陀螺仪误差及其 Allan 方差

陀螺仪误差的 Allan 方差分析，就是将陀螺仪输出的角速率误差信号，输入一系列不同频域带通参数 τ 的 Allan 方差滤波器，得到一组滤波输出即 Allan 方差 $\sigma^2(\tau)$，一般还需绘制出 τ-$\sigma^2(\tau)$双对数曲线便于直观显示。为了从 Allan 方差双对数曲线中挖掘出反映陀螺仪性能的参数，必须先建立功率谱与 Allan 方差之间的定性和定量关系。

1. 量化误差

量化误差是一切量化操作所固有的误差，只要进行数字量化编码采样，传感器输出的理想值与量化值之间就必然会存在微小的差别，量化误差代表了传感器检测的最小分辨率水平。在 Allan 方差双对数曲线上，量化误差对应部分的斜率为－1。它(或延长线)与 $\tau=1$ 交点的纵坐标为$\sqrt{3}Q$。

2. 角度随机游走

角度随机游走是宽带角速率白噪声积分的结果，即陀螺仪从零时刻起累积的总角增量误差表现为随机游走，而每一时刻的等效角速率误差表现为白噪声。根据随机过程理论，随机游走是一种独立增量过程。对于陀螺仪角度随机游走而言，独立增量的含义是：角速率白噪声在两相邻采样时刻进行积分(增量)，不同时间段的积分值之间互不相关(独立)。对于角度随机游走，从角速率方面看，其功率谱为常值(白噪声)：

$$S_\Omega(f)=N^2 \tag{4-80}$$

式中，N 也称为角度随机游走系数，将式(4-80)代入式(4-79)得

$$\sigma_{\mathrm{ARW}}^{2}(\tau)=4\int_{0}^{\infty} N^{2} \frac{\sin^{4}(\pi f \tau)}{(\pi f \tau)^{2}} \mathrm{d} f=\frac{N^{2}}{\tau} \tag{4-81}$$

可见，在双对数曲线上，角度随机游走对应部分的斜率为$-1/2$，它(或延长线)与$\tau=1$的交点纵坐标即为角度随机游走系数 N。

实际中如果陀螺仪输出的是角速率信号，且进行离散化采样，则角速率噪声总是有限带宽的。根据频谱分析理论，在带限范围内采样频率越低则对应的功率谱幅值 N_z 越大，从而得出的 Allan 方差随机游走系数也会偏大，因此 Allan 方差分析还受角速率采样频率的影响，建议在陀螺仪带宽内应尽量提高采样频率，比如取 2 倍的带宽频率，能达到 4～6 倍或以上则更佳。

3. 角速率随机游走

角速率随机游走是宽带角加速率白噪声积分的结果，即陀螺仪角加速率误差表现为白噪声，而角速率误差表现为随机游走。

角加速率的功率谱为

$$S_{\Omega}(f)=K^{2} \tag{4-82}$$

式中，K 为角速率随机游走系数。将式(4-82)代入式(4-79)得

$$\sigma_{\mathrm{RRW}}^{2}(\tau)=4\int_{0}^{\infty} \frac{K^{2}}{(2\pi f)^{2}} \frac{\sin^{4}(\pi f \tau)}{(\pi f \tau)^{2}} \mathrm{d} f=\frac{K^{2}\tau}{3} \tag{4-83}$$

在双对数曲线上，角速率随机游走对应部分的斜率为 1/2，它(或延长线)与 $\tau=1$ 交点的纵坐标为 $K/\sqrt{3}$。

4. 零偏不稳定性误差

零偏不稳定性误差又称为闪变噪声或 $1/f$ 噪声。顾名思义，其功率谱密度与频率成比，即零偏不稳定性误差的角速率功率谱为

$$S_{\Omega}(f)=\frac{B^{2}}{2\pi f} \tag{4-84}$$

式中，B 为零偏不稳定性系数，将式(4-84)代入式(4-79)得

$$\sigma_{\mathrm{BI}}^{2}(\tau)=4\int_{0}^{\infty} \frac{B^{2}}{2\pi f} \frac{\sin^{4}(\pi f \tau)}{(\pi f \tau)^{2}} \mathrm{d} f \approx \frac{4B^{2}}{9} \tag{4-85}$$

在双对数曲线上，零偏不稳定性对应部分的斜率为 0，它(或延长线)与 $\tau=1$ 的交点纵坐标为 $2B/3$。

5. 速率斜坡

若陀螺仪的角速率输出随时间缓慢变化，假设角速率与测试时间之间呈线性关系，有

$$\sigma_{\mathrm{RR}}^{2}(\tau)=\frac{R^{2}\tau^{2}}{2} \tag{4-86}$$

在双对数曲线上，速率斜坡对应部分的斜率为 1，它(或延长线)与 $\tau=1$ 的交点纵坐标为 $R/\sqrt{2}$。

常见误差的功率谱及其与 Allan 方差的对应关系见表 4-7。

表 4-7　常见误差的功率谱及其与 Allan 方差的对应关系

误差类型	功率谱	Allan 方差	与 $\tau=1$ 的交点纵坐标
量化误差	$\tau_0 Q^2 (2\pi f)^2$	$\dfrac{3Q^2}{\tau^2}$	$\sqrt{3}Q$
角度随机游走	N^2	$\dfrac{N^2}{\tau}$	N
零偏不稳定性误差	$\dfrac{B^2}{2\pi f}$	$\dfrac{4B^2}{9}$	$\dfrac{2B}{3}$
角速率随机游走	$\dfrac{K^2}{(2\pi f)^2}$	$\dfrac{K^2\tau}{3}$	$\dfrac{K}{\sqrt{3}}$
速率斜坡		$\dfrac{R^2\tau^2}{2}$	$\dfrac{R}{\sqrt{2}}$

4.6.3　Allan 方差分析方法

针对陀螺仪信号，根据 Allan 方差的定义可知，输入的应当是平均角速率序列，角速率平均的间隔时间为 τ。假设获得了一组平均角速率样本序列

$$\overline{\Omega}_1(\tau_0),\ \overline{\Omega}_2(\tau_0),\ \cdots,\ \overline{\Omega}_N(\tau_0) \tag{4-87}$$

式中，序列输出周期(即采样时间间隔)为 τ_0。由于样本序列的长度总是有限的，因此 Allan 方差计算只能给出理论值的一个估计。

下面给出实现 Allan 方差计算的具体步骤。

(1) 计算取样时间为 τ_0 时的 Allan 方差：

$$\hat{\sigma}_A^2(\tau_0)=\frac{1}{2(N-1)}\sum_{k=1}^{N-1}[\overline{\Omega}_{k+1}(\tau_0)-\overline{\Omega}_k(\tau_0)]^2 \tag{4-88}$$

(2) 将取样时间间隔加倍，记 $\tau_1=2\tau_0$ 和 $N_1=[N/2]$([·]表示取整)，在相继奇偶序号角速率之间作算术平均，即

$$\overline{\Omega}_k(\tau_1)=\frac{\overline{\Omega}_{2k-1}(\tau_0)+\overline{\Omega}_{2k}(\tau_0)}{2},\ k=1,\ 2,\ \cdots,\ N_1 \tag{4-89}$$

组成新的取样时间间隔为 τ_1 的平均角速率序列，即

$$\overline{\Omega}_1(\tau_1),\ \overline{\Omega}_2(\tau_1),\ \cdots,\ \overline{\Omega}_{N_1}(\tau_1)$$

显然，新序列的长度减半(但可能相差 1 个数据，下同)，计算采样时间为 τ_1 时的 Allan 方差，即

$$\hat{\sigma}_A^2(\tau_1)=\frac{1}{2(N_1-1)}\sum_{k=1}^{N_1-1}[\overline{\Omega}_{k+1}(\tau_1)-\overline{\Omega}_k(\tau_1)]^2 \tag{4-90}$$

(3) 将采样时间间隔加倍，记 $\tau_2=2\tau_1=2^2\tau_0$ 和 $N_2=[N_1/2]$，计算平均角速率，即

$$\overline{\Omega}_k(\tau_2)=\frac{\overline{\Omega}_{2k-1}(\tau_1)+\overline{\Omega}_{2k}(\tau_1)}{2},\ k=1,\ 2,\ \cdots,\ N_2 \tag{4-91}$$

组成新的取样时间间隔为 τ_2 的平均角速率序列，即

$$\overline{\Omega}_1(\tau_2),\ \overline{\Omega}_2(\tau_2),\ \cdots,\ \overline{\Omega}_{N_2}(\tau_2) \tag{4-92}$$

新序列的长度再次减半，计算采样时间为 τ_2 时的 Allan 方差，即

$$\hat{\sigma}_A^2(\tau_2)=\frac{1}{2(N_2-1)}\sum_{k=1}^{N_2-1}[\overline{\Omega}_{k+1}(\tau_2)-\overline{\Omega}_k(\tau_2)]^2 \tag{4-93}$$

（4）如此反复，将采样时间间隔不断加倍，记 $\tau_L=2\tau_{L-1}=2^L\tau_0$ 和 $N_L=[N_{L-1}/2]$，最终序列的长度应不小于 2，得平均角速率序列为

$$\overline{\Omega}_1(\tau_L),\ \overline{\Omega}_2(\tau_L),\ \cdots,\ \overline{\Omega}_{N_L}(\tau_L) \tag{4-94}$$

并计算采样时间为 τ_L 时的 Allan 方差，即

$$\hat{\sigma}_A^2(\tau_L)=\frac{1}{2(N_L-1)}\sum_{k=1}^{N_L-1}[\overline{\Omega}_{k+1}(\tau_L)-\overline{\Omega}_k(\tau_L)]^2 \tag{4-95}$$

至此，获得一系列的点对 $\tau_i\sim\hat{\sigma}_A^2(\tau_i)$ 或 $\tau_i\sim\hat{\sigma}_A(\tau_i)$，$i=1,2,\cdots,L$，完成 Allan 方差估计，并将结果绘制成双对数曲线。

从上述步骤可以看出，在 τ_0 基础上采样间隔时间是以 2 的倍数递增的，即采样时间为 2 的幂次方倍，而在一般应用中不需计算其他时间间隔上的 Allan 方差值。同时，Allan 方差的计算过程比较简单，并且计算量也不大。

Allan 方差与陀螺仪类型和数据获取环境有关，数据中可能存在各种成分的随机误差。假设各误差源统计独立，Allan 方差可表示为一种或几种误差源 Allan 方差的和，即

$$\sigma_A^2(\tau)=\sigma_{QN}^2(\tau)+\sigma_{ARW}^2(\tau)+\sigma_{BI}^2(\tau)+\sigma_{RRW}^2(\tau)+\sigma_{RR}^2(\tau) \tag{4-96}$$

再将表 4－7 中值代入式(4－96)，得

$$\sigma_A^2(\tau)=\frac{3Q^2}{\tau^2}+\frac{N^2}{\tau}+\frac{4B^2}{9}+\frac{K^2\tau}{3}+\frac{R^2\tau^2}{2} \tag{4-97}$$

若按国际单位制，式(4－97)中 $\sigma_A(\tau)$ 和 τ 的单位分别取 rad/s 和 s，由此可推知各种噪声系数的单位，即 Q 为 rad、N 为 $\mathrm{rad/s^{1/2}}$、B 为 rad/s、K 为 $\mathrm{rad/s^{3/2}}$、R 为 $\mathrm{rad/s^2}$。然而，习惯上，$\sigma_A(\tau)$ 常以(°)/h 为单位，并且各项误差系数也常使用(°)和 h 的组合作为单位，为了达到该目的，根据换算关系

$$1\ \mathrm{rad/s}=\frac{180/\pi}{1/3600}\ (°)/\mathrm{h}$$

将式(4－97)的两边同时乘以 $\left(\frac{180/\pi}{1/3600}\right)^2$，进行转换，得

$$\sigma_A^2(\tau)\left(\frac{180/\pi}{1/3600}\right)^2=\frac{3Q^2}{\tau^2}\left(\frac{180/\pi}{1/3600}\right)^2+\frac{N^2}{\tau}\left(\frac{180/\pi}{1/3600}\right)^2+\frac{4B^2}{9}\left(\frac{180/\pi}{1/3600}\right)^2+\frac{K^2\tau}{3}\left(\frac{180/\pi}{1/3600}\right)^2+\frac{R^2\tau^2}{2}\left(\frac{180/\pi}{1/3600}\right)^2 \tag{4-98}$$

通过相应的变量替换：

$$Q'=Q\times\frac{180}{\pi}\times3600(°)$$

$$N'=N\times\frac{180/\pi}{(1/3600)^{\frac{1}{2}}}[(°)/\mathrm{h}^{\frac{1}{2}}]$$

$$B'=B\times\frac{180/\pi}{1/3600}[(°)/\mathrm{h}]$$

$$K'=K\times\frac{180/\pi}{(1/3600)^{\frac{3}{2}}}[(°)/\mathrm{h}^{\frac{3}{2}}]$$

$$R'=R\times\frac{180/\pi}{(1/3600)^{2}}[(°)/\mathrm{h}^{2}]$$

式(4－97)改写为

$$\sigma'^{2}_{\mathrm{A}}(\tau)=\frac{3Q'^{2}}{\tau^{2}}+\frac{(60N')^{2}}{\tau}+\frac{4B'^{2}}{9}+\frac{(K'/60)^{2}\tau}{3}+\frac{(R'/3600)^{2}\tau^{2}}{2}\tag{4-99}$$

采集静态情况下的 MEMS 陀螺仪数据，利用式(4－99)所示的 Allan 方差计算方法，可以得到 MEMS 陀螺仪随机误差的 Allan 方差双对数曲线，如图 4－26 所示。MEMS 陀螺仪静态原始数据采集时间可以根据实际情况确定，采集时间长短会影响噪声系数的精度。

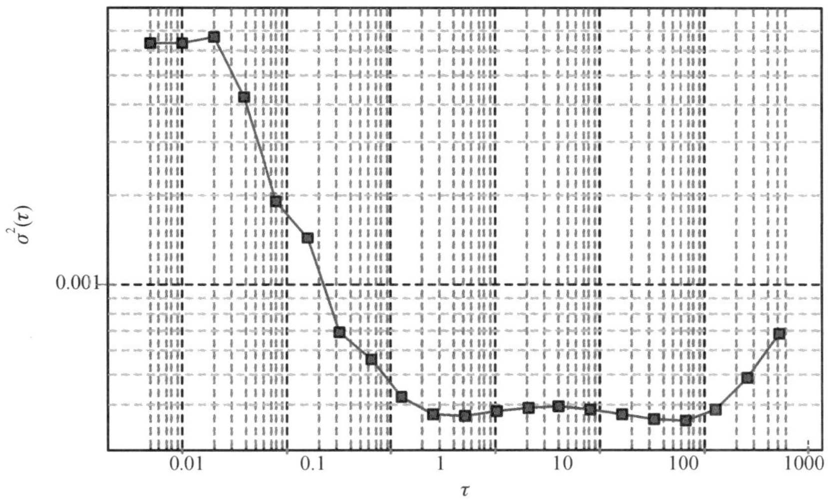

图 4－26　MEMS 陀螺仪随机误差 Allan 方差曲线

第5章 多传感融合算法

姿态估计在导航、机器人、虚拟现实等领域得到了广泛的应用，随着应用领域的扩大，精度和成本成为其推广的决定性因素。微机电系统技术的发展催生了一批小巧便宜、能批量生产的中低精度陀螺仪和加速度计。微惯性传感器单独工作的精度非常低，不能长时间提供稳定的姿态，通常要与其他传感器组合使用。多传感器的数据融合技术是姿态估计实现的关键，其能够发挥各个传感器的优势，在提高系统精度的同时放宽了对各个传感器的要求。各种滤波算法的出现，为姿态估计系统提供了理论基础和数学工具。本章主要讨论广泛应用的滤波理论和算法，包括卡尔曼滤波(Kalman Filter，KF)、扩展卡尔曼滤波(Extended Kalman Filter，EKF)、互补滤波(Complementary Filter，CF)和无迹卡尔曼滤波(Unscented Kalman Filter，UKF)。

5.1 算法概述

姿态估计系统一般是一个非线性系统，从某种意义上来说，融合算法主要采用非线性滤波算法来解决姿态估计问题。非线性滤波算法一般可以由递推贝叶斯算法统一描述，其核心思想是基于所获得的观测求非线性系统状态向量的概率密度函数，即完整描述系统状态估计的后验概率密度函数。对于非线性系统来说，条件期望是难以处理的，非线性模型只能采用各种近似算法。因此，可以说所有的非线性估计都只能得到次优估计。非线性估计的核心就在于近似，各种非线性估计算法近似处理的思想和实现手段存在差异。近似的本质就是对难以计算的非线性模型施加某种数学变换，将其变换成线性模型，然后用贝叶斯估计原理进行估计。非线性近似有两大途径：一是将非线性环节线性化，对高阶项采取忽略或逼近措施；二是用采样的方法近似非线性分布。非线性近似贝叶斯滤波算法分类如表5-1所示。

Kalman于1960年提出KF理论，首次将状态空间概念引入最优滤波理论，用状态方程描述系统动态模型、用测量方程描述系统观测模型，改变了对滤波问题的一般描述。KF不要求直接给出信号过程的二阶特性或频谱密度函数，而是把信号视为在白噪声作用下的一个线性系统的输出，且将此种输入与输出的关系用一个状态方程来描述。KF算法属于一种时域算法，对于具有高斯分布噪声的线性系统，可以得到系统状态的递推最小均方差估计。由于采用递推计算，KF算法非常适用于计算机实现，并可处理时变系统、非平稳信号和多维信号。但是，传统 KF 为线性滤波，即状态方程和测量方程均为线性方程，但在实际应用中，许多系统的物理或数学模型需要用非线性方程来描述，且在很多情况下系统的测量方程也多为非线性的。

表 5-1 非线性近似贝叶斯滤波算法分类

<table>
<tr><td>算法</td><td colspan="4">具体分类</td></tr>
<tr><td rowspan="2">近似方法</td><td rowspan="2">泰勒级数展开</td><td colspan="2">确定性采样近似</td><td rowspan="2">随机采样近似</td></tr>
<tr><td>插值多项式展开</td><td>无迹变换</td></tr>
<tr><td>典型算法</td><td>扩展卡尔曼滤波</td><td>插值滤波
中心差分滤波</td><td>无迹卡尔曼滤波</td><td>粒子滤波</td></tr>
<tr><td>改进算法</td><td>二阶扩展卡尔曼滤波
迭代扩展卡尔曼滤波</td><td>平方根插值滤波
高斯混合插值滤波</td><td>平方根无迹卡尔曼滤波
高斯混合无迹卡尔曼滤波</td><td>无迹粒子滤波
正则化粒子滤波
马尔可夫链蒙特卡罗方法
辅助粒子滤波</td></tr>
</table>

在此后的十多年时间里，Bucy 等人致力于将 KF 理论拓展到非线性领域，提出并研究了 EKF。EKF 是姿态估计领域应用最为广泛、最为成熟的非线性滤波算法之一。几十年来，众多的学者提出了各种估计姿态的 EKF 实现方法。1982 年，Lefferts 对 EKF 在四元数估计中的应用进行了综合讨论。Gao 采用四元数描述姿态角误差方程，提出了基于重力矢量和地磁场观测的六态 EKF 算法，该算法在非机动情形下精度很好，但载体机动时姿态精度差。Wang 提出了一种自适应 EKF 算法，该算法根据对载体机动行为的判断，调节加速度测量噪声方差，在载体短期机动时能取得较好的效果。EKF 通过对非线性系统进行泰勒级数展开并取其一阶近似，将非线性系统进行线性化，但这样不可避免地引入了线性化误差，当线性化假设不成立时，采用这种算法会导致滤波器性能降低；另外，在一般情况下计算状态方程的雅可比矩阵和测量方程的汉森矩阵是不易实现的。虽然有许多改进算法，如高阶 EKF、迭代 EKF 等，但其缺陷仍难以克服。

近几年出现了一些利用采样方法近似非线性分布的滤波理论。Juliear 在 1995 年提出了 UKF，并将 UKF 首先应用于车载导航定位并验证了其优越的整体导航精度。与 EKF 不同，UKF 直接采用了非线性状态方程和观测方程，无需计算雅可比矩阵或汉森矩阵，使估计更为准确。对于任意非线性系统，UKF 算法对于高斯输入量可达到最优估计的三阶近似，对于非高斯输入量至少可达到最优估计的二阶近似。2003 年 Crassidis 将 UKF 应用于空间航天器的姿态估计。2006 年，Liu 将 UKF 和四元数结合，对采用低精度传感器组合的载体进行姿态估计。同样源于避免计算导数的思想，挪威学者 Schei 于 1995 年提出用中心差分改善 EKF，这成为插值法的起源。Ito 等人提出了中心差分卡尔曼滤波(Central Difference Kalman Filter，CDKF)，其主要思想是用插值的方法来进行多项式的近似，从而实现对非线性变换的近似。丹麦学者 Nørgaard 等人也提出了类似的滤波算法，称为插值滤波(Divided Difference Filter，DDF)，其包括一阶插值 DD1 滤波和二阶插值 DD2 滤波。2006 年，Lin 等将 DD2 应用于星光/陀螺仪模式下三轴稳定卫星的姿态估计。Merre 说明了 Ito 和 Nørgaard 提出算法的一致性，两者统称为 CDF。由于 CDF 与 UKF 都是以确定性采样点表示高斯随机变量的统计量(均值和方差),同时赋予每一个点相应的权重,并由这些点通过非线性函数变换实现对目标分布的近似,因此将 CDF 和 UKF 又统称为 Sigma 点卡尔曼滤波器(Sigma Point Kalman Filter, SPKF),这进一步说明两种算法在本质上是一致的(只是参数的个数和选择不同),滤波精度也不分伯仲。Rudolph 证明了 SPKF 融合 GPS、磁强计和 IMU 后,比相同条件下的 EKF 精度提高了 65%,但该算法同时也增加了计算复杂度。为了减少 SPKF 的计算量,Juliear 提出了超球体采样变换(Spherical Simplex Unscented Transformation, SSUT)技术,其计算复杂度与 EKF 相当。Rudolph 提出了平方根无迹卡尔曼滤波(Square-root Unscented Kalman Filter, SRUKF)算法,该算法采用线性代数技术直接以 Cholesky 分解的形式进行状态方差根的迭代计算。与基本的 UKF 相比,SRUKF 的精度相当,而计算量较小,稳定性较高。

上述提到的 EKF、UKF、CDF 等非线性滤波算法,均可视为单一的高斯近似算法,即它们都是将系统方程中的过程噪声和测量噪声近似为高斯分布,并继续使用 KF 的框架结构,只是对非线性函数作变换。其中,EKF、IEKF 由于需要进行雅可比矩阵或汉森矩阵的运算,涉及偏微分计算,复杂度相对较大,算法稳定性较差;SPKF 无需进行微分运算,计算相对容易,算法稳定性相对较好,对系统模型要求低,只需知道如何从中进行给定点的转换即可。

粒子滤波是近年来兴起的一种最优非线性滤波算法。它创造性地将状态空间中随机搜索的概念引入到传统滤波领域中来,是滤波领域研究方法上的一次重大突破。它实现了理论上的最优,适用于任意非高斯非线性的随机系统,是一种很有前景的非线性滤波算法,并已成为研究的热点。但是,粒子滤波算法并不完美。它存在着算法复杂、实时性较差、滤波稳定性不高等一些缺点。

以上方法都是基于模型的状态估计算法,其通过建立状态量变化的状态方程及测量方程,应用某种估计算法,根据观测信息估计出状态量,并成为一定准则下的最优估计。除此之外,基于观测信息的姿态估计算法如互补滤波因稳定性好、计算量小,在无人机和机器人等领域得到了广泛的应用。Baerveldt 针对无人机的姿态估计问题提出了利用倾角仪和陀螺仪进行互补滤波的算法,该算法得到了比较好的姿态估计结果,其适用于单轴且倾角仪模型已知的情况。Ushef 介绍了在无人驾驶试验车上采用了两个互补滤波器的算法,该算法分别融合了测速计、运动模型和磁罗盘来得到方位角的精确估计,另外还使用了视频摄像装置、运动模型和测速计融合来得到精确的里程估计。

相比于非线性滤波和经典的观测算法,人工智能理论的出现,为姿态估计开辟了新的方向。随着计算机技术的长足发展,人工智能已经被认定为解决工程和科学问题的利器。这些算法包括人工神经网络(Artificial Neural Networks, ANN)、专家系统(Expert System, ES)和遗传算法(Genetic Algorithms, GA)等。其中,ANN 和 ES 已在导航、姿态估计等领域得到了广泛的应用。

迄今为止,在非线性估计领域尚没有一种"最佳"的算法,算法的选择必须根据具体应用场合和条件,在估计精度、实现难易程度、数值稳健性及计算量等各种指标之间综合权衡。鉴于此,国内外学者提出将两种或更多的滤波算法综合应用于姿态估计系统当中,并取得了一定的理论成果。Jamshaid 提出应用 UKF 改善粒子滤波性能构成 UPF 滤波器,并将其应用于惯性导航系统。Chul 将模糊逻辑和 EKF 相结合构成了一个自适应滤波器,其可以在载体不同机动状态下自适应调整权值以克服扰动对姿态估计的影响。Yin 提出了一种混合动态滤波算法，即将线性状态和非线性状态分离，并分别用线性滤波算法和非线性滤波算法进行估计。

5.2 卡尔曼滤波及其扩展

KF 是一种高效的递归滤波器，它能够从一系列包含统计噪声的测量数据中估计动态系统的状态，被广泛应用于统计学、信号处理、控制工程等领域。

5.2.1 卡尔曼滤波

KF 是一种线性最小方差估计算法，具有递推性。该算法使用状态空间法在时域内设计滤波器，适用于对多维随机过程(平稳、非平稳的)进行估计。KF 具有连续和离散两类算法，便于在计算机上实现。随着计算机技术的飞速发展，KF 理论作为一种最重要的估计理论被广泛应用于各个领域，组合导航系统是其应用较成功的一个领域。

KF 的状态估计过程是：首先由前一时刻的状态估计向量，通过状态方程求得观测时刻的一步预测值；然后，根据当前时刻实时观测值和先验信息，计算预测残差，从而求得最优估计值。

设随机线性离散系统的状态方程和测量方程为

$$\begin{cases}\boldsymbol{X}_k=\boldsymbol{\Phi}_{k,k-1}\boldsymbol{X}_{k-1}+\boldsymbol{\Gamma}_{k-1}\boldsymbol{W}_{k-1}\\ \boldsymbol{Z}_k=\boldsymbol{H}_k\boldsymbol{X}_k+\boldsymbol{V}_k\end{cases}\tag{5-1}$$

式中，$\boldsymbol{X}_k$ 为 k 时刻的 n 维状态矢量，也是被估计矢量；$\boldsymbol{Z}_k$ 为 k 时刻的 m 维测量矢量；$\boldsymbol{\Phi}_{k,k-1}$ 为 $k-1$ 时刻到 k 时刻的系统一步转移矩阵($n\times n$ 阶)；$\boldsymbol{W}_{k-1}$ 为 $k-1$ 时刻的系统噪声(r 维)；$\boldsymbol{\Gamma}_{k-1}$ 为系统噪声矩阵($n\times r$ 阶)，表征由 $k-1$ 时刻到 k 时刻的系统噪声分别影响 k 时刻各状态的程度；$\boldsymbol{H}_k$ 为 k 时刻的测量矩阵($m\times n$ 阶)；$\boldsymbol{V}_k$ 为 k 时刻的 m 维测量噪声。

KF 要求 $\{\boldsymbol{W}_k\}$ 和 $\{\boldsymbol{V}_k\}$ 为互不相关的零均值白噪声序列，有

$$\begin{cases}E\{\boldsymbol{W}_k\boldsymbol{V}_j^{\mathrm{T}}\}=\boldsymbol{Q}_k\delta_{kj}\\ E\{\boldsymbol{V}_k\boldsymbol{V}_j^{\mathrm{T}}\}=\boldsymbol{R}_k\delta_{kj}\end{cases}\tag{5-2}$$

式中，$\boldsymbol{Q}_k$ 和 $\boldsymbol{R}_k$ 分别为系统噪声和测量噪声的方差矩阵，在 KF 中分别要求为已知数值的非负定阵和正定阵；δ_{kj} 是 Kronecker δ 函数，即

$$\delta_{kj}=\begin{cases}0,\ k\neq 0\\ 1,\ k=j\end{cases}\tag{5-3}$$

KF 方程主要包括状态一步预测方程、状态估值计算方程、滤波增益方程、一步预测均方误差方程和估计均方误差阵方程。

1. 状态一步预测方程

状态一步预测方程为

$$\hat{\boldsymbol{X}}_{k,k-1}=\boldsymbol{\Phi}_{k,k-1}\hat{\boldsymbol{X}}_{k-1}\tag{5-4}$$

式中，$\hat{\boldsymbol{X}}_{k-1}$ 是状态矢量 $\boldsymbol{X}_{k-1}$ 的 KF 估值，其可认为是利用 $k-1$ 时刻及以前时刻的测量值计算得到的；$\hat{\boldsymbol{X}}_{k,k-1}$ 是利用 $\hat{\boldsymbol{X}}_{k-1}$ 计算得到的对 $\boldsymbol{X}_k$ 的一步预测，也可以认为是利用 $k-1$

时刻及以前时刻的测量值计算得到的 $\boldsymbol{X}_k$ 的一步预测。

2. 状态估值计算方程

状态估值计算方程为

$$\hat{\boldsymbol{X}}_k = \hat{\boldsymbol{X}}_{k,k-1} + \boldsymbol{K}_k(\boldsymbol{Z}_k - \boldsymbol{H}_k\hat{\boldsymbol{X}}_{k,k-1}) \tag{5-5}$$

式中，$\hat{\boldsymbol{X}}_k$ 是在一步预测$\hat{\boldsymbol{X}}_{k,k-1}$ 的基础上根据测量矢量 $\boldsymbol{Z}_k$ 计算出来的。式(5-5)中等号右边括号中的内容可根据式(5-1)改写为

$$\boldsymbol{Z}_k - \boldsymbol{H}_k\hat{\boldsymbol{X}}_{k,k-1} = \boldsymbol{H}_k\boldsymbol{X}_k + \boldsymbol{V}_k - \boldsymbol{H}_k\hat{\boldsymbol{X}}_{k,k-1} = \boldsymbol{H}_k\tilde{\boldsymbol{X}}_{k,k-1} + \boldsymbol{V}_k \tag{5-6}$$

式中，$\tilde{\boldsymbol{X}}_{k,k-1}$ 称为一步预测误差。若将 $\boldsymbol{H}_k\hat{\boldsymbol{X}}_{k,k-1}$ 看作是测量矢量 $\boldsymbol{Z}_k$ 的一步预测，则 $\boldsymbol{Z}_k - \boldsymbol{H}_k\hat{\boldsymbol{X}}_{k,k-1}$ 就是测量矢量 $\boldsymbol{Z}_k$ 的一步预测误差。它由两部分组成：一部分是一步预测 $\hat{\boldsymbol{X}}_{k,k-1}$ 的误差 $\boldsymbol{H}_k\tilde{\boldsymbol{X}}_{k,k-1}$，一部分是测量误差 $\boldsymbol{V}_k$。$\tilde{\boldsymbol{X}}_{k,k-1}$ 正是在$\hat{\boldsymbol{X}}_{k,k-1}$ 的基础上估计$\hat{\boldsymbol{X}}_k$ 需要的信息，因此又称 $\boldsymbol{Z}_k - \boldsymbol{H}_k\hat{\boldsymbol{X}}_{k,k-1}$ 为新息。

式(5-6)通过新息将$\tilde{\boldsymbol{X}}_{k,k-1}$ 估计出来，并加到$\hat{\boldsymbol{X}}_{k,k-1}$ 中，从而得到估值$\hat{\boldsymbol{X}}_k$。$\tilde{\boldsymbol{X}}_{k,k-1}$ 的估值方法就是将新息左乘系数矩阵 $\boldsymbol{K}_k$，即得式(5-5)等号右边第二项，$\boldsymbol{K}_k$ 称为滤波增益矩阵。$\tilde{\boldsymbol{X}}_{k,k-1}$ 可认为是由 $k-1$ 时刻及以前时刻的测量值计算得到的，而$\tilde{\boldsymbol{X}}_{k,k-1}$ 的估值是由新息(其中包括 $\boldsymbol{Z}_k$)计算得到的，因此$\hat{\boldsymbol{X}}_k$ 可认为是由 k 时刻及以前时刻的测量值计算得到的。

3. 滤波增益方程

滤波增益方程为

$$\boldsymbol{K}_k = \boldsymbol{P}_{k,k-1}\boldsymbol{H}_k^{\mathrm{T}}(\boldsymbol{H}_k\boldsymbol{P}_{k,k-1}\boldsymbol{H}_k^{\mathrm{T}} + \boldsymbol{R}_k)^{-1} \tag{5-7}$$

式中，$\boldsymbol{K}_k$ 选取的标准是 KF 的估计准则，其要使估值$\hat{\boldsymbol{X}}_k$ 的均方误差阵最小。式(5-7)中 $\boldsymbol{P}_{k,k-1}$ 是一步预测均方误差阵，即

$$\boldsymbol{P}_{k,k-1} \overset{\mathrm{def}}{=} E\{\tilde{\boldsymbol{X}}_{k,k-1}\tilde{\boldsymbol{X}}_{k,k-1}^{\mathrm{T}}\} \tag{5-8}$$

由于$\hat{\boldsymbol{X}}_{k,k-1}$ 具有无偏性，即$\tilde{\boldsymbol{X}}_{k,k-1}$ 的均值为零，所以 $\boldsymbol{P}_{k,k-1}$ 也称为一步预测误差方差阵。式(5-7)中的 $\boldsymbol{H}_k\boldsymbol{P}_{k,k-1}\boldsymbol{H}_k^{\mathrm{T}}$ 和 $\boldsymbol{R}_k$ 分别是新息中 $\boldsymbol{H}_k\tilde{\boldsymbol{X}}_{k,k-1}$ 和 $\boldsymbol{V}_k$ 的均方阵。

如果状态矢量 $\boldsymbol{X}_k$ 和测量矢量 $\boldsymbol{Z}_k$ 都是一维的，从式(5-7)中可以看出：若 $\boldsymbol{R}_k$ 大，$\boldsymbol{K}_k$ 就小，说明新息中$\tilde{\boldsymbol{X}}_{k,k-1}$ 的比例小，所以系数就取得小，也就是对测量矢量的信赖和利用程度小；若 $\boldsymbol{P}_{k,k-1}$ 大，说明新息比例大，系数就应取得比较大，也就是对测量矢量的信赖和利用的程度大。

4. 一步预测均方误差方程

一步预测均方误差方程为

$$\boldsymbol{P}_{k,k-1} = \boldsymbol{\Phi}_{k,k-1}\boldsymbol{P}_{k-1}\boldsymbol{\Phi}_{k,k-1}^{\mathrm{T}} + \boldsymbol{\Gamma}_{k-1}\boldsymbol{Q}_{k-1}\boldsymbol{\Gamma}_{k-1}^{\mathrm{T}} \tag{5-9}$$

式中，$\boldsymbol{P}_{k-1}$ 为$\hat{\boldsymbol{X}}_{k-1}$ 的均方误差阵，即

$$\boldsymbol{P}_{k-1} \overset{\mathrm{def}}{=} \boldsymbol{E}\{\tilde{\boldsymbol{X}}_{k-1}\tilde{\boldsymbol{X}}_{k-1}^{\mathrm{T}}\} \tag{5-10}$$

其中，$\tilde{\boldsymbol{X}}_{k-1} \overset{\mathrm{def}}{=} \boldsymbol{X}_{k-1} - \hat{\boldsymbol{X}}_{k-1}$ 为$\hat{\boldsymbol{X}}_{k-1}$ 的估计误差。从式(5-9)可以看出，一步预测均方误差阵 $\boldsymbol{P}_{k,k-1}$ 是从估计均方误差阵 $\boldsymbol{P}_{k-1}$ 转移过来的，同时还要加上系统噪声方差的影响。

式(5－4)～式(5－8)所表示的方程基本说明了从 $\boldsymbol{Z}_k$ 到$\hat{\boldsymbol{X}}_k$ 的计算过程。计算除了必须已知 $\boldsymbol{\Phi}_{k,k-1}$ 和 $\boldsymbol{H}_k$，以及噪声方差矩阵 $\boldsymbol{Q}_{k-1}$ 和 $\boldsymbol{R}_k$ 外，还必须有上一步的估值 $\hat{\boldsymbol{X}}_{k-1}$ 和 $\boldsymbol{H}_k$。同时，还需要计算下一步所用到的 $\boldsymbol{P}_k$。

5. 估计均方误差阵方程

估计均方误差阵方程有两种形式，分别为

$$\boldsymbol{P}_k=(\boldsymbol{I}-\boldsymbol{K}_k\boldsymbol{H}_k)\boldsymbol{P}_{k,k-1}(\boldsymbol{I}-\boldsymbol{K}_k\boldsymbol{H}_k)^{\mathrm{T}}+\boldsymbol{K}_k\boldsymbol{R}_k\boldsymbol{K}_k^{\mathrm{T}} \tag{5-11}$$

$$\boldsymbol{P}_k=(\boldsymbol{I}-\boldsymbol{K}_k\boldsymbol{H}_k)\boldsymbol{P}_{k,k-1} \tag{5-12}$$

其中，式(5－12)计算量小，有舍入误差，不能保证计算出的 $\boldsymbol{P}_k$ 始终是对称的；而式(5－11)刚好相反。计算时可以根据系统的具体情况和要求选用其中一个方程。如果把式(5－11)和式(5－12)中的 $\boldsymbol{K}_k$ 理解成滤波估计的具体体现，则两个方程都说明了 $\boldsymbol{P}_k$ 是在 $\boldsymbol{P}_{k-1}$ 的基础上经滤波估计演变而来。式(5－12)更直接地表明，由于滤波估计的作用，$\hat{\boldsymbol{X}}_k$ 的均方误差阵 $\boldsymbol{P}_k$ 比$\hat{\boldsymbol{X}}_{k,k-1}$ 的均方误差阵 $\boldsymbol{P}_{k-1}$ 小。

以上 KF 方程中，式(5－6)和式(5－10)称为时间修正方程，其他几个方程称为测量修正方程。

图 5－1 表示的是第 k 步的估计过程：$\hat{\boldsymbol{X}}_{k-1}$ 到$\hat{\boldsymbol{X}}_k$ 的计算是一个递推循环过程，所得的 $\hat{\boldsymbol{X}}_k$ 是滤波器的主要输出量；从 $\boldsymbol{P}_{k-1}$ 到 $\boldsymbol{P}_k$ 的计算是另一个递推循环过程，主要为计算$\hat{\boldsymbol{X}}_k$ 提供$\boldsymbol{K}_k$。其中 $\boldsymbol{P}_k$ 除了用于计算下一步的 $\boldsymbol{K}_{k+1}$ 外，还用于表征滤波器估计性能的好坏。将 $\boldsymbol{P}_k$ 阵的对角线元素求取平均根，就可以得到各状态估值的误差均方差，其数值是统计意义上衡量估计精度的直接依据。滤波开始时，必须有初始值$\hat{\boldsymbol{X}}_0$ 和 $\boldsymbol{P}_0$ 才能进行估计，即$\hat{\boldsymbol{X}}_0$ 和 $\boldsymbol{P}_0$ 的值必须给定。

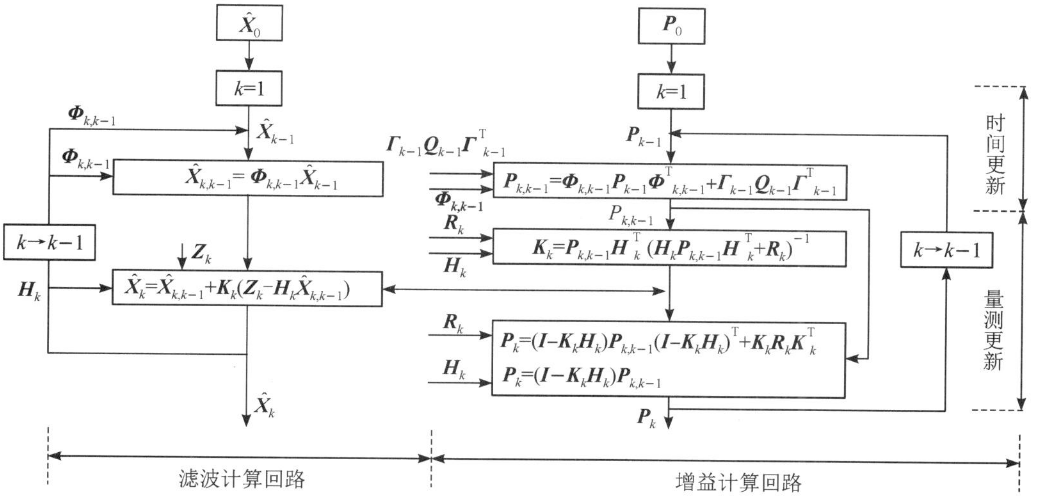

图 5－1　KF 框图

就实现形式而言，KF 实质上是一种递推算法，每个递推周期中包含对被估计量的时间更新和测量数据更新两个过程。时间更新由上一步的测量数据更新结果和设计 KF 时的先验信息确定；测量数据更新则是在时间更新的基础上根据实时获得的测量数据确定。这种方法不需要了解过去时刻的测量值，只需根据当前时刻的测量值和前一时刻的估计值，借助于系统本身的状态方程，按一套递推公式，即可计算出所需信号当前时刻的估计值，因此数据存储量小、实时性强，便于实际的工程应用。此外，KF 具有较好的滤波性能：在线性高斯白噪声条件下滤波过程能得到一致线性最小方差无偏的状态估计；且与最小二乘估计不同的是，KF 不仅考虑了测量结果，而且采用了系统的理论动态模型，用后者进行外推（预估），再用前者进行校正。正是由于 KF 的这些优点，它很快被应用于各个领域，特别是目标跟踪和状态估计。

5.2.2 扩展卡尔曼滤波

在实际应用中，传统 KF 只应用于线性系统，它的处理噪声和测量噪声可以看成白噪声。但并非所有系统都是线性系统，对于非线性系统，用 KF 技术直接处理会遇到一些问题，所以 EKF 被提出。

EKF 算法的原理是将状态方程和观测方程中的非线性部分用泰勒级数展开，并略去非线性项，之后再按照 KF 的方法进行运算。EKF 的实质就是通过线性化而达到渐进最优贝叶斯决策的特殊状态估计。

泰勒中值定理可表述为：如果函数 $f(x)$ 在含有 x_0 的某些开区间 (a, b) 内具有直到 $n+1$ 阶的导数，则对任一 $x\in(a, b)$，有

$$f(x)=f(x_0)+f'(x_0)(x-x_0)+\frac{f''(x_0)}{2!}(x-x_0)^2+\cdots+$$

$$\frac{f^{(n)}(x_0)}{n!}(x-x_0)^n+R_n(x) \tag{5-13}$$

$$R_n(x)=\frac{f^{(n+1)}(\xi)}{(n+1)!}(x-x_0)^{n+1} \tag{5-14}$$

式中，ξ 是 x_0 与 x 之间的某个值。

设离散非线性系统满足：

$$\begin{cases}\boldsymbol{X}_k=f(\boldsymbol{X}_{k-1}, k-1)+\boldsymbol{W}_{k-1}\\ \boldsymbol{Y}_k=h(\boldsymbol{X}_k, k)+\boldsymbol{V}_k\end{cases} \tag{5-15}$$

式中，$\boldsymbol{X}_k$ 为状态向量，$f(\cdot)$ 为非线性状态转移矩阵函数，$\boldsymbol{Y}_k$ 为测量向量，$h(\cdot)$ 为非线性测量矩阵函数，$\boldsymbol{W}_k\sim\boldsymbol{N}(0, \boldsymbol{Q})$ 为系统噪声序列，$\boldsymbol{V}_k\sim\boldsymbol{N}(0, \boldsymbol{R})$ 为测量噪声序列。

EKF 把非线性方程进行线性化的近似，再进行 KF。对式(5-15)中的非线性状态转移矩阵函数 $f(\boldsymbol{X}_{k-1}, k-1)$ 在 $\hat{\boldsymbol{X}}_{k-1}$ 附近用泰勒级数展开，并略去二阶及以上项，即

$$\boldsymbol{X}_k\approx f(\hat{\boldsymbol{X}}_{k-1}, k-1)+\left.\frac{\partial f}{\partial \boldsymbol{X}}\right|_{\boldsymbol{X}_{k-1}=\hat{\boldsymbol{X}}_{k-1}}(\boldsymbol{X}_{k-1}-\hat{\boldsymbol{X}}_{k-1}) \tag{5-16}$$

类似地，对式(5-15)中的非线性测量矩阵函数 $h(\boldsymbol{x}_k, k)$ 在预测状态 $\hat{\boldsymbol{X}}_{k,k-1}$ 处用泰勒级数展开，并略去二阶及以上项，得

$$\boldsymbol{Y}_k=h(\hat{\boldsymbol{X}}_{k,k-1}, k-1)+\left.\frac{\partial h}{\partial \boldsymbol{X}}\right|_{\boldsymbol{X}_k=\hat{\boldsymbol{X}}_{k,k-1}}(\boldsymbol{X}_{k-1}-\hat{\boldsymbol{X}}_{k,k-1})+\boldsymbol{V}(k) \tag{5-17}$$

如图 5-2 所示，EKF 算法具体步骤包括初始化、求雅可比矩阵、时间更新（预测）和测量更新（预测）。

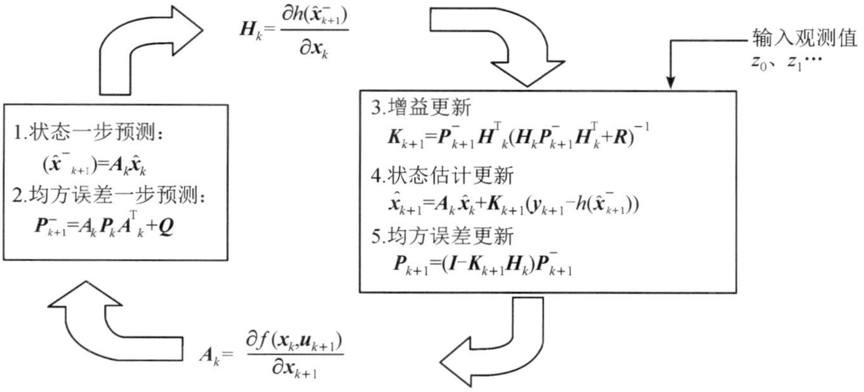

图 5-2　EKF 算法流程图

(1) 初始化。

$$\hat{\boldsymbol{X}}_0=E[\boldsymbol{X}_0];\ \hat{\boldsymbol{P}}_0=\mathrm{var}[\boldsymbol{X}_0] \tag{5-18}$$

(2) 求雅可比矩阵。

$$\begin{cases}\boldsymbol{A}_k=\left.\dfrac{\partial f}{\partial \boldsymbol{X}}\right|_{\boldsymbol{X}_{k-1}=\hat{\boldsymbol{X}}_{k-1}}\\[2ex]\boldsymbol{H}_k=\left.\dfrac{\partial h}{\partial \boldsymbol{X}}\right|_{\boldsymbol{X}_k=\hat{\boldsymbol{X}}_{k,k-1}}\end{cases} \tag{5-19}$$

(3) 时间更新(预测)和测量更新(预测)。其中时间更新(预测)包括:

① 向前推算状态变量。

$$\boldsymbol{X}_{k,k-1}=f(\boldsymbol{X}_{k-1,k-1}) \tag{5-20}$$

② 向前推算误差协方差。

$$\boldsymbol{P}_{k,k-1}=\boldsymbol{A}_k\boldsymbol{P}_{k-1,k-1}\boldsymbol{A}_k^{\mathrm{T}}+\boldsymbol{Q} \tag{5-21}$$

测量更新(预测)包括:

① 计算增益矩阵。

$$\boldsymbol{K}=\boldsymbol{P}_{k,k-1}\boldsymbol{H}_k^{\mathrm{T}}(\boldsymbol{H}_k\boldsymbol{P}_{k,k-1}\boldsymbol{H}_k^{\mathrm{T}}+\boldsymbol{R})^{-1} \tag{5-22}$$

② 由测量变量 $\boldsymbol{Y}$ 更新估计。

$$\boldsymbol{X}_{k,k}=\boldsymbol{X}_{k,k-1}+\boldsymbol{K}(\boldsymbol{Y}_k-\boldsymbol{H}_k\boldsymbol{A}_k\boldsymbol{X}_{k,k-1}) \tag{5-23}$$

式(5-23)右端的第二项表示校正项,其中括号内的项称为新息;$\boldsymbol{K}$ 称为增益矩阵。因此扩展卡尔曼滤波算法可直观表述为在一步最优预测估值的基础上增加新息校正。新息是由第 $k+1$ 步观测决定的,其中包含由噪声引起的观测误差。增益矩阵 $\boldsymbol{K}$ 对它有调节作用,当噪声很大时 $\boldsymbol{K}$ 会自动地取较小的值,反之则取较大的值。

③ 更新误差协方差。

$$\boldsymbol{P}_{k,k}=(\boldsymbol{I}-\boldsymbol{K}\boldsymbol{H}_k)\boldsymbol{P}_{k,k-1} \tag{5-24}$$

$k=k+1$;转至第(3)步。

5.2.3 扩展卡尔曼滤波典型应用

根据陀螺仪角速率输出和辅助测量信息建立航姿系统的加性非线性系统模型,包括状态方程和测量方程，描述系统的动态变化过程。

1. 状态方程

MIMU 固连于载体上，用于测量载体的姿态变化。记 $\boldsymbol{u}$ 为陀螺仪输出值，考虑陀螺仪零偏误差，载体角速度可表示为

$$\begin{cases}\boldsymbol{\omega}=\boldsymbol{u}-\Delta\boldsymbol{\omega}\\ \Delta\dot{\boldsymbol{\omega}}=\boldsymbol{0}\end{cases}\tag{5-25}$$

其中，$\boldsymbol{\omega}=[\omega_x\ \omega_y\ \omega_z]^{\mathrm{T}}$ 为载体相对于惯性系的角速度，$\Delta\boldsymbol{\omega}=[\Delta\omega_x\ \ \Delta\omega_y\ \ \Delta\omega_z]^{\mathrm{T}}$ 为陀螺仪零偏误差。

为消除陀螺仪零偏误差，将零偏误差引入状态变量实时估计。定义状态变量为 $\boldsymbol{x}=[x_1\ x_2\ x_3\ x_4\ x_5\ x_6\ x_7]^{\mathrm{T}}=[\boldsymbol{q}\ \Delta\boldsymbol{\omega}]^{\mathrm{T}}$，$\boldsymbol{q}=[q_0\ q_1\ q_2\ q_3]^{\mathrm{T}}$ 为姿态四元数。基于四元数的姿态运动方程满足：

$$\dot{\boldsymbol{q}}=\frac{1}{2}\boldsymbol{\Omega}(\boldsymbol{\omega})\boldsymbol{q}\tag{5-26}$$

式中，$\boldsymbol{\Omega}(\boldsymbol{\omega})=\begin{bmatrix}0 & -\boldsymbol{\omega}^{\mathrm{T}}\\ \boldsymbol{\omega} & -[\boldsymbol{\omega}_\times]\end{bmatrix}$，$[\boldsymbol{\omega}_\times]=\begin{bmatrix}0 & -\omega_z & \omega_y\\ \omega_z & 0 & -\omega_x\\ -\omega_y & \omega_x & 0\end{bmatrix}$。

根据式(5-25)和(5-26)，建立状态方程为

$$\dot{\boldsymbol{x}}=f(\boldsymbol{x},\ \boldsymbol{u})+\boldsymbol{w}\tag{5-27}$$

式中，$\boldsymbol{w}$ 为随机独立的零均值高斯白噪声序列，且

$$\boldsymbol{w}\sim N(0,\ \boldsymbol{Q})$$

$$f(\boldsymbol{x},\ \boldsymbol{u})=\begin{bmatrix}0.5\boldsymbol{\Omega}(\boldsymbol{u}-\Delta\boldsymbol{\omega})\boldsymbol{q}\\ \boldsymbol{0}\end{bmatrix}=\begin{bmatrix}-0.5(x_2\omega_x+x_3\omega_y+x_4\omega_z)\\ 0.5(x_1\omega_x-x_4\omega_y+x_3\omega_z)\\ 0.5(x_4\omega_x+x_1\omega_y-x_2\omega_z)\\ -0.5(x_3\omega_x-x_2\omega_y-x_1\omega_z)\\ 0\\ 0\\ 0\end{bmatrix}$$

2. 测量方程

当载体处于静止和匀速状态时，加速度计对重力场分量敏感，可根据重力场分量得到载体的倾角为

$$\begin{cases}\theta_{\mathrm{acc}}=-\arcsin(a_x)\\ \phi_{\mathrm{acc}}=\arctan\left(\dfrac{a_y}{a_z}\right)\end{cases}\tag{5-28}$$

其中，θ_{acc} 和 ϕ_{acc} 为加速度计估计的俯仰角和横滚角，a_x、a_y 和 a_z 分别为加速度计各个轴向的测量值。

定义测量变量 $\boldsymbol{z}=[\phi\ \ \theta]^{\mathrm{T}}$，根据四元数与欧拉角间的对应关系，测量方程表示为

$$\boldsymbol{z}=h(\boldsymbol{x})=\begin{bmatrix}\mathrm{atan2}[2(x_4x_3+x_2x_1)\quad 1-2(x_3^2+x_2^2)]\\ \arcsin[2(x_1x_3-x_2x_4)]\end{bmatrix}\tag{5-29}$$

3. 算法设计

对公式(5-27)和(5-29)进行离散化，则离散非线性系统模型可表示为

$$\begin{cases}\boldsymbol{x}_{k+1}=f(\boldsymbol{x}_k,\ \boldsymbol{u}_k)+\boldsymbol{w}_k\\ \boldsymbol{z}_k=h(\boldsymbol{x}_k)+\boldsymbol{v}_k\end{cases}\tag{5-30}$$

式中，$\boldsymbol{w}_k$ 和 $\boldsymbol{v}_k$ 分别为过程噪声和测量噪声，相互独立且为与状态变量 $\boldsymbol{x}_k$ 无关的零均值高斯白噪声，其方差分别为 $\boldsymbol{Q}$ 和 $\boldsymbol{R}$。

EKF 最突出的优点是它的递推性和实时性。在一个滤波周期内，从使用系统信息和测量信息的先后次序来看，EKF 具有两个明显的信息更新过程：时间更新过程和测量更新过程。具体步骤如下：

(1) 初始化。EKF 不需要过去全部的观测值，它根据前一个估计值和最近一个估计信号的当前值，用状态方程和递推方法进行估计，因而 EKF 是一种递推算法，必须先给定初值 $\hat{\boldsymbol{x}}_0$ 和 $\boldsymbol{P}_0$。

(2) 状态一步预测。状态一步预测公式为

$$\hat{\boldsymbol{x}}_{k+1}^{-}=\boldsymbol{A}_k\hat{\boldsymbol{x}}_k\tag{5-31}$$

其中，$\boldsymbol{A}_k=\dfrac{\partial f(\hat{\boldsymbol{x}}_k,\ \boldsymbol{u}_{k+1})}{\partial \boldsymbol{x}_{k+1}}$为状态转移矩阵。根据公式(5-25)和(5-26)，可得

$$\boldsymbol{A}=\boldsymbol{I}_{7\times7}+\frac{1}{2}\mathrm{d}t\begin{bmatrix}0 & -\omega_x+x_5 & -\omega_y+x_6 & -\omega_z+x_7 & x_2 & x_3 & x_4\\ \omega_x-x_5 & 0 & \omega_z-x_7 & -\omega_y+x_6 & -x_1 & x_4 & -x_3\\ \omega_y-x_6 & -\omega_z+x_7 & 0 & \omega_x+x_5 & -x_4 & -x_1 & x_2\\ \omega_z-x_7 & \omega_y-x_6 & -\omega_x+x_5 & 0 & x_3 & -x_2 & -x_1\\ & & & & 0 & & \\ & & & & & 0 & \\ & & & & & & 0\end{bmatrix}$$

(3) 均方误差一步预测。均方误差一步预测方法为

$$\boldsymbol{P}_{k+1}^{-}=\boldsymbol{A}_k\boldsymbol{P}_k\boldsymbol{A}_k^{\mathrm{T}}+\boldsymbol{Q}\tag{5-32}$$

(4) 增益更新。增益更新的方法为

$$\boldsymbol{K}_{k+1}=\boldsymbol{P}_{k+1}^{-}\boldsymbol{H}_k^{\mathrm{T}}(\boldsymbol{H}_k\boldsymbol{P}_{k+1}^{-}\boldsymbol{H}_k^{\mathrm{T}}+\boldsymbol{R})^{-1}\tag{5-33}$$

式中，测量转移矩阵

$$\boldsymbol{H}_k=\frac{\partial h(\hat{x}_{k+1}^{-})}{\partial x_k}=\begin{bmatrix}\dfrac{\partial\phi}{\partial x_1} & \dfrac{\partial\phi}{\partial x_2} & \dfrac{\partial\phi}{\partial x_3} & \dfrac{\partial\phi}{\partial x_4} & 0 & 0 & 0\\ \dfrac{\partial\theta}{\partial x_1} & \dfrac{\partial\theta}{\partial x_2} & \dfrac{\partial\theta}{\partial x_3} & \dfrac{\partial\theta}{\partial x_4} & 0 & 0 & 0\end{bmatrix}$$

$$=\begin{bmatrix}\dfrac{2x_2c_{33}}{c_{33}^2+c_{32}^2} & \dfrac{2(x_1c_{33}+2x_2c_{32})}{c_{33}^2+c_{32}^2} & \dfrac{2(x_4c_{33}+2x_3c_{32})}{c_{33}^2+c_{32}^2} & \dfrac{2x_3c_{33}}{c_{33}^2+c_{32}^2} & 0 & 0 & 0\\ \dfrac{2x_3}{\sqrt{1-c_{31}^2}} & \dfrac{-2x_4}{\sqrt{1-c_{31}^2}} & \dfrac{2x_1}{\sqrt{1-c_{31}^2}} & \dfrac{-2x_2}{\sqrt{1-c_{31}^2}} & 0 & 0 & 0\end{bmatrix}$$

其中，

$$c_{11}=1-2(x_3^2+x_4^2)$$

$$c_{33}=1-2(x_3^2+x_2^2)$$

$$c_{21}=2(x_3x_2+x_1x_4)$$

$$c_{31}=2(x_4x_2-x_1x_3)$$

$$c_{32}=2(x_1x_2+x_3x_4)$$

(5) 状态估计更新。状态估计更新方法为

$$\hat{\boldsymbol{x}}_{k+1}=\boldsymbol{A}_k\hat{\boldsymbol{x}}_k+\boldsymbol{K}_{k+1}(\boldsymbol{y}_{k+1}-h(\hat{\boldsymbol{x}}_{k+1}^-)) \tag{5-34}$$

(6) 均方误差更新。均方误差更新方法为

$$\boldsymbol{P}_{k+1}=(\boldsymbol{I}-\boldsymbol{K}_{k+1}\boldsymbol{H}_k)\boldsymbol{P}_{k+1}^- \tag{5-35}$$

5.2.4 卡尔曼滤波及扩展卡尔曼滤波局限性

目前，工程上采用的滤波方法主要是 KF 和 EKF。KF 要求系统数学模型必须为线性，当组合导航系统模型具有非线性特性时，仍然采用线性模型描述组合导航系统及使用 KF 进行滤波，将会引起线性模型近似误差。以 INS-GPS 组合导航系统为例，通常该系统所采用的线性误差状态方程是在假定惯性导航系统姿态误差(失准角)为小量的条件下导出的。当微惯性传感器精度较差或载体作大机动运动时，惯性导航系统的失准角会很大，此时 INS-GPS 组合导航系统中的非线性因素不能忽略。传统的线性小误差方程就无法与实际系统相匹配，继续采用传统线性 KF 对系统线性小误差模型进行滤波，将会导致滤波状态发散。

尽管 EKF 在组合导航系统非线性滤波中得到了广泛应用，但它仍然具有理论局限性，具体表现在：

(1) 当系统非线性度较严重时，忽略泰勒展开式的高阶项将引起线性化误差增大，导致 EKF 的滤波误差增大甚至发散。

(2) 雅可比矩阵的求取复杂、计算量大，在实际应用中很难实施，有时甚至很难得到非线性函数的雅可比矩阵。

(3) EKF 将状态方程中的模型误差作为过程噪声来处理，且假设其为高斯白噪声，这与组合导航系统的实际噪声情况并不相符；同时，EKF 是以 KF 为基础推导得到的，其对系统初始状态的统计特性要求严格。

因此，EKF 关于系统模型不确定性的鲁棒较差。

5.3 互补滤波

互补滤波是一种基于传感器数据融合的算法，主要用于提高数据的准确性和稳定性。它通过结合不同传感器的优势，对数据进行互补处理，从而得到更加精确的结果。互补滤

波在航姿系统、机器人导航、智能家居等领域都有广泛的应用。

5.3.1 定义

互补滤波根据测量同一个信号 x 的不同传感器在噪声特性上的差异，从频域来分辨和消除测量噪声。互补滤波经常用于融合不同传感器的相似或者冗余数据来得到鲁棒性好的状态估计。如图 5-3 所示，$y_1=x+u_1$ 和 $y_2=x+u_2$ 分别代表不同传感器的测量值，其中 u_1 是高频噪声，u_2 是低频噪声。将含有高频噪声的测量值通过低通滤波器取出信号的低频分量，而含有低频噪声的测量值则通过高通滤波器取出信号的高频分量。当高、低通滤波器传递函数满足 $F_1(s)+F_2(s)=1$ 时，相加可重构出信号 $\hat{x}$，Laplace 形式表示为

$$\hat{X}(s)=F_1(s)Y_1+F_2(s)Y_2=X(s)+F_1(s)u_1(s)+F_2(s)u_2(s) \tag{5-36}$$

其中，$F_1(s)$为低通滤波器传递函数，$F_2(s)$为高通滤波器传递函数。

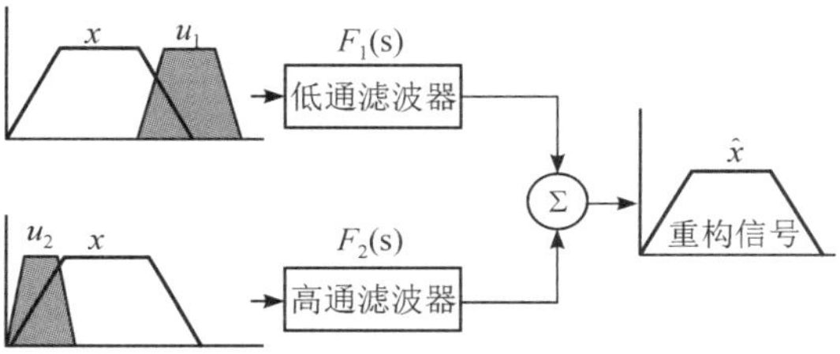

图 5-3　互补滤波器原理

由于陀螺仪的误差主要集中在低频段，加速度计在高频段测量误差比较大，两者在频域上具有互补性，因此可以采用互补滤波器得到全频段姿态估计。图 5-4 给出了横滚角的互补滤波示意图，俯仰角与此类似。$\dot{\phi}_g$ 为陀螺仪角速率经过转换得到的欧拉角速率，ϕ_a 是根据加速度计输出直接计算的横滚角。加速度计确定的姿态与估计值的差值经过反馈校正陀螺仪值，将校正后的陀螺仪值积分后作为横滚角估计值 $\hat{\phi}$，Laplace 形式表示为

$$\hat{\phi}=\frac{1}{s}(\dot{\phi}_g-\dot{\phi}_b)=\frac{1}{s}\dot{\phi}_g+\frac{k_p}{s}(\phi_a-\hat{\phi})+\frac{k_i}{s^2}(\phi_a-\hat{\phi}) \tag{5-37}$$

其中，$\dot{\phi}_b$ 近似陀螺仪慢变误差，k_p 和 k_i 分别为比例增益和积分增益。

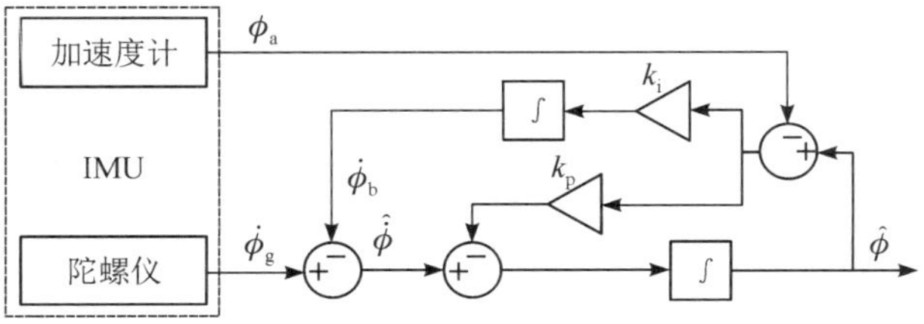

图 5-4　互补滤波示意图

根据式(5-37)，估计值 $\hat{\phi}$ 可以表示成

$$\hat{\phi}=\frac{s^2}{s^2+k_ps+k_i}\left(\frac{\dot{\phi}_g}{s}\right)+\frac{k_ps+k_i}{s^2+k_ps+k_i}\phi_a=F_1(s)\left(\frac{\dot{\phi}_g}{s}\right)+F_2(s)\phi_a \tag{5-38}$$

其中，$F_2(s)$为高通滤波器传递函数，用于消除陀螺仪的低频零偏误差；$F_1(s)$为低通滤波器传递函数，用于消除加速度计的高频误差；比例增益 k_p 和积分增益 k_i 与交接频率 ω 和阻尼 ζ 相关：

$$\begin{cases}k_i=\omega^2\\k_p=2\zeta\omega\end{cases} \tag{5-39}$$

其中，阻尼 ζ 一般取 0.707，以获得好的响应。

由式(5-38)可知，$\hat{\phi}$ 可以看作是陀螺仪积分值高通滤波和辅助传感器数据低通滤波后的叠加。高通和低通滤波器的交接频率如图 5-5 所示。

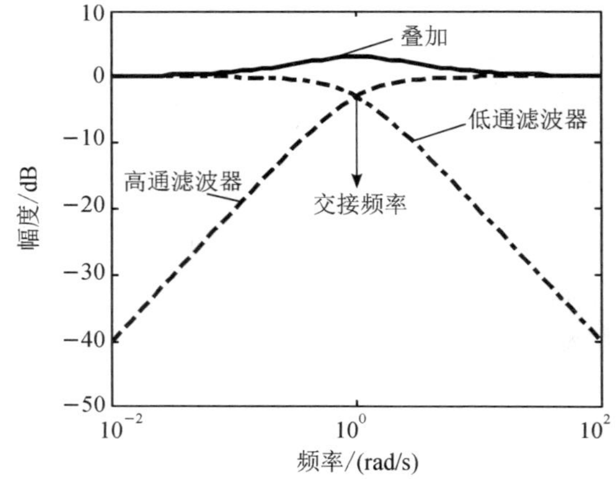

图 5-5　互补滤波器的交接频率

互补滤波器的关键是选择合适的交接频率。交接频率较低时，滤波结果主要依赖于陀螺仪，易受陀螺仪误差的影响；交接频率较高时，滤波结果主要依赖于加速度计，易受机动加速度的影响。传统互补滤波器采用固定的交接频率，这种方法仅适用于静止或低动态的载体。当机动加速度(往往是低频分量)较大时，低通滤波器会引入较大的机动加速度分量。

5.3.2 自适应互补滤波

在阴影模式下，由于没有 GPS 外部辅助信息，无法从根本上消除机动加速度。借鉴智能 PID 控制器的思想，阴影模式可采用模糊逻辑和 PI 互补滤波构成的自适应互补滤波算法，其原理如图 5-6 所示。设计模糊逻辑对机动状态进行判别，并在线调整 PI 互补滤波的增益参数，使得 PI 互补滤波能根据载体运动状态自适应调整交接频率。在低加速度情况下，自适应互补滤波通过合并陀螺仪和加速度计测量值来估计倾角；当处于高机动加速度状态下，其主要依靠陀螺仪信号来估计倾角。

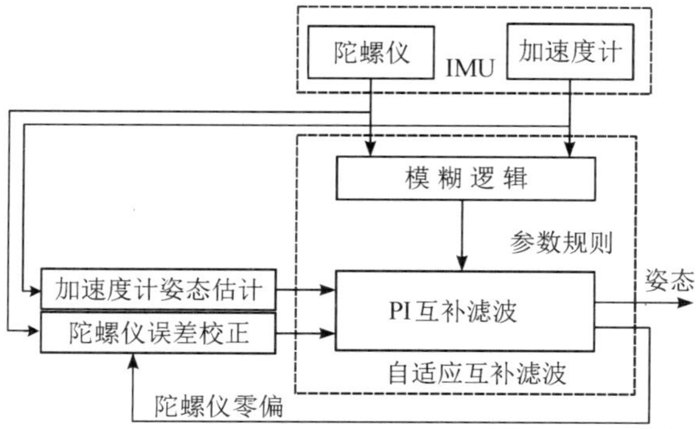

图 5-6　自适应互补滤波原理

载体运动过程中，加速度计的输出易受到加减速产生的纵向加速度和载体转弯产生的向心加速度等干扰。不同的机动加速度对横滚角和俯仰角影响不同，下面针对横滚角和俯仰角的模糊系统分别进行设计。

1. 基于横滚角的模糊系统设计

采用 Sugeno 模糊系统对载体姿态进行判断，该系统包括输入量和输出量模糊化、规则库建立、模糊推理几个部分。由于横滚角主要受到转弯时向心加速度的影响，而向心加速度与 z 轴角速率相关，z 轴角速率越大，对应的向心加速度也越大。因此，选择 z 轴陀螺仪角速率的幅值 $|\omega_z|$ 作为模糊系统的输入，交接频率的权值因子 α 作为模糊系统的输出。对 $|\omega_z|$ 进行模糊化，输入可划分为 S(小)、M(中)、B(大)三个模糊集合，如图 5-7 所示。输出划分为 NO(一般)、S(小)、XS(非常小)三个单值函数，如图 5-8 所示。

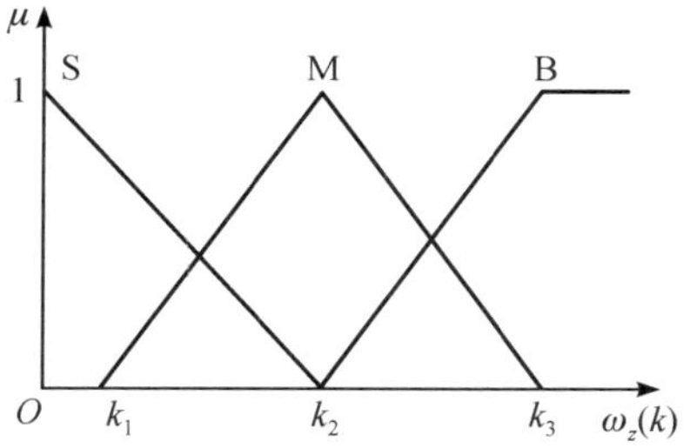

图 5-7　输入划分

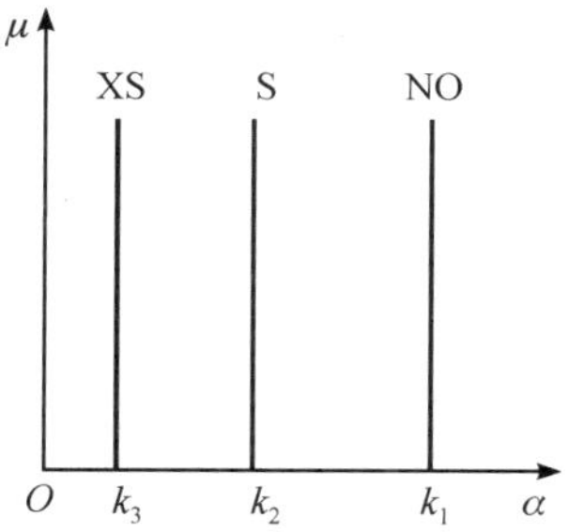

图 5-8　输出划分

零阶 Sugeno 模糊系统的模糊规则形式为

$$\text{If } |\omega_z| \text{ is } A_i,\ \text{then } \alpha = \alpha_i \tag{5-40}$$

式中，A_i 为第 i 条规则中的模糊集合，α_i 为第 i 条规则中对应的实数。当输入量激活 n 条规则时，输出 α 将由 n 条规则的输出 α_i 加权平均产生，即

$$\alpha = \sum_{i=1}^{n} u_i \alpha_i \tag{5-41}$$

其中，u_i 表示第 i 条规则在总输出中所占分量的比例系数，定义为

$$u_i = u_{A_i}[|\omega_z|] \tag{5-42}$$

通过模糊逻辑判断载体的机动状态，引入权值因子 α 不断对交接频率进行调整。此时，

互补滤波器的交接频率可表示为

$$\omega=\alpha\omega_0 \tag{5-43}$$

其中，ω_0 为参考频率（常数）。权值因子 α 应根据载体的运动调整。载体处于高动态时，利用加速度计估计的姿态角精度较低，在这种情况下应当降低权值因子 α，减小交接频率，以使得估计更依赖于陀螺仪值；相反，当载体处于低动态时，加速度计的输出可信度较高，此时，权值因子 α 应当调高，以使得估计中加速度计输出占更大的比重。对应的模糊规则如表 5-2 所示。

表 5-2 模糊规则

Rule	$\lvert\omega_z(k)\rvert$	α
1	S	NO
2	M	S
3	B	XS

2. 基于俯仰角的模糊系统设计

俯仰角主要受到纵向加速度的影响。纵向加速度包括载体加减速等速度变化产生的线性加速度分量和载体转弯时由侧滑角耦合到纵向的加速度分量。为了区分不同载体的运动状态，选择误差 $e(k)$ 和动态加速度参数 $m(k)$ 作为模糊系统的两个输入，权值因子 α 作为模糊系统的输出。其中，误差 $e(k)$ 和动态加速度参数 $m(k)$ 定义为

$$\begin{cases} e(k)=\left|f_x(k)-g\cdot\sin(\hat{\theta}(k-1))\right| \\ m(k)=\left|\sqrt{f_x^2(k)+f_y^2(k)+f_z^2(k)}-g\right| \end{cases} \tag{5-44}$$

式中，k 为当前时刻，$\hat{\theta}(k-1)$ 是前一时刻估计的俯仰角。对 $e(k)$ 和 $m(k)$ 进行模糊化，输入上的模糊集可划分为 S(小)、M(中)、B(大)三个模糊集合，如图 5-9 所示。

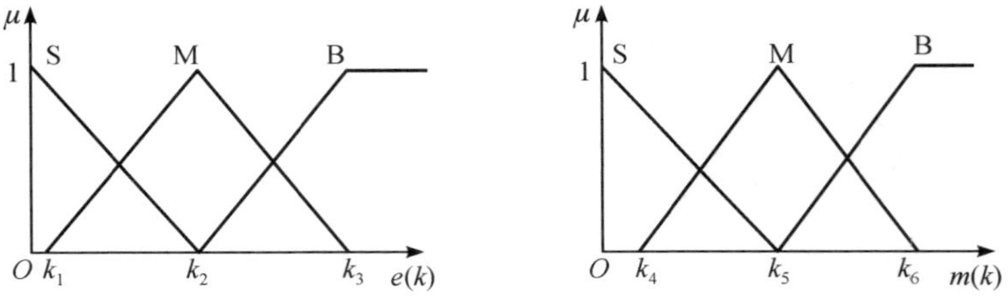

(a) 误差$e(k)$　(b) 动态加速度参数$m(k)$

图 5-9 输入划分

输出上的模糊集划分为：NO(一般)、S(小)、XS(非常小)、XXS(极其小)四个单值函数，如图 5-10 所示。

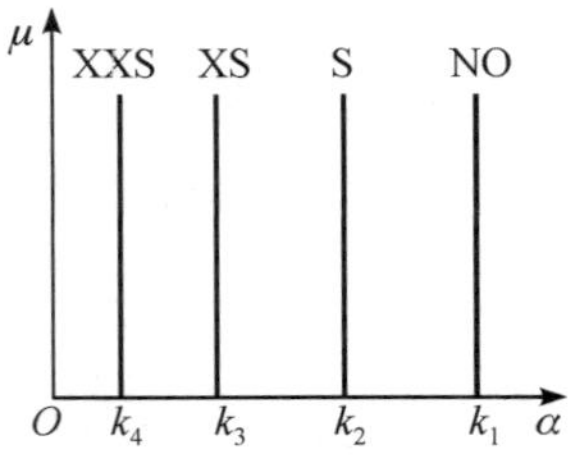

图 5-10 输出划分

零阶 Sugeno 模糊系统的模糊规则形式为

$$\text{If } e(k) \text{ is } A_i \text{ and } m(k) \text{ is } B_i\text{, then } \alpha=\alpha_i \tag{5-45}$$

式中，A_i 和 B_i 为第 i 条规则中的模糊集合，α_i 为第 i 条规则中对应的实数。当输入量激活 n 条规则时，输出 α 将由 n 条规则的输出 α_i 加权平均产生，即

$$\alpha = \sum_{i=1}^{n} u_i \alpha_i \tag{5-46}$$

其中，u_i 表示第 i 条规则在总输出中所占分量的比例系数，定义为

$$u_i = u_{A_i}[e(k)] \cdot u_{B_i}[m(k)] \tag{5-47}$$

即把规则中输入量 $e(k)$ 和 $m(k)$ 分别属于各 F 子集的隶属度相乘。

类似地，α 应根据载体的运动调整。载体处于高动态时，利用加速度计估计的姿态角精度较低，在这种情况下应当降低权值因子 α，减小交接频率，使得估计结果更倾向于陀螺仪值；相反，当载体处于低动态时，加速度计的数据可信度较高，由加速度计估计出的姿态角在融合中应占更大的比重，此时，权值因子 α 应当调高。对应的模糊规则如表 5-3 所示。

表 5-3　模糊规则

Rule	$e(k)$	$m(k)$	α
1	S	S	NO
2	S	M	S
3	S	B	XS
4	M	S	S
5	M	M	XS
6	M	B	XXS
7	B	S	XS
8	B	M	XXS
9	B	B	XXS

3. 基于同步扰动随机逼近算法的参数整定

模糊系统的相关参数往往需要辨识，其过程可看成参数优化问题。传统的优化算法如遗传算法(Genetic Algorithm，GA)、模拟退火(Simulated Annealing，SA)算法和最小二乘算法(Least Squares Method，LSM)等，在许多领域得到了应用。近年来，同步扰动随机逼近(Simultaneous Perturbation Stochastic Approximation，SPSA)算法作为一种利用对象的观测值估计未知函数的极值或未知方程解的自适应随机最优化技术，因高效且简单实用的特性，受到很多学者的关注。SPSA 算法最早由 Spall 在 1987 年首次提出，此后，Spall 在 1992 年对该方法进行了完整的讨论，在 1997 年提出了单一测量值形式的同步扰动随机逼近算法，在 2000 年提出了自适应的同步扰动随机逼近算法(2-SPSA)。因此，本节采用 SPSA 算法对参数进行优化，以选择最优的参数。

SPSA 算法主要用于解决优化问题，如最大化功能函数 $L(\boldsymbol{x})$ 即 $\max(L(\boldsymbol{x}))$，其中 $L(\boldsymbol{x})$ 为可微可测量的变量值，$\boldsymbol{x}$ 为一连续的 p 维可调的向量参数。$\max(L(\boldsymbol{x}))$ 可以归结为微分方程的求根问题，即寻找参数 $\boldsymbol{x}$ 的最优值 $\boldsymbol{x}^*$ 使其对应点的梯度为零：

$$g(\boldsymbol{x}^*) = \left.\frac{\partial L(\boldsymbol{x})}{\partial \boldsymbol{x}}\right|_{\boldsymbol{x}=\boldsymbol{x}^*} = 0 \tag{5-48}$$

针对式(5-48)的求根问题，令 $\hat{\boldsymbol{x}}_k$ 代表 $\boldsymbol{x}$ 第 k 次回归的估计值，$\hat{g}(\boldsymbol{x})$ 为 $g(\boldsymbol{x})$ 的同步扰

动估计，SPSA 中参数 $\boldsymbol{x}$ 的调节过程可描述为

$$\hat{\boldsymbol{x}}_{k+1}=\hat{\boldsymbol{x}}_k+a_k\hat{g}_k(\hat{\boldsymbol{x}}_k),\ k=0,\ 1,\ 2,\ \cdots \tag{5-49}$$

式中，$\hat{g}_k(\hat{\boldsymbol{x}}_k)$ 为梯度 $\frac{\partial L(\boldsymbol{x})}{\partial \boldsymbol{x}}$ 在第 k 步的估计值；a_k 称为步长因子，$\{a_k\}$ 满足：$a_k>0$，且 $k\rightarrow\infty$ 时，$a_k\rightarrow 0$，$\sum_{k=0}^{\infty}a_k=\infty$，$\sum_{k=0}^{\infty}a_k^2<\infty$，一般取 $a_k=\frac{a}{(A+k+1)^{\alpha}}$。

序列 $\{a_k\}$ 的选择是保证式(5-49)收敛的关键，而实现式(5-49)的核心是求出 $\hat{g}_k(\hat{\boldsymbol{x}}_k)$，这同其他逼近算法是相似的，而如何求出 $\hat{g}_k(\hat{\boldsymbol{x}}_k)$ 是同步扰动随机逼近算法与其他算法的区别。算法中梯度估计值的计算方法为

$$\hat{g}_k(\hat{\boldsymbol{x}}_k)=\begin{bmatrix}\dfrac{y(\hat{\boldsymbol{x}}_k+c_k\boldsymbol{\Delta}_k)-y(\hat{\boldsymbol{x}}_k-c_k\boldsymbol{\Delta}_k)}{2c_k\boldsymbol{\Delta}_{k1}}\\ \dfrac{y(\hat{\boldsymbol{x}}_k+c_k\boldsymbol{\Delta}_k)-y(\hat{\boldsymbol{x}}_k-c_k\boldsymbol{\Delta}_k)}{2c_k\boldsymbol{\Delta}_{k2}}\\ \vdots\\ \dfrac{y(\hat{\boldsymbol{x}}_k+c_k\boldsymbol{\Delta}_k)-y(\hat{\boldsymbol{x}}_k-c_k\boldsymbol{\Delta}_k)}{2c_k\boldsymbol{\Delta}_{kp}}\end{bmatrix}=\frac{y(\hat{\boldsymbol{x}}_k+c_k\boldsymbol{\Delta}_k)-y(\hat{\boldsymbol{x}}_k-c_k\boldsymbol{\Delta}_k)}{2c_k}\begin{bmatrix}\Delta_{k1}^{-1}\\ \Delta_{k2}^{-1}\\ \vdots\\ \Delta_{kp}^{-1}\end{bmatrix} \tag{5-50}$$

式中，c_k 称为小幅扰动值，$\{c_k\}$ 满足 $c_k>0$，且当 $k\rightarrow\infty$ 时，$c_k\rightarrow 0$，一般取 $c_k=\frac{c}{(k+1)^{\gamma}}$；$y(\boldsymbol{x})$ 为带噪声的功能函数的测量值，即 $y(\boldsymbol{x})=L(\boldsymbol{x})+\text{noise}$；随机扰动向量 $\boldsymbol{\Delta}_k=[\Delta_{k1}\ \ \Delta_{k2}\ \ \cdots\ \Delta_{kp}]^{\mathrm{T}}$ 为一个相互独立零均值的 p 维随机向量，每个参数都服从均值为零的分布。

从上述分析可以看出，SPSA 算法通过高效的同步扰动技术获得梯度的估计值，算法的最大优点就是每次梯度估计仅利用两次测量值而不用考虑所优化参数的维数大小，因此算法特别适用于高维的参数优化问题。同步扰动的概念就来源于向量 $\hat{\boldsymbol{x}}_k$ 所有分量的同步变化。

下面以横滚角为例，采用 SPSA 算法优化模糊系统的输入与输出隶属参数，待优化的参数向量定义为

$$\boldsymbol{x}=[k_1\ \ k_2\ \ k_3\ \ \kappa_1\ \ \kappa_2\ \ \kappa_3]^{\mathrm{T}} \tag{5-51}$$

其中，k_1、k_2 和 k_3 为输入隶属参数，κ_1、κ_2 和 κ_3 为输出隶属参数。

参数优化的目标是设计模糊系统的隶属参数，使得模糊自适应互补滤波器(Fuzzy Complementary Filter，FCF)估计的误差尽可能小。因此，定义目标函数为

$$L(x)=\frac{10}{M_{\theta}+S_{\theta}} \tag{5-52}$$

式中，$M_{\theta}=\max\limits_{k}|\hat{\phi}(k)-\phi_{\mathrm{r}}(k)|$，$S_{\theta}=\frac{1}{N}\sum_{k=1}^{N}(\hat{\phi}(k)-\phi_{\mathrm{r}}(k))^2$。

其中，ϕ_{r} 为参考值(由高精度航姿系统提供)，$\hat{\phi}$ 是估计角，N 为实测数据长度。基于同步扰动随机逼近的思想，本节提出了一种基于同步扰动随机逼近的参数优化算法。算法的具体步骤描述如下：

(1) 算法初始化和参数选择。令 $k=0$，设定初始值 $\hat{x}_0$，然后设定步长因子 $a_k=\frac{a}{(A+k+1)^{\alpha}}$ 和小幅扰动值 $c_k=\frac{c}{(k+1)^{\gamma}}$ 中的参数 a、c、A、α 及 γ。

（2）同时扰动向量的生成。令 $p=6$，利用随机模拟产生 6 维随机扰动向量 $\boldsymbol{\Delta}_k$，$\boldsymbol{\Delta}_k$ 中的每一个元素都具有独立分布、零均值的特性，即 $E\{\Delta_{ki}\}=0$，$i=1, 2$。这里以概率为$\frac{1}{2}$的伯努利±1 分布产生同步扰动随机向量。

（3）功能函数值的度量。利用前两步获得的随机扰动向量 $\boldsymbol{\Delta}_k$ 和小幅扰动值 c_k，得到 $\boldsymbol{x}_k+c_k\boldsymbol{\Delta}_k$ 和 $\boldsymbol{x}_k-c_k\boldsymbol{\Delta}_k$ 对应的功能函数值的近似值，分别记作 $L(\hat{\boldsymbol{x}}_k+c_k\boldsymbol{\Delta}_k)$和 $L(\hat{\boldsymbol{x}}_k-c_k\boldsymbol{\Delta}_k)$。

（4）梯度估计。由式(5－50)产生未知梯度 $g(\hat{\boldsymbol{x}}_k)$的估计，即

$$\hat{g}_k(\hat{\boldsymbol{x}}_k)=\frac{L(\hat{\boldsymbol{x}}_k+c_k\boldsymbol{\Delta}_k)-L(\hat{\boldsymbol{x}}_k-c_k\boldsymbol{\Delta}_k)}{2c_k}\begin{bmatrix}\Delta_{k1}^{-1}\\ \Delta_{k2}^{-1}\\ \vdots\\ \Delta_{kp}^{-1}\end{bmatrix} \tag{5-53}$$

（5）迭代。利用式(5－49)更新估计值，即

$$\hat{\boldsymbol{x}}_{k+1}=\hat{\boldsymbol{x}}_k+a_k\hat{g}_k(\hat{\boldsymbol{x}}_k) \tag{5-54}$$

（6）判断是否满足终止条件。如果满足终止条件，则转下一步；否则，令 $k=k+1$，返回步骤(2)。通常，终止条件为在几次连续的迭代中，函数值没有太大的变化，或达到了事先给定的迭代次数。

步骤(1)中参数的选择对于算法性能非常关键，其决定了扰动的步长和幅值。大的 a 和 c 可以加速收敛，而小的 a 和 c 则能够保持稳定。这里，a 和 c 取值应满足

$$\begin{cases}a=0.1,\ c=0.2,\ L(\boldsymbol{x})<35\\ a=0.02,\ c=0.05,\ L(\boldsymbol{x})\geqslant 35\end{cases} \tag{5-55}$$

α、γ 和 A 分别取 0.602、0.101 和 10。另外，如何定义 $\boldsymbol{x}$ 是实际应用中必须考虑的问题。当 $\boldsymbol{\Delta}_k$ 为 Bernoulli 分布时，扰动 $|c_k\boldsymbol{\Delta}_k|$ 的值相同，同时加(或减)到各个分量元素中。因此要保证 $\boldsymbol{x}$ 向量中各元素值之间的差距不能过大。通常，灵活地选择 $\boldsymbol{x}$ 向量中各元素的单位可以确保其在量值上比较接近。

本节采用一组包含多种运动状态的实测数据来优化参数。SPSA 算法独立运行 10 次，每次 2000 个迭代。图 5－11 给出了 10 次运行中最佳和平均目标函数的变化曲线，可以看出SPSA 算法具有较快的收敛速度，在 500 次迭代内基本收敛到最优值。对应的横滚角优化参数如表 5－4 所示。

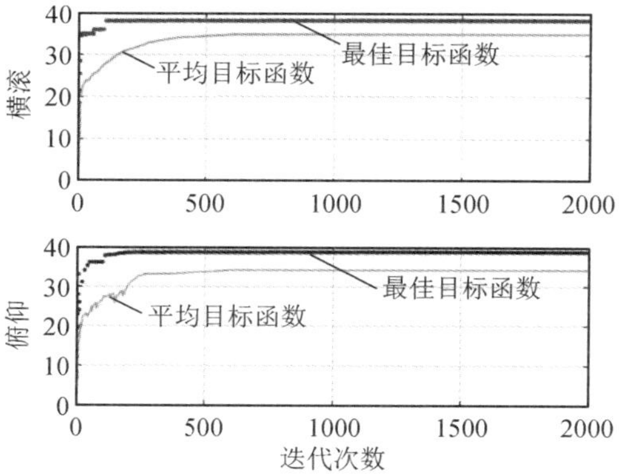

图 5－11　目标函数变化曲线

表 5-4 横滚角模糊系统优化参数

k_1	k_2	k_3	κ_1	κ_2	κ_3
0.0121	0.0573	0.0696	2.4549	0.0495	0.0019

5.3.3 实验验证

本节采用的 MIMU 为 XW-IMU5220，将光纤航姿系统 XW-ADU7612 的姿态信息作为参考值。实验将传统的互补滤波器(Conventional Complementary Filter, CCF)和开关互补滤波器(Switched Complementary Filter, SCF)与本章提出的 FCF 进行对比。FCF 的初始截止频率 ω_0 设为 0.1 rad/s。CCF 的参数设为：$k_p=0.07$，$k_i=0.01$。SCF 的参数设为：$\left|\sqrt{f_x^2+f_y^2+f_z^2}-g\right|<0.05\ \mathrm{m/s^2}$ 且 $|\omega_z|<0.03$ rad/s 时，$k_p=0.07$，$k_i=0.01$；其他情况时，$k_p=0$，$k_i=0$。

实验中车辆作绕圈运动，车速限制在 20 m/s。车辆行驶状态包括直线匀速运动、转弯运动(17.1～27.2 s、106.2～117.9 s、181.3～194.6 s、282.3～294.1 s)和加速运动(223.5～228.4 s)。

图 5-12 是由 GPS 提供的速度信息计算的机动加速度。由图可以看出，当车转弯时(*A*、*B*、*C* 和 *E*)存在较大的向心加速度和纵向加速度，车变速运动时(*D*)纵向加速度较大。

图 5-13 给出了基于陀螺仪和加速度计估计的姿态角。图中“Ref”“Gyros”和“Acces”分别代表光纤航姿系统的参考值、陀螺仪的姿态估计值和加速度计的姿态估计值。从图中可以看出，陀螺仪存在零偏误差，积分后姿态角误差随着时间增加，最终导致输出角度与实际不符。在无机动加速度的情况下，加速度计能准确输出姿态角，并且此角度不会有累积误差；但在机动状态下，加速度计输出值受机动加速度的影响，其计算的姿态角存在较大偏差(横滚角最大误差达到 16°，俯仰角最大误差达到 7°)。

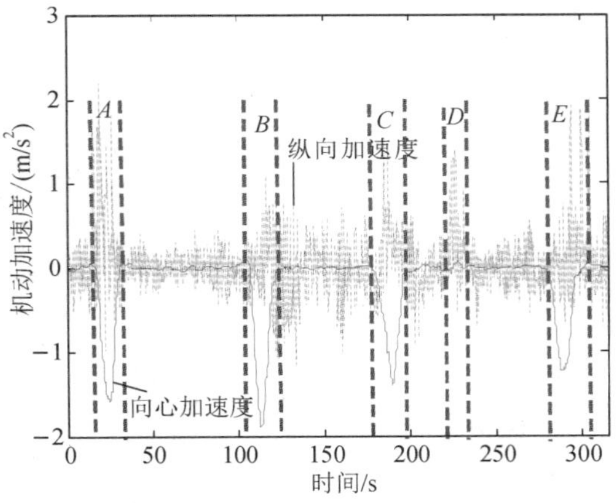

图 5-12 由 GPS 速度信息计算的机动加速度

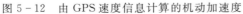

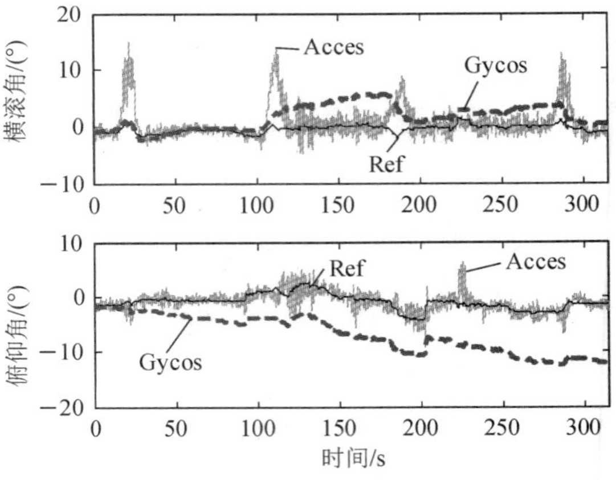

图 5-13 基于微惯性传感器的姿态估计

图 5-14 给出不同算法估计的姿态曲线。从图中可以看出，当载体处于匀速直线运动状态时，三种算法估计的姿态均与参考值基本一致。当载体机动时，CCF 由于机动加速度的影响存在较大的误差；相反，FCF 在动态情况下估计得较好。

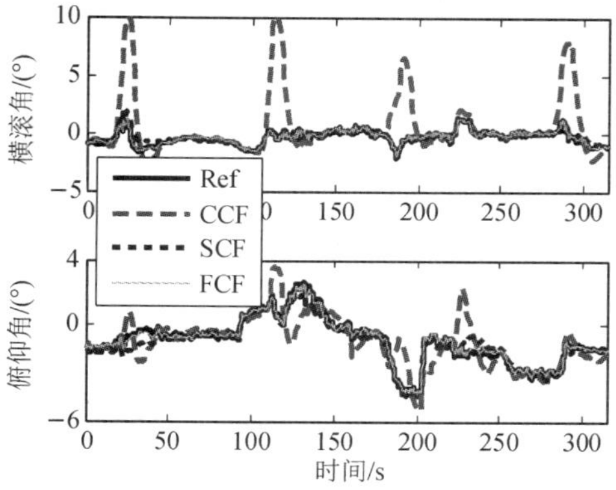

图 5－14　姿态估计曲线

图 5－15 为陀螺仪零偏误差估计曲线。俯仰轴和横滚轴陀螺仪零偏误差初始值均设为 0，由图可以看出陀螺仪零偏误差经过一段时间从 0 逐渐收敛到目标值。同时，根据反馈的误差(加速度计的姿态角与上一时刻估计的姿态角之间的差值)修正陀螺仪零偏误差，使得陀螺仪零偏误差在一定时间内波动。当载体机动加速度较大时，加速度计的输出不准，不能用来修正陀螺仪，此时陀螺仪误差进行保持(即与上一时刻陀螺仪误差保持一致)。

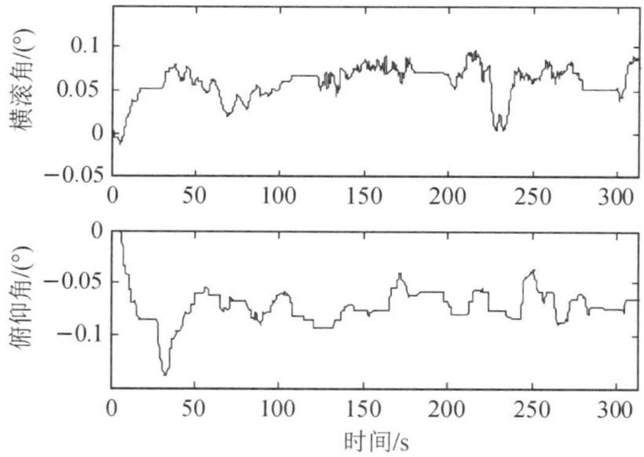

图 5－15　陀螺仪零偏误差估计

图 5－16 给出了互补滤波器交接频率在动态下的变化情况。与预期的一样，当载体处

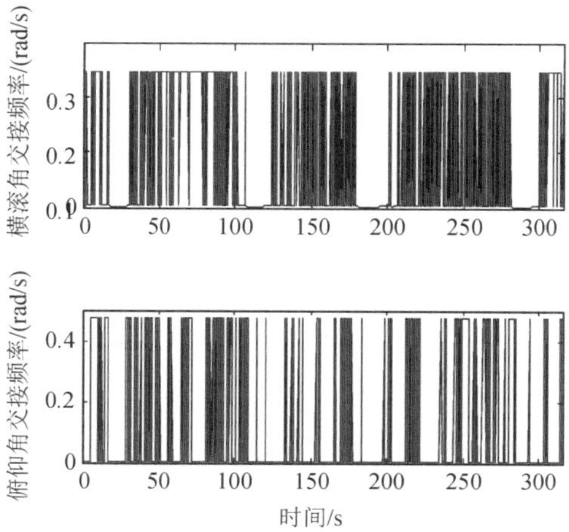

图 5－16　交接频率的变化情况

于低动态时，交接频率相对较高；相反地，当载体处于高动态时，交接频率较低；尤其当载体转弯(A、B、C 和 E)或者变速运动时，交接频率几乎为 0。另外，俯仰角和横滚角分别进行模糊设计，使得俯仰和横滚互补滤波器的交接频率能够各自按照机动状态进行变换。

结果表明 FCF 算法在机动情况下仍能够较好地估计姿态，精度比 CCF 和 SCF 有明显改进。这是由于 FCF 能够根据载体运动状态自适应调整互补滤波器的交接频率，而 CCF 采用的是固定交接频率，SCF 只能在两个固定交接频率间进行选择。

5.3.4 卡尔曼滤波器与互补滤波器对比

卡尔曼滤波器是高斯假设下满足最小均方误差准则的线性最优估计器，其算法建立在对随机过程的统计分析上，可以认为卡尔曼滤波是一种时间域上的融合估计算法；而从时域实现上看，互补滤波器形式上和卡尔曼滤波器的测量更新较为相似。下面详细分析二者的关系。

系统模型是一维线性姿态融合估计模型，写为标准的状态空间形式为

$$\begin{cases}\dot{\theta}=\omega+v\\ \theta_{\mathrm{a}}=\theta+w\end{cases}\tag{5-56}$$

式中，v 表示陀螺仪测量中的低频误差，其主要来自慢变零偏。假设连续时间系统的形式为

$$\begin{cases}\dot{\boldsymbol{x}}=\boldsymbol{F}\boldsymbol{X}+\boldsymbol{G}(u+v)\\ z=\boldsymbol{H}\boldsymbol{x}+w\end{cases}\tag{5-57}$$

其中，$\boldsymbol{F}$、$\boldsymbol{x}$、$\boldsymbol{G}$、$\boldsymbol{H}$ 分别是 $n\times n$、$n\times 1$、$n\times 1$、$1\times n$ 矩阵，而 u、z 分别为两个标量测量值，w 和 v 均为零均值高斯白噪声。根据(5-57)得连续时间卡尔曼滤波方程为

$$\dot{\hat{\boldsymbol{x}}}=\boldsymbol{F}\hat{\boldsymbol{x}}+\boldsymbol{G}u+\boldsymbol{K}(z-\boldsymbol{H}\hat{\boldsymbol{x}})\tag{5-58}$$

其中，滤波增益 $\boldsymbol{K}$ 的计算公式为

$$\boldsymbol{K}=\boldsymbol{P}\boldsymbol{H}^{\mathrm{T}}\boldsymbol{R}^{-1}\tag{5-59}$$

式中，$\boldsymbol{P}$ 为估计误差协方差矩阵，可以通过 Riccati 方程求出：

$$\dot{\boldsymbol{P}}=\boldsymbol{P}\boldsymbol{F}^{\mathrm{T}}+\boldsymbol{F}\boldsymbol{P}-\boldsymbol{P}\boldsymbol{H}^{\mathrm{T}}\boldsymbol{R}^{-1}\boldsymbol{H}\boldsymbol{P}+\boldsymbol{G}\boldsymbol{Q}\boldsymbol{G}^{\mathrm{T}}\tag{5-60}$$

式中，$Q=\sigma_v^2$ 为过程噪声方差，$R=\sigma_w^2$ 为测量噪声方差。对比式(5-56)和(5-57)，可得该姿态估计系统的系数分别为 $\boldsymbol{F}=0$，$\boldsymbol{G}=\boldsymbol{H}=1$，$\boldsymbol{x}=\theta$，$u=\omega$，$z=\theta_{\mathrm{a}}$，则 Riccati 方程表示为

$$\dot{\boldsymbol{P}}=-\boldsymbol{P}\boldsymbol{R}^{-1}\boldsymbol{P}+\boldsymbol{Q}\tag{5-61}$$

当卡尔曼滤波器收敛到常状态形式时，有 $\dot{\boldsymbol{P}}=0$，则进一步可得

$$\boldsymbol{K}=k=\frac{\sigma_v}{\sigma_w}\tag{5-62}$$

卡尔曼滤波方程式(5-58)变为

$$\dot{\hat{\theta}}=\omega+k(\theta_{\mathrm{a}}-\hat{\theta})\tag{5-63}$$

也就是说，互补滤波器就是卡尔曼滤波器在稳态情况下的表现形式，二者的区别仅仅在于思维角度，但是本质上它们都是为了确定陀螺仪和加速度计的融合比例，即确定交接频率或者增益系数 k。

最后，需要提到的是，若测量值中有干扰存在，则通过式(5－63)可知，减小 k 值有利于抑制测量干扰，这对于加速度计测量姿态中含有机动加速度干扰的情况尤为重要。实际上 k 就是一个加权值：k 值越小，则依靠陀螺仪积分越多；k 值越大，则依靠加速度计越多。因此，从本质上讲，互补滤波以及卡尔曼滤波都是一种信息分配算法，只是参考的分配准则不同而已。卡尔曼滤波器有严格的统计意义描述，必须要对噪声的统计特性精确建模，但是互补滤波器没有这个要求，这也是互补滤波器的一个优势；互补滤波器的另一个优势在于其计算复杂度远远小于卡尔曼滤波器，卡尔曼滤波器有很大一部分计算为滤波增益计算，而互补滤波器无需计算该增益，只需直接设定。互补滤波器不需考虑信号的统计特性，滤波器在频域设计；而卡尔曼滤波器工作在时域，不注重传递函数与频域。

5.4　非线性观测器

最近几年非线性观测器(Nonlinear Observer，NO)逐步发展起来，其采用离线滤波增益，占用的硬件资源较少；另一方面，通过对刚体姿态进行全局参数化处理，非线性观测器可以获得较为优良的性能，如估计误差几乎处处收敛以及收敛域特征清晰等。

5.4.1　互补滤波器与非线性观测器对比

多轴姿态估计的方向余弦矩阵简写为

$$\dot{\boldsymbol{C}} = -\boldsymbol{\omega}_{\times} \cdot \boldsymbol{C} \tag{5-64}$$

其中，$\boldsymbol{C}=\boldsymbol{C}_{n}^{b}$。Mahony 非线性观测器是姿态估计领域应用最为广泛的非线性观测器，其结构为

$$\begin{cases} \dot{\hat{\boldsymbol{C}}} = -(\boldsymbol{\omega} + \hat{\boldsymbol{b}}) + k_{p}\boldsymbol{\Delta})_{\times} \hat{\boldsymbol{C}} \\ \dot{\hat{\boldsymbol{b}}} = -k_{i}\boldsymbol{\Delta},\ \hat{\boldsymbol{b}}(0) = \hat{\boldsymbol{b}}_{0} \\ \boldsymbol{\Delta} = \text{vector}(\tilde{\boldsymbol{C}}_{a}) \\ \boldsymbol{y} = \boldsymbol{C} \cdot \boldsymbol{g} \end{cases} \tag{5-65}$$

式中，$\boldsymbol{y}$ 为加速度计测量值；$\boldsymbol{g}$ 为重力矢量；$\hat{\boldsymbol{b}}$ 为陀螺仪零偏估计；k_{p} 表示交接频率；k_{i} 表示零偏校正时间常数；误差值 $\tilde{\boldsymbol{C}}=\hat{\boldsymbol{C}}^{T}\boldsymbol{C}$，则 $\tilde{\boldsymbol{C}}_{a}$ 为 $\tilde{\boldsymbol{C}}$ 的反对称子矩阵，即

$$\tilde{\boldsymbol{C}}_{a} = \tilde{\boldsymbol{C}} - \tilde{\boldsymbol{C}}^{T} \tag{5-66}$$

vector(·)表示取反对称矩阵的三个元素，即

$$\text{vector}(\boldsymbol{A}) = \text{vector}\begin{bmatrix} 0 & -c & b \\ c & 0 & -a \\ -b & a & 0 \end{bmatrix} = \begin{bmatrix} a \\ b \\ c \end{bmatrix} \tag{5-67}$$

式(5－65)中，观测器结构实际上增加了陀螺仪零偏估计环节。根据控制理论可知，增加一个积分环节可以消除由于近似常值零偏带来的系统静差。因此，k_{i} 作为一个积分常数

可用以估计零偏，该参数的选择和零偏稳定性有关，实际的零偏变化缓慢，因此该值一般都较小。非线性观测器与互补滤波器的结构对比如图 5-17 所示。

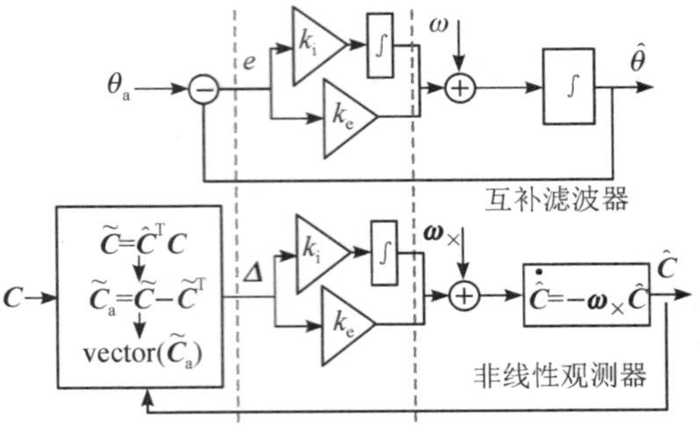

图 5-17 非线性观测器与互补滤波器结构对比

如图所示，非线性观测器和互补滤波器的算法都分为三个阶段：

（1）第一个阶段：反馈求偏差。由于互补滤波器是线性的，因此其直接利用加速度计的测量值减去估计值即可得到偏差；非线性观测器由于涉及三轴耦合的非线性运算，因此姿态角的偏差涉及坐标系的转换，计算相对复杂。偏差的计算需首先求得姿态角误差矩阵，而后提取出误差矩阵中的反对称部分，该部分反映的是坐标系的转动，也就是姿态角误差，最后提取出组成该矩阵的三个分量作为姿态角误差。

（2）第二个阶段：校正。非线性观测器和互补滤波器都利用了传统的 PI 结构，比例部分即是交接频率，积分部分主要是为了估计出陀螺仪零偏。

（3）第三个阶段：积分求姿态。在这个阶段，互补滤波器直接积分，而非线性观测器需要利用微分方程求解。

从上述分析可知，实际上，Mahony 非线性观测器本质上是互补滤波器的一个推广，其将单轴的互补滤波问题推广到多轴相互耦合的非线性问题。通过数学证明可知，要保证 Mahony 非线性观测器的稳定性，只需要保证 k_p 和 k_i 为正数即可。实际上，就其物理意义来看，这两个系数也必须为正。

5.4.2 二轴水平姿态估计非线性观测器

Mahony 非线性观测器针对的是含有两个非共线常值观测矢量的姿态估计系统，这样设计的原因在于对于常值观测矢量来说，要确定三个姿态角至少需要两个非共线的观测值，这也是在卫星姿态估计、航空航天领域应用广泛的矢量观测求姿态角的基本原理。但是，本节问题中仅有一个常值观测矢量，即重力加速度矢量，只能完全确定俯仰角和横滚角这两个水平姿态角，航向角无任何观测源。因此，需要对 Mahony 非线性观测器作改动，以适应于本问题。

首先来考察方向余弦矩阵的结构，姿态矩阵表示为

$$\boldsymbol{C}_n^b=\begin{bmatrix} C\phi C\psi+S\phi S\theta S\psi & -C\phi S\psi+S\phi S\theta C\psi & -C\theta S\phi \\ C\theta S\psi & C\psi C\theta & S\theta \\ S\phi C\psi-C\phi S\theta S\psi & -S\phi S\psi-C\phi S\theta C\psi & C\phi C\theta \end{bmatrix} \tag{5-68}$$

其中，S 代表正弦运算，C 代表余弦运算。

姿态矩阵的最后一列只含有俯仰角和横滚角，因此，无需对整个姿态矩阵进行估计，而仅对最后一列进行观测器设计即可。设姿态矩阵的最后一列为 $\boldsymbol{X}$，以后的估计都是针对 $\boldsymbol{X}$ 进行。姿态微分方程为

$$\dot{\boldsymbol{X}} = -\boldsymbol{\omega}_{\times} \cdot \boldsymbol{X} \tag{5-69}$$

观测量为加速度计测量的重力矢量，即 $\boldsymbol{Y} = -\boldsymbol{C} \cdot \boldsymbol{g} = g\boldsymbol{X}$，若加速度计以 g 为单位，则测量值可写为

$$\boldsymbol{Y} = \boldsymbol{X} \tag{5-70}$$

注意式(5－70)中并没有考虑测量噪声和机动加速度干扰。根据互补滤波器和 Mahony 非线性观测器的结构，本节提出二轴水平姿态估计非线性观测器，该观测器的结构为

$$\begin{cases} \dot{\hat{\boldsymbol{X}}} = -(\boldsymbol{\omega} - \hat{\boldsymbol{b}} + k_{\mathrm{p}}\boldsymbol{\Delta})_{\times} \boldsymbol{X} \\ \dot{\hat{\boldsymbol{b}}} = -k_{\mathrm{i}}\boldsymbol{\Delta},\ \hat{\boldsymbol{b}}(0) = \hat{\boldsymbol{b}}_0 \\ \boldsymbol{\Delta} = -(\boldsymbol{X}_{\times}\hat{\boldsymbol{X}}_{\times})^{\mathrm{T}}\tilde{\boldsymbol{X}},\ \tilde{\boldsymbol{X}} = (\boldsymbol{X})_{\times}\hat{\boldsymbol{X}} \end{cases} \tag{5-71}$$

本节提出的观测器和 Mahony 非线性观测器最大的结构差别在于误差矢量 $\boldsymbol{\Delta}$ 的获取。需要注意的是，矢量 $\boldsymbol{X}$ 是仅由俯仰角和横滚角构成的三维向量，测量值中也只包含俯仰角和横滚角，无航向角观测。虽然航向陀螺仪零偏可以通过姿态角微分方程中的最后一列间接可观，但是同低成本组合导航系统一样，其是微弱可观，且取决于俯仰角和横滚角大小。因此估计中的陀螺仪零偏矢量 $\boldsymbol{b}$ 只包含俯仰陀螺仪零偏以及横滚陀螺仪零偏，航向陀螺仪零偏对估计基本无影响，参数设置也只包含与俯仰角和横滚角相关的 4 个参数。

下面证明二轴水平姿态估计非线性观测器的稳定性。在证明之前，首先给出 Lyapunov 直接法进行稳定性判定的定义。

若非线性系统的微分方程描述为

$$\dot{\boldsymbol{x}} = \boldsymbol{f}(\boldsymbol{x}, t),\ \boldsymbol{x} \in \boldsymbol{D} \subseteq \mathbf{R}^n,\ t \geqslant 0 \tag{5-72}$$

若 $\boldsymbol{f}(\boldsymbol{x}_0, t) = 0$，$\forall t \geqslant 0$，则称 $\boldsymbol{x}_0$ 为系统的平衡点，不失一般性，令 $\boldsymbol{x} = \boldsymbol{0}$ 为上述系统的平衡点。下面给出几个需要用到的定义。

定义 1　(正定函数)设 U 为原点的某个邻域，若对任何 $\boldsymbol{x} \in U$，当 $\boldsymbol{x} \neq \boldsymbol{0}$ 时都有标量函数 $V(\boldsymbol{x}) > 0 (< 0)$，且 $V(\boldsymbol{0}) = 0$，则称 $V(\boldsymbol{x})$ 为**正定(负定)函数**。

定义 2　(K 类函数)若定义在 $[0, a)$($a > 0$ 且可以是 ∞)上的单变量的严格递增的连续标量函数 $\gamma(r)$ 满足 $\gamma(0) = 0$，则称 $\gamma(r)$ 为 **K 类函数**。

定义 3　(无穷小上界)若存在 K 类函数 γ，使得正定标量函数 $V(\boldsymbol{x}, t)$ 满足 $V(\boldsymbol{x}, t) \leqslant \gamma(\|\boldsymbol{x}\|)$($\|\boldsymbol{x}\|$ 为矢量的 2 范数，后文出现的范数均指矢量或者矩阵的 2 范数)，则称 $V(\boldsymbol{x}, t)$ 具有**无穷小上界**。

定理 1　(渐进稳定定理)若对于任意的 $\boldsymbol{x} \in \mathbf{R}^n$，$t \geqslant 0$，存在一个正定的具有无穷小上界的函数 $V(\boldsymbol{x}, t)$，且 $V(\boldsymbol{x}, t)$ 满足式(5－72)的解对 t 的全导数 $\dot{V}(\boldsymbol{x}, t)$ 是负定的，则式(5－72)的平衡点 $\boldsymbol{x} = \boldsymbol{0}$ 为一致渐进稳定。

与 Mahony 非线性观测器一样，二轴水平姿态估计非线性观测器一致渐进稳定的条件为观测器中的两个增益系数 k_{p} 和 k_{i} 均为正实数。下面进行稳定性证明。

证明　对状态误差求导得到该观测器的误差微分方程为

$$\begin{cases}\dot{\tilde{\boldsymbol{X}}}=[-(\boldsymbol{\omega}-\boldsymbol{b})_\times \boldsymbol{X}]_\times \hat{\boldsymbol{X}}+(\boldsymbol{X})_\times[-(\boldsymbol{\omega}-\hat{\boldsymbol{b}}+k_p\boldsymbol{\Delta})_\times \hat{\boldsymbol{X}}] \\ \dot{\tilde{\boldsymbol{b}}}=-\dot{\hat{\boldsymbol{b}}}\end{cases} \tag{5-73}$$

可得该系统的平衡点为$(\tilde{\boldsymbol{X}}, \tilde{\boldsymbol{b}})=\boldsymbol{0}$。选择 Lyapunov 函数为

$$V=\frac{1}{2}\|\tilde{\boldsymbol{X}}\|^2+\frac{1}{2k_i}\|\tilde{\boldsymbol{b}}\|^2=\frac{1}{2}\tilde{\boldsymbol{X}}^{\mathrm{T}}\tilde{\boldsymbol{X}}+\frac{1}{2k_i}\tilde{\boldsymbol{b}}^{\mathrm{T}}\tilde{\boldsymbol{b}} \tag{5-74}$$

由于 $k_p>0$，$k_i>0$，显然 V 为正定函数，且具有无穷小上界。对其求导，得

$$\begin{aligned}\dot{V}&=\tilde{\boldsymbol{X}}^{\mathrm{T}}\dot{\tilde{\boldsymbol{X}}}+\frac{1}{k_i}\tilde{\boldsymbol{b}}^{\mathrm{T}}\dot{\tilde{\boldsymbol{b}}}=\tilde{\boldsymbol{X}}^{\mathrm{T}}[(\dot{\boldsymbol{X}})_\times \hat{\boldsymbol{X}}+(\boldsymbol{X})_\times \dot{\hat{\boldsymbol{X}}}]+\frac{1}{k_i}\tilde{\boldsymbol{b}}^{\mathrm{T}}(\boldsymbol{b}-\hat{\boldsymbol{b}})' \\ &=\tilde{\boldsymbol{X}}^{\mathrm{T}}\{[-(\boldsymbol{\omega}-\boldsymbol{b})_\times \boldsymbol{X}]_\times \hat{\boldsymbol{X}}+(\boldsymbol{X})_\times[-(\boldsymbol{\omega}-\hat{\boldsymbol{b}}+k_p\boldsymbol{\Delta})_\times \hat{\boldsymbol{X}}]\}-\frac{1}{k_i}\tilde{\boldsymbol{b}}^{\mathrm{T}}\dot{\hat{\boldsymbol{b}}}\end{aligned} \tag{5-75}$$

根据反对称矩阵的运算规则，对于任意的矢量 $\boldsymbol{p}$ 和 $\boldsymbol{q}$，有

$$(\boldsymbol{p}_\times \boldsymbol{q})_\times=\boldsymbol{p}_\times \boldsymbol{q}_\times-\boldsymbol{q}_\times \boldsymbol{p}_\times \tag{5-76}$$

因此

$$\begin{aligned}\dot{V}&=-\tilde{\boldsymbol{X}}^{\mathrm{T}}\{[(\boldsymbol{\omega}-\boldsymbol{b})_\times \boldsymbol{X}_\times \hat{\boldsymbol{X}}-\boldsymbol{X}_\times(\boldsymbol{\omega}-\boldsymbol{b})_\times \hat{\boldsymbol{X}}]+ \\ &\quad [\boldsymbol{X}_\times(\boldsymbol{\omega}-\hat{\boldsymbol{b}}+k_p\boldsymbol{\Delta})_\times \hat{\boldsymbol{X}}]\}-\frac{1}{k_i}\tilde{\boldsymbol{b}}^{\mathrm{T}}\dot{\hat{\boldsymbol{b}}} \\ &=-\tilde{\boldsymbol{X}}^{\mathrm{T}}\{[(\boldsymbol{\omega}-\boldsymbol{b})_\times \boldsymbol{X}_\times \hat{\boldsymbol{X}}-\boldsymbol{X}_\times(\boldsymbol{\omega}-\boldsymbol{b})_\times \hat{\boldsymbol{X}}]+ \\ &\quad [\boldsymbol{X}_\times(\boldsymbol{\omega}-\hat{\boldsymbol{b}}+k_p\boldsymbol{\Delta})_\times \hat{\boldsymbol{X}}]\}-\frac{1}{k_i}\tilde{\boldsymbol{b}}^{\mathrm{T}}\dot{\tilde{\boldsymbol{b}}} \\ &=-\tilde{\boldsymbol{X}}^{\mathrm{T}}(\boldsymbol{\omega}-\boldsymbol{b})_\times \tilde{\boldsymbol{X}}-\tilde{\boldsymbol{X}}^{\mathrm{T}}\boldsymbol{X}_\times(\tilde{\boldsymbol{b}}+k_p\boldsymbol{\Delta})_\times \hat{\boldsymbol{X}}-\frac{1}{k_i}\tilde{\boldsymbol{b}}^{\mathrm{T}}\dot{\hat{\boldsymbol{b}}}\end{aligned} \tag{5-77}$$

由反对称矩阵的特殊形式，有

$$\boldsymbol{p}^{\mathrm{T}}\boldsymbol{q}_\times \boldsymbol{p}=0 \tag{5-78}$$

因此(5-77)化简为

$$\dot{V}=-\tilde{\boldsymbol{X}}^{\mathrm{T}}\boldsymbol{X}_\times(\tilde{\boldsymbol{b}}+k_p\boldsymbol{\Delta})_\times \hat{\boldsymbol{X}}-\frac{1}{k_i}\tilde{\boldsymbol{b}}^{\mathrm{T}}\dot{\hat{\boldsymbol{b}}} \tag{5-79}$$

代入$\dot{\hat{\boldsymbol{b}}}$ 和 $\boldsymbol{\Delta}$ 的定义，得

$$\begin{aligned}\dot{V}&=\tilde{\boldsymbol{X}}^{\mathrm{T}}\boldsymbol{X}_\times \hat{\boldsymbol{X}}_\times(\tilde{\boldsymbol{b}}+k_p\boldsymbol{\Delta})-\frac{1}{k_i}k_i(\tilde{\boldsymbol{X}}^{\mathrm{T}}\boldsymbol{X}_\times \hat{\boldsymbol{X}}_\times)\tilde{\boldsymbol{b}} \\ &=k_p\tilde{\boldsymbol{X}}^{\mathrm{T}}\boldsymbol{X}_\times \hat{\boldsymbol{X}}_\times \boldsymbol{\Delta} \\ &=-k_p\tilde{\boldsymbol{X}}^{\mathrm{T}}[\boldsymbol{X}_\times \hat{\boldsymbol{X}}_\times(\boldsymbol{X}_\times \hat{\boldsymbol{X}}_\times)^{\mathrm{T}}]\tilde{\boldsymbol{X}}\end{aligned} \tag{5-80}$$

令式(5-80)中的 $\boldsymbol{X}_\times \hat{\boldsymbol{X}}_\times=\boldsymbol{Q}$，则

$$\dot{V}=-k_p\tilde{\boldsymbol{X}}^{\mathrm{T}}(\boldsymbol{Q}\boldsymbol{Q}^{\mathrm{T}})\tilde{\boldsymbol{X}} \tag{5-81}$$

若 $k_p>0$，则 $\dot{V}$ 负定，证明了平衡点 $\boldsymbol{x}=\boldsymbol{0}$ 为一致渐进稳定的，最后 $\tilde{\boldsymbol{X}}\to\boldsymbol{O}$，即姿态估计收敛到真实值。由于在证明的过程中，消去了 $\tilde{\boldsymbol{b}}$，下面单独考察 $\tilde{\boldsymbol{b}}$ 的收敛性。当后 $\tilde{\boldsymbol{X}}\to\boldsymbol{O}$ 时，陀螺仪零偏估计$\dot{\hat{\boldsymbol{b}}}=k_i\hat{\boldsymbol{X}}_\times \boldsymbol{X}_\times \tilde{\boldsymbol{X}}_\times\to\boldsymbol{0}$。根据

$$\dot{\tilde{X}}=[-(\omega-b)_{\times}X]_{\times}\hat{X}+(X)_{\times}[-(\omega-\hat{b}+k_{p}\Delta)_{\times}\hat{X}]$$
$$=-(\omega-b)_{\times}\tilde{X}-X_{\times}(\tilde{b}+k_{p}\Delta)_{\times}\hat{X} \tag{5-82}$$

由于收敛状态有 $\dot{\tilde{X}}\to O$，因此式(5-80)可写为

$$-(\omega-b)_{\times}\tilde{X}-X_{\times}(\tilde{b}+k_{p}\Delta)_{\times}\hat{X}\to O \tag{5-83}$$

则可得

$$X_{\times}(\tilde{b})_{\times}\hat{X}\to 0 \tag{5-84}$$

因此 $\tilde{b}\to 0$，即陀螺仪零偏估计误差也一致渐进收敛到 0。证毕。

从上面的证明过程来看，二轴水平姿态估计非线性观测器的稳定性只需要满足两个增益系数为正实数这个条件即可，且计算简单。

5.5　无迹卡尔曼滤波

无迹卡尔曼滤波是采用采样策略逼近非线性分布的算法。UKF 算法以无迹变换(Unscented Transform，UT)为基础，采用卡尔曼线性滤波框架，具体采样形式为确定性采样，而非粒子滤波(Particle Filter，PF)算法的随机采样。UKF 算法采样的粒子点(一般称为 Sigma 点)的个数很少，具体个数根据所选择的采样策略而定。UKF 算法的计算量基本与 EKF 算法相当，但性能优于 EKF，并且采用确定性采样，从而避免了粒子滤波算法的粒子点退化问题。

5.5.1　无迹变换

无迹卡尔曼滤波的核心在于无迹变换，所以在研究无迹卡尔曼滤波之初首先要对无迹变换进行分析研究。

假设随机变量 $\boldsymbol{x}$ 为 n 维向量，均值为 $\bar{\boldsymbol{x}}$、协方差为 $\boldsymbol{P}_{xx}$，现要估计 m 维随机变量 $\boldsymbol{y}$ 的均值 $\bar{\boldsymbol{y}}$ 和协方差 $\boldsymbol{P}_{yy}$，$\boldsymbol{y}$ 与 $\boldsymbol{x}$ 关系的非线性变换定义为

$$\boldsymbol{y}=f(\boldsymbol{x})$$

如果可以精确得到 f 各阶偏导，则可以利用泰勒级数展开得到 $\bar{\boldsymbol{y}}$ 和 $\boldsymbol{P}_{yy}$ 的真实统计量。但在实际系统中，一方面很难精确得到 f 的各阶偏导数；另一方面，由于多元函数的高阶展开计算相当复杂(展开到二阶就涉及立体矩阵的运算)，不可能满足实时计算的要求。EKF 是将其在 $\bar{\boldsymbol{x}}$ 处进行低阶泰勒展开，如取一阶展开时，有

$$\begin{cases}\bar{\boldsymbol{y}}=f(\bar{\boldsymbol{x}})\\ \boldsymbol{P}_{yy}=E\{(f^{(1)}(e))\cdot(f^{(1)}(e))^{\mathrm{T}}\}=f^{(1)}\boldsymbol{P}_{yy}(f^{(1)})^{\mathrm{T}}\end{cases} \tag{5-85}$$

式中，$f^{(1)}$ 为 $\boldsymbol{x}$ 在 $\bar{\boldsymbol{x}}$ 点的一阶偏导数，e 为 $\boldsymbol{x}$ 在 $\bar{\boldsymbol{x}}$ 的邻域值。

因此，EKF 只能获取 $\bar{\boldsymbol{y}}$ 和 $\boldsymbol{P}_{yy}$ 的近似值。无迹变换采用确定性采样策略，用多个采样点逼近 f 的概率密度分布，从而可以得到比 EKF 更高阶的 $\bar{\boldsymbol{y}}$ 和 $\boldsymbol{P}_{yy}$ 近似。

无迹变换原理如图 5-18 所示，在确保采样均值 $\bar{\boldsymbol{x}}$ 和协方差 $\boldsymbol{P}_{xx}$ 保持原状态的前提下，

选择一组采样点集(Sigma 点集)，将非线性变换应用于采样的每个 Sigma 点，得到非线性转换后的点集，而 $\bar{\boldsymbol{y}}$ 和 $\boldsymbol{P}_{yy}$ 是变换后 Sigma 点集的统计量。

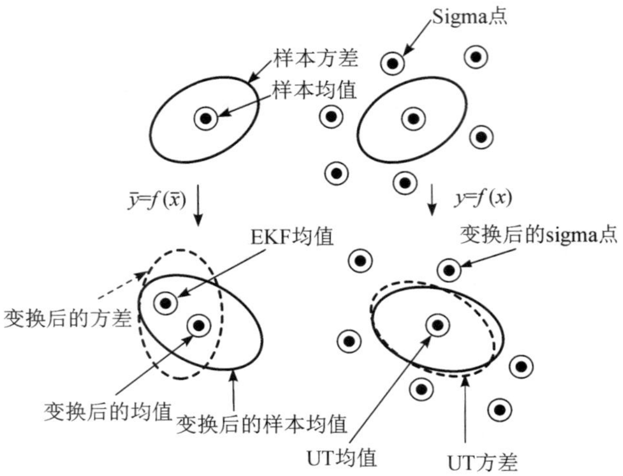

图 5-18 无迹变换原理

为了说明问题，下面给出一般意义下的无迹变换算法(可应用任何 Sigma 点采样策略)。一般意义下无迹变换算法框架的步骤如下：

(1) 计算 Sigma 点集。选定采样策略，根据采样策略利用变量 $\boldsymbol{x}$ 的统计特性计算Sigma 点集$\{\boldsymbol{\chi}_i\}$及其权重 W_i^m 和 W_i^c。

(2) 对所采样的输入变量 Sigma 点集$\{\boldsymbol{\chi}_i\}$中的每个 Sigma 点进行 f 非线性变换，得到变换后的 Sigma 点集$\{\boldsymbol{y}_i\}$。

(3) 对变换后的结果进行加权处理，得出输出变量及其统计特性，即

$$\begin{cases}\bar{\boldsymbol{y}}=\sum\limits_{i=1}^{L}W_i^{\mathrm{m}}\boldsymbol{y}_i\\ \boldsymbol{P}_{yy}=\sum\limits_{i=1}^{L}W_i^{\mathrm{c}}(\boldsymbol{y}_i-\bar{\boldsymbol{y}})(\boldsymbol{y}_i-\bar{\boldsymbol{y}})^{\mathrm{T}}\end{cases}\tag{5-86}$$

5.5.2 无迹卡尔曼滤波采样策略

在 UT 算法中，最重要的是确定 Sigma 点采样策略，也就是确定使用 Sigma 点的个数、位置和相应权值。Sigma 点的选择应确保其抓住输入变量 $\boldsymbol{x}$ 的最重要的特征。假设 $p_x(\boldsymbol{x})$ 是 $\boldsymbol{x}$ 的概率密度函数，Sigma 点选择应遵循的条件函数为

$$g[\{\boldsymbol{\chi}_i\},\ p_x(\boldsymbol{x})]=0\tag{5-87}$$

在满足式(5-87)的前提下，Sigma 点的选择仍有一定自由度。代价函数 $c[\{\boldsymbol{\chi}_i\},\ p_x(\boldsymbol{x})]$可用来进一步优化 Sigma 点的选取。代价函数的目的是进一步引入所需要的特征，但并不要求完全满足所引入特征。随着代价函数值的增大，采样策略的精度降低。将条件函数和代价函数结合起来，就可以得到 Sigma 点采样策略的一般性选择依据：在 $g[\{\boldsymbol{\chi}_i\},\ p_x(\boldsymbol{x})]=0$ 的条件下，最小化 $c[\{\boldsymbol{\chi}_i\},\ p_x(\boldsymbol{x})]$。

UT 算法中 Sigma 点采样策略是值得研究的问题，目前最普遍使用的是对称采样、单形采样和比例采样。

1. 对称采样

假设 n 维状态向量 $\boldsymbol{x}$，且其均值为 $\bar{\boldsymbol{x}}$，协方差为 $\boldsymbol{P}_{xx}$，此时就可以通过 UT 得到 $2n+1$ 个 Sigma 点，得到条件函数为

$$g[\{\boldsymbol{\chi}_i\}, p_x(\boldsymbol{x})]=\begin{bmatrix} \sum_{i=0}^{2n} W_i - 1 \\ \sum_{i=0}^{2n} W_i \boldsymbol{\chi}_i - \bar{\boldsymbol{x}} \\ \sum_{i=0}^{2n} W_i (\boldsymbol{\chi}_i - \bar{\boldsymbol{x}})(\boldsymbol{\chi}_i - \bar{\boldsymbol{x}})^{\mathrm{T}} - \boldsymbol{P}_{xx} \end{bmatrix} \tag{5-88}$$

求解得到 Sigma 点为

$$\begin{cases} \boldsymbol{\chi}_0 = \bar{\boldsymbol{x}} \\ \boldsymbol{\chi}_i = \bar{\boldsymbol{x}} + (\sqrt{(n+\kappa)\boldsymbol{P}_{xx}})_i, \ i=1, 2, \cdots, n \\ \boldsymbol{\chi}_i = \bar{\boldsymbol{x}} - (\sqrt{(n+\kappa)\boldsymbol{P}_{xx}})_i, \ i=n+1, n+2, \cdots, 2n \end{cases} \tag{5-89}$$

式中，κ 为比例参数，用于调节 Sigma 点和 $\bar{\boldsymbol{x}}$ 的距离，其仅影响二阶之后的高阶矩带来的偏差；$(\sqrt{(n+\kappa)\boldsymbol{P}_{xx}})_i$ 为 $(n+\kappa)\boldsymbol{P}_{xx}$ 的平方根矩阵的第 i 行或列。

对应的权值为

$$W_i^{\mathrm{m}} = W_i^{\mathrm{c}} = W_i = \begin{cases} \dfrac{\kappa}{n+\kappa}, & i=n \\ \dfrac{1}{[2(n+\kappa)]}, & i \neq n \end{cases} \tag{5-90}$$

式中，W_i 为第 i 个 Sigma 点的权值，且有

$$\sum_{i=0}^{2n} W_i = 1 \tag{5-91}$$

对称采样中，除中心点外，其他 Sigma 点的权值相同，且到中心点的距离也相同。这说明在对称采样中，除中心点外的所有 Sigma 点具有相同的重要性，而且 Sigma 点的分布是空间中心对称和轴对称的。对称采样确保任意分布的近似精度达到泰勒展开式二阶截断。而对于比例参数 κ 值的选取，应进一步考虑 $\boldsymbol{x}$ 分布的高阶矩，也就是考虑代价函数 $c[\{\boldsymbol{\chi}_i\}, p_x(\boldsymbol{x})]$。对于高斯分布，考虑四阶矩的统计量，求解 $c[\{\boldsymbol{\chi}_i\}, p_x(\boldsymbol{x})]=0$ 得到 κ 的有效选取条件为 $n+\kappa=3$。

2. 单形采样

UT 算法的计算量随 Sigma 点个数的增多而增大，然而在某些对实时性要求较高的系统中，降低计算量是必须考虑的问题。基于这个需求，产生了单形采样策略，其 Sigma 点的个数 $L=n+2$（含中心点），而解决 n 维问题至少需要 $n+1$ 个采样点。单形采样策略中最常用的是最小偏度单形采样。最小偏度单形采样能够在满足匹配前二阶矩的前提下，使

得三阶矩(偏度)最小。根据这一要求，代入前面所给出的 Sigma 点采样策略的选择依据，即在 $g[\{\boldsymbol{\chi}_i\}, p_x(\boldsymbol{x})]=0$ 的条件下，最小化 $c[\{\boldsymbol{\chi}_i\}, p_x(\boldsymbol{x})]$。求解得到 Sigma 点集的过程为：

(1) 选择 W_0，使 W_0 满足 $0\leqslant W_0<1$。

(2) 确定 Sigma 点的权重：

$$W_i=\begin{cases}\dfrac{1-W_0}{2^n}, & i=1\\ W_1, & i=2\\ 2^{i-1}W_1, & i=3, 4, \cdots, n+1\end{cases} \tag{5-92}$$

(3) 当状态的维数为 1 时，初始向量为

$$\begin{cases}\boldsymbol{\chi}_0^1=[0]\\ \boldsymbol{\chi}_1^1=\left[-\dfrac{1}{\sqrt{2W_1}}\right]\\ \boldsymbol{\chi}_2^1=\left[\dfrac{1}{\sqrt{2W_1}}\right]\end{cases} \tag{5-93}$$

(4) 当状态的维数 $j=2, 3, \cdots, n$ 时，初始向量为

$$\boldsymbol{\chi}_j^i=\begin{cases}\begin{bmatrix}\boldsymbol{\chi}_0^j\\ 0\end{bmatrix}, & i=0\\ \begin{bmatrix}\boldsymbol{\chi}_i^{j-1}\\ -\dfrac{1}{\sqrt{2W_{j+1}}}\end{bmatrix}, & i=1, 2, \cdots, j\\ \begin{bmatrix}0\\ \dfrac{1}{\sqrt{2W_{j+11}}}\end{bmatrix}, & i=j+1\end{cases} \tag{5-94}$$

(5) 获取 Sigma 点集：

$$\boldsymbol{\chi}_i=\bar{\boldsymbol{x}}+\sqrt{\boldsymbol{P}_{xx}}\boldsymbol{\chi}_j^i, \ i=0, 1, \cdots, n+1 \tag{5-95}$$

由式(5-95)所示的采样点公式可以发现，在最小偏度单形采样中，所选择的 Sigma 点的权值和距离都是不同的，也就是说各个 Sigma 点的重要性不同。低维扩维形成的 Sigma 点的权重较高维直接形成的 Sigma 点权重大，而且距中心点更近。随着维数的增大，有些 Sigma 点的权值会变得很小，距中心点的距离也会很远。最小偏度单形采样的 Sigma 点分布不是中心对称的，但服从轴对称。以上推导的前提是三阶矩为 0，这确保了对于任意分布，其精度达到二阶截断，对于高斯分布，其精度达到三阶截断。

3. 比例采样

最小偏度单形采样中，Sigma 点到中心 $\bar{\boldsymbol{x}}$ 的距离随 $\boldsymbol{x}$ 维数的增加而增大，这会导致采样的非局部效应，对于许多非线性函数(如指数函数和三角函数等)会产生一些问题，如 κ 为负时，协方差阵的半正定性不满足。尽管有修正算法，但该方法要用到高阶矩信息，而且只有对称采样策略修正的有效性得到了验证，而其他采样策略(如单形采样)则无法保证。

比例采样策略可有效地解决采样非局部效应问题，并可适用于修正多种采样策略。比例采样策略算法为

$$\boldsymbol{\chi}'_0=\boldsymbol{\chi}_0+\alpha(\boldsymbol{\chi}_i-\boldsymbol{\chi}_0) \tag{5-96}$$

$$\begin{cases} W_i^{\mathrm{m}}=\begin{cases}\dfrac{W_0}{\alpha^2}+\left(\dfrac{1}{\alpha^2-1}\right), & i=0\\ \dfrac{W_i}{\alpha^2}, & i\neq 0\end{cases}\\ W_i^{\mathrm{c}}=\begin{cases}W_0^{\mathrm{m}}+(W_0+1+\beta-\alpha^2), & i=0\\ W_i^{\mathrm{m}}, & i\neq 0\end{cases}\end{cases} \tag{5-97}$$

式中，α 为比例缩放因子，其为正值，可通过调整 α 的取值来调节 Sigma 点与 $\bar{\boldsymbol{x}}$ 的距离；β 为引入 f 高阶项信息的参数，当不使用 f 高阶项信息时，$\beta=2$。

5.5.3 无迹卡尔曼滤波方程

假设状态噪声和测量噪声均为高斯白噪声，则 UKF 滤波过程包含初始化、计算 Sigma 点、时间更新(预测)和测量更新。

(1) 初始化。根据输入变量 $\boldsymbol{x}$ 的统计量，即

$$\hat{\boldsymbol{x}}_0=E[\boldsymbol{x}_0],\ \boldsymbol{P}_0=E[(\boldsymbol{x}_0-\hat{\boldsymbol{x}}_0)(\boldsymbol{x}_0-\hat{\boldsymbol{x}}_0)^{\mathrm{T}}] \tag{5-98}$$

选择一种 Sigma 点采样策略，得到输入变量的 Sigma 点集，以及相对应的均值加权值 W_i^{m} 和方差加权值 W_i^{c}。

(2) 计算 Sigma 点。如果选用对称采样策略，Sigma 点可计算为

$$\boldsymbol{\chi}_{k-1}=\left[\bar{\boldsymbol{x}}_{k-1}\quad \bar{\boldsymbol{x}}_{k-1}+\left(\sqrt{(n+\kappa)\boldsymbol{P}_{k-1}}\right)\quad \bar{\boldsymbol{x}}_{k-1}-\left(\sqrt{(n+\kappa)\boldsymbol{P}_{k-1}}\right)\right] \tag{5-99}$$

(3) 时间更新(预测)。由系统状态方程对各个采样的输入变量 Sigma 点集中的每一个 Sigma 点进行 f 非线性变换，得到变换后的 Sigma 点集为

$$\boldsymbol{\chi}_{k,k-1}=f(\boldsymbol{\chi}_{k-1},\boldsymbol{u}_{k-1},\boldsymbol{w}_{k-1}) \tag{5-100}$$

对变换后的 Sigma 点集进行加权处理，从而得到一步预测状态 $\hat{\boldsymbol{x}}_{k,k-1}$ 为

$$\hat{\boldsymbol{x}}_{k,k-1}=\sum_{i=0}^{n}W_i^{\mathrm{m}}\boldsymbol{\chi}_{i,k,k-1} \tag{5-101}$$

使用同样的方法求得状态的一步预测方差阵 $\boldsymbol{P}_{k,k-1}$ 为

$$\boldsymbol{P}_{k,k-1}=\sum_{i=0}^{n}W_i^{\mathrm{c}}(\boldsymbol{\chi}_{i,k,k-1}-\hat{\boldsymbol{x}}_{k,k-1})(\boldsymbol{\chi}_{i,k,k-1}-\hat{\boldsymbol{x}}_{k,k-1})^{\mathrm{T}}+\boldsymbol{Q}_k \tag{5-102}$$

由非线性测量方程对 Sigma 点集进行非线性变换，即

$$\boldsymbol{z}_{i,k,k-1}=h(\boldsymbol{\chi}_{i,k,k-1}) \tag{5-103}$$

使用加权求和计算，得到系统的预测观测值为

$$\hat{\boldsymbol{z}}_{i,k,k-1}=\sum_{i=0}^{n}W_i^{\mathrm{m}}\boldsymbol{z}_{i,k,k-1} \tag{5-104}$$

(4) 测量更新。

计算协方差：

$$\boldsymbol{P}_{x_k z_k}=\sum_{i=0}^{n}W_i^{\mathrm{c}}(\boldsymbol{\chi}_{i,k,k-1}-\hat{\boldsymbol{x}}_{k,k-1})(\boldsymbol{z}_{i,k,k-1}-\hat{\boldsymbol{z}}_{k,k-1})^{\mathrm{T}} \tag{5-105}$$

$$P_{z_k} = \sum_{i=0}^{n} W_i^c (z_{i,k,k-1} - \hat{z}_{k,k-1})(z_{i,k,k-1} - \hat{z}_{k,k-1})^T + R_k \tag{5-106}$$

计算滤波增益阵：

$$K_k = P_{x_k z_k} P_{z_k}^{-1} \tag{5-107}$$

得到状态更新后的滤波值：

$$\hat{x}_k = \hat{x}_{k,k-1} + K_k (z_k - \hat{z}_k) \tag{5-108}$$

求解状态后验方差阵：

$$P_k = P_{k,k-1} - K_k P_{z_k} K_k^T \tag{5-109}$$

从以上实现过程可以清楚地看出，UKF 算法的均值和方差通过 UT 算法加权求和得到；而 EKF 算法则是通过对系统的状态和测量方程进行线性化求得，这是两者最大的不同。

5.5.4 平方根无迹卡尔曼滤波

平方根 UKF(Square Root Unscented Kalman Filter，SRUKF)算法是基于基本 UKF 算法构造的，它可以有效避免滤波误差方差阵和一步预报误差方差阵失去对称性和正定性，较好地解决了计算字长不够而导致的滤波器数值发散等问题。另外，Merwe 用 Cholesky 因子更新代替 QR 分解，使算法具有较小的计算复杂度。

1. 加性非扩展形式

一般的非线性系统模型可表示为

$$\begin{cases} x_k = f(x_{k-1}, u_{k-1}, w_{k-1}) \\ y_k = h(x_k, v_k) \end{cases} \tag{5-110}$$

式中，$x_k \in \mathbf{R}^n$ 为状态向量；$y_k \in \mathbf{R}^m$ 为测量向量；u_{k-1} 为输入控制；$f(\cdot)$为状态的非线性转变函数；$h(\cdot)$为测量的非线性转变函数；w_{k-1} 和 v_k 为过程噪声和测量噪声，其方差阵分别为 Q_k 和 R_k。

式(5－110)中的系统模型是状态和噪声的非线性函数，UKF 需要将状态噪声和测量噪声扩展为状态变量，即 $x_k^a = [x_k \quad w_k \quad v_k]^T$，其中上标 a 定义为扩展后的状态，状态维数为 $n^a = n + \dim(Q) + \dim(R)$，此时需要更多的 Sigma 点。对于给定的采样方式，采样点数由滤波状态维数唯一确定，如对称采样有 $2n^a+1$ 个 Sigma 点。定义 $P^a = \mathrm{diag}[P_x \quad Q \quad R]$，则 Sigma 点表示为 $\chi_{k-1}^a = [\hat{x}_k^a \quad \hat{x}_k^a + \gamma\sqrt{P^a} \quad \hat{x}_k^a - \gamma\sqrt{P^a}]$。其中，$P_x$ 为协方差阵，$\gamma = \sqrt{n^a + k}$(k 为比例系数)。

当系统噪声和测量噪声为加性时，非线性系统模型可表示为

$$\begin{cases} x_k = f(x_{k-1}, u_{k-1}) + w_{k-1} \\ y_k = h(x_k) + v_k \end{cases} \tag{5-111}$$

UKF 在加性噪声条件下可采用非扩展形式，此时状态变量不需要状态噪声和测量噪声辅助，且非扩展形式与扩展形式具有相同的滤波结果。因此，降低系统的维数和 Sigma 点的个数，滤波实时性更好。对于对称采样，Sigma 点的个数为 $2n+1$，表示为 $\chi^{k-1} = [\hat{x}_k \quad \hat{x}_k + \gamma\sqrt{P_x} \quad \hat{x}_k - \gamma\sqrt{P_x}]$。此时，相应的误差协方差阵预测方差为

$$\begin{cases} \boldsymbol{P}_{\boldsymbol{x}_k}^- = \sum_{i=0}^{2n} \omega_i^c (\boldsymbol{\chi}_{i,k|k-1} - \hat{\boldsymbol{x}}_k^-)(\boldsymbol{\chi}_{i,k|k-1} - \hat{\boldsymbol{x}}_k^-)^{\mathrm{T}} + \boldsymbol{Q} \\ \boldsymbol{P}_{\boldsymbol{y}_k}^- = \sum_{i=0}^{2n} \omega_i^c (\boldsymbol{y}_{i,k|k-1} - \hat{\boldsymbol{y}}_k^-)(\boldsymbol{y}_{i,k|k-1} - \hat{\boldsymbol{y}}_k^-)^{\mathrm{T}} + \boldsymbol{R} \end{cases} \tag{5-112}$$

2. 加性超球体平方根 UKF 算法

1) 定义和步骤

加性超球体平方根 UKF(Additive Spherical Square Root Unscented Kalman Filter, ASSRUKF)算法采用加性非扩展形式和超球体单形采样策略，进行平方根 UKF 运算，并对预测方程和更新方程作相应的修改。具体步骤为：

(1) 初始化。

$$\hat{\boldsymbol{x}}_0 = E[\boldsymbol{x}_0] \tag{5-113}$$

$$\boldsymbol{S}_{x_0} = \mathrm{chol}(E[(\boldsymbol{x}_0 - \hat{\boldsymbol{x}}_0)(\boldsymbol{x}_0 - \hat{\boldsymbol{x}}_0)^{\mathrm{T}}]) \tag{5-114}$$

$$\begin{cases} \boldsymbol{S}_w = \sqrt{\boldsymbol{Q}} \\ \boldsymbol{S}_v = \sqrt{\boldsymbol{R}} \end{cases} \tag{5-115}$$

式中，chol(·)代表对矩阵进行 Cholesky 分解。

(2) 计算 Sigma 点。

$$\boldsymbol{\chi}_{k-1|i} = \hat{\boldsymbol{x}}_{k-1} + \boldsymbol{S}_{x_{k-1}} \boldsymbol{\chi}_i^j, \quad i = 0, \cdots, n+1 \tag{5-116}$$

式中，$\boldsymbol{\chi}_{k-1} \in \mathbf{R}^{n\times(n+2)}$，$\hat{\boldsymbol{x}}_{k-1} \in \mathbf{R}^n$，$\boldsymbol{S}_{x_{k-1}} \in \mathbf{R}^{n\times n}$。

(3) 时间更新。

$$\boldsymbol{\chi}_{k|k-1}^* = \boldsymbol{f}(\boldsymbol{\chi}_{k-1}, \boldsymbol{u}_{k-1}) \tag{5-117}$$

$$\hat{\boldsymbol{x}}_k^- = \sum_{i=0}^{n+1} \omega_i^{\mathrm{m}} \boldsymbol{\chi}_{i,k|k-1}^* \tag{5-118}$$

$$\boldsymbol{S}_{\boldsymbol{x}_k}^- = \mathrm{qr}\left(\left[\sqrt{\omega_1^{\mathrm{c}}}(\boldsymbol{\chi}_{1:n+1,k|k-1}^* - \hat{\boldsymbol{x}}_k^-) \quad \boldsymbol{S}_w\right]\right) \tag{5-119}$$

$$\boldsymbol{S}_{\boldsymbol{x}_k}^- = \mathrm{cholupdate}(\boldsymbol{S}_{\boldsymbol{x}_k}^-, \boldsymbol{\chi}_{0,k|k-1}^* - \hat{\boldsymbol{x}}_k^-, \omega_0^{\mathrm{c}}) \tag{5-120}$$

式中，qr(·)代表对矩阵进行奇异值分解；cholupdate($\boldsymbol{S}$，$\boldsymbol{U}$，$\pm v$)表示对矩阵 $\boldsymbol{S}$ 进行 cholesky 更新，相当于计算 chol($\boldsymbol{S}\boldsymbol{S}^{\mathrm{T}} \pm \sqrt{v}\boldsymbol{U}\boldsymbol{U}^{\mathrm{T}}$)。均值权值 ω_i^{m} 和协方差权值 ω_i^{c} 定义为

$$\begin{cases} \omega_i^{\mathrm{m}} = \begin{cases} \omega_0, & i = 0 \\ \omega_i, & i \neq 0 \end{cases} \\ \omega_i^{\mathrm{c}} = \begin{cases} \omega_0 + (1 + \beta - \alpha^2), & i = 0 \\ \omega_i, & i \neq 0 \end{cases} \end{cases} \tag{5-121}$$

其中，β 是非负的加权项，对于高斯分布，$\beta=2$ 是最优选择。

(4) 测量更新。

$$\boldsymbol{y}_{k|k-1} = \boldsymbol{h}(\boldsymbol{\chi}_{k|k-1}^*) \tag{5-122}$$

$$\hat{\boldsymbol{y}}_k^- = \sum_{i=0}^{n+1} \omega_i^{\mathrm{m}} \boldsymbol{y}_{i,k|k-1} \tag{5-123}$$

$$\boldsymbol{S}_{\tilde{y}_k} = \mathrm{qr}\left(\left[\sqrt{\omega_i^c}(\boldsymbol{y}_{1:n+1,k|k-1} - \hat{\boldsymbol{y}}_k^-) \quad \boldsymbol{S}_v\right]\right) \tag{5-124}$$

$$S_{\bar{y}_k} = \text{cholupdate}\left(S_{\bar{y}_k},\quad y_{0,k|k-1} - \hat{y}_k^-,\quad \omega_0^c\right) \tag{5-125}$$

$$P_{x_k y_k} = \sum_{i=0}^{n+1} \omega_i^c (\chi_{i,k|k-1} - \hat{x}_k^-)(y_{i,k|k-1} - \hat{y}_k^-)^T \tag{5-126}$$

$$K_k = \frac{P_{x_k y_k}}{S_{\bar{y}_k}^T S_{\bar{y}_k}} \tag{5-127}$$

$$\hat{x}_k = \hat{x}_k^- + K_k (y_k - \hat{y}_k^-) \tag{5-128}$$

$$U = K_k S_{\bar{y}_k} \tag{5-129}$$

$$S_{x_k} = \text{cholupdate}(S_{x_k}^-,\ U,\ -1) \tag{5-130}$$

(5) $k=k+1$，转至第(2)步。

2) 仿真验证

为了验证 ASSRUKF 算法在非线性系统中的估计性能，本节用该算法进行模拟仿真。载体初始姿态设为水平，航向角为 0，总运动时间为 65 s，采样频率为 100 Hz。MEMS 陀螺仪常值零偏 0.2 (°)/s，零偏均方差为 0.05 (°)/s；加速度计随机常值零偏为 0.001 g，噪声均方差为 0.001 g；磁强计噪声均方差 0.01 (°)/s。在仿真实验中，假定初始方差平方根矩阵 $\boldsymbol{S}(0)=0.25\boldsymbol{I}_7$（$\boldsymbol{I}_7$ 为 7 阶单位矩阵），过程噪声 $\boldsymbol{Q}=(0.01)^2\boldsymbol{I}_7$，测量噪声 $\boldsymbol{R}=0.01\boldsymbol{I}_6$，权值 $W_0=0.2$，缩放因子 $\alpha=0.1$，加权项 $\beta=2$。

图 5-19 和图 5-20 是采用 ASSRUKF 算法在上述仿真条件下估计得到的姿态角和陀螺仪误差曲线图。从图 5-19 可以看出，陀螺仪存在零偏误差，直接积分导致姿态角随着时间误差越来越大；ASSRUKF 算法融合陀螺仪、加速度计和磁强计，能在航向、横滚和俯仰方向上很好地估计出姿态变化，其估计值与参考值一致。从图 5-20 可以看出，陀螺仪零偏估计值渐近收敛于参考值 0.2 (°)/s，这说明 ASSRUKF 能同时估计出陀螺仪零偏的大小，并对陀螺仪输出值进行修正，以进一步提高姿态精度。

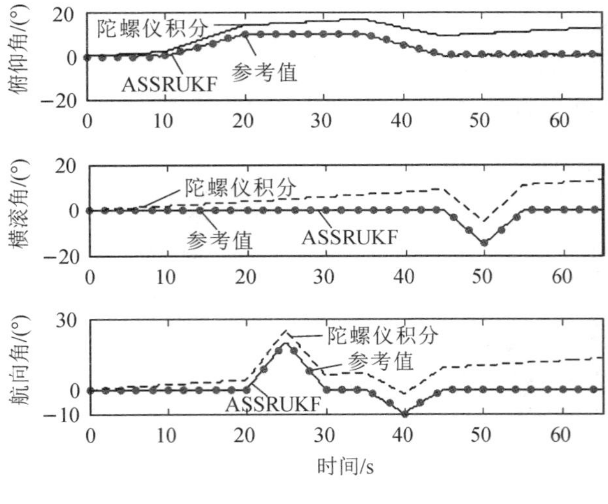

图 5-19 姿态估计曲线

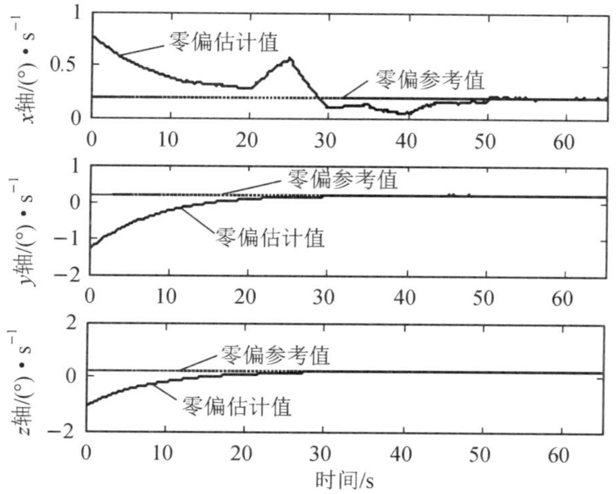

图 5-20　陀螺仪误差估计

5.5.5 算法分析对比

相对于 EKF，UKF 具有如下几个方面的优势：

(1) UKF 通过 UT 取代了 EKF 中的局部线性化，更加适合航姿测量这类强非线性的过程使用；

(2) 鉴于 UT 的精度比一阶泰勒级数展开的精度高，所以 UKF 的精度比 EKF 更高；

(3) UKF 不需要计算雅可比矩阵，因此不要求系统状态函数和测量函数必须是连续可微的，它甚至可以应用于不连续的系统。

5.6 插值滤波

2000 年丹麦学者 Nørgaard 等系统阐述了用多项式插值改善 EKF 性能的插值滤波(Divided Difference Filter,DDF)法。算法 DDF 按原理可分为一阶插值(DD1)滤波和二阶插值(DD2)滤波，DD1 滤波精度略优于 EKF；DD2 性能进一步改善，滤波精度接近甚至略优于 UKF。同时 DDF 在迭代过程中使用协方差矩阵的平方根，这样就保证了协方差矩阵在传播过程中的半正定性，并具有更好的数值特性。

5.6.1 二阶插值滤波算法

标准的 DDF 算法考虑的是一般的非线性方程，离散模型为

$$\begin{cases} \boldsymbol{x}_{k+1} = f(\boldsymbol{x}_k, \boldsymbol{u}_k, \boldsymbol{v}_k) \\ \boldsymbol{y}_k = g(\boldsymbol{x}_k, \boldsymbol{w}_k) \end{cases} \tag{5-131}$$

其中，$\boldsymbol{x}_k$ 为状态变量；$\boldsymbol{u}_k$ 为输入向量；$\boldsymbol{v}_k$ 和 $\boldsymbol{w}_k$ 分别为过程噪声和测量噪声，且 $\boldsymbol{w}_k \sim [\bar{\boldsymbol{w}}_k, \boldsymbol{Q}]$，$\boldsymbol{v}_k \sim [\bar{\boldsymbol{v}}_k, \boldsymbol{R}]$。

记 k 时刻状态预测值与滤波值分别为 $\bar{\boldsymbol{x}}_k$ 和 $\hat{\boldsymbol{x}}_k$，方差为 $\bar{\boldsymbol{P}}_k$ 和 $\hat{\boldsymbol{P}}_k$，根据 Cholesky 分解有

$$\boldsymbol{Q}=\boldsymbol{S}_v\boldsymbol{S}_v^{\mathrm{T}},\ \boldsymbol{R}=\boldsymbol{S}_w\boldsymbol{S}_w^{\mathrm{T}},\ \bar{\boldsymbol{P}}_k=\bar{\boldsymbol{S}}_x\bar{\boldsymbol{S}}_x^{\mathrm{T}},\ \hat{\boldsymbol{P}}_k=\hat{\boldsymbol{S}}_x\hat{\boldsymbol{S}}_x^{\mathrm{T}} \tag{5-132}$$

其中，噪声协方差矩阵 $\boldsymbol{Q}$ 和 $\boldsymbol{R}$ 的分解可预先计算好，状态方差矩阵不是直接估计，在滤波器中，误差方差阵的预测和修正是通过协方差阵的 Cholesky 分解矩阵来实现的，而分解矩阵 $\bar{\boldsymbol{S}}_x$ 和 $\hat{\boldsymbol{S}}_x$ 则需要在滤波过程中进行递推。定义一阶和二阶差分矩阵：

$$\boldsymbol{S}_{x\hat{x}}^{(1)}(k)=\left\{\frac{(f_i(\hat{\boldsymbol{x}}_k+h\hat{\boldsymbol{s}}_{x,j},\ \boldsymbol{u}_k,\ \bar{\boldsymbol{v}}_k)-f_i(\hat{\boldsymbol{x}}_k-h\hat{\boldsymbol{s}}_{x,j},\ \boldsymbol{u}_k,\ \bar{\boldsymbol{v}}_k))}{2h}\right\}$$

$$\boldsymbol{S}_{xv}^{(1)}(k)=\left\{\frac{(f_i(\hat{\boldsymbol{x}}_k,\ \boldsymbol{u}_k,\ \bar{\boldsymbol{v}}_k+h\boldsymbol{s}_{v,j})-f_i(\hat{\boldsymbol{x}}_k,\ \boldsymbol{u}_k,\ \bar{\boldsymbol{v}}_k-h\boldsymbol{s}_{v,j}))}{2h}\right\}$$

$$\boldsymbol{S}_{y\bar{x}}^{(1)}(k)=\left\{\frac{(g_i(\bar{\boldsymbol{x}}_k+h\bar{\boldsymbol{s}}_{x,j},\ \bar{\boldsymbol{w}}_k)-g_i(\bar{\boldsymbol{x}}_k-h\bar{\boldsymbol{s}}_{x,j},\ \bar{\boldsymbol{w}}_k))}{2h}\right\}$$

$$\boldsymbol{S}_{yw}^{(1)}(k)=\left\{\frac{(g_i(\bar{\boldsymbol{x}}_k,\ \bar{\boldsymbol{w}}_k+h\boldsymbol{s}_{w,j})-g_i(\bar{\boldsymbol{x}}_k,\ \bar{\boldsymbol{w}}_k-h\boldsymbol{s}_{w,j}))}{2h}\right\}$$

$$\boldsymbol{S}_{y\bar{x}}^{(2)}(k)=\left\{\frac{\sqrt{h^2-1}}{2h^2}(g_i(\bar{\boldsymbol{x}}_k+h\bar{\boldsymbol{s}}_{x,j},\ \bar{\boldsymbol{w}}_k)+g_i(\bar{\boldsymbol{x}}_k-h\bar{\boldsymbol{s}}_{x,j},\ \bar{\boldsymbol{w}}_k)-2g_i(\bar{\boldsymbol{x}}_k,\ \bar{\boldsymbol{w}}_k))\right\}$$

$$\boldsymbol{S}_{yw}^{(2)}(k)=\left\{\frac{\sqrt{h^2-1}}{2h^2}(g_i(\bar{\boldsymbol{x}}_k,\ \bar{\boldsymbol{w}}_k+h\boldsymbol{s}_{w,j})+g_i(\bar{\boldsymbol{x}}_k,\ \bar{\boldsymbol{w}}_k-h\boldsymbol{s}_{w,j})-2g_i(\bar{\boldsymbol{x}}_k,\ \bar{\boldsymbol{w}}_k))\right\}$$

$$\boldsymbol{S}_{x\hat{x}}^{(2)}(k)=\left\{\frac{\sqrt{h^2-1}}{2h^2}(f_i(\hat{\boldsymbol{x}}_k+h\hat{\boldsymbol{s}}_{x,j},\ \boldsymbol{u}_k,\ \bar{\boldsymbol{v}}_k)+f_i(\hat{\boldsymbol{x}}_k-h\hat{\boldsymbol{s}}_{x,j},\ \boldsymbol{u}_k,\ \bar{\boldsymbol{v}}_k)-2f_i(\hat{\boldsymbol{x}}_k,\ \boldsymbol{u}_k,\ \bar{\boldsymbol{v}}_k))\right\}$$

$$\boldsymbol{S}_{xv}^{(2)}(k)=\left\{\frac{\sqrt{h^2-1}}{2h^2}(f_i(\hat{\boldsymbol{x}}_k,\ \boldsymbol{u}_k,\ \bar{\boldsymbol{v}}_k+h\boldsymbol{s}_{v,j})+f_i(\hat{\boldsymbol{x}}_k,\ \boldsymbol{u}_k,\ \bar{\boldsymbol{v}}_k-h\boldsymbol{s}_{v,j})-2f_i(\hat{\boldsymbol{x}}_k,\ \boldsymbol{u}_k,\ \bar{\boldsymbol{v}}_k))\right\}$$

式中，$\hat{\boldsymbol{s}}_{x,j}$、$\bar{\boldsymbol{s}}_{x,j}$、$\boldsymbol{s}_{w,j}$、$\boldsymbol{s}_{v,j}$ 分别为平方根下三角矩阵 $\hat{\boldsymbol{S}}_x$、$\bar{\boldsymbol{S}}_x$、$\boldsymbol{S}_w$、$\boldsymbol{S}_v$ 的第 j 列。标准 DD2 算法步骤如下：

（1）状态和误差协方差阵预测。状态和误差协方差阵预测公式为

$$\begin{aligned}\bar{\boldsymbol{x}}_k=&\frac{h^2-n_x-n_v}{h^2}f(\hat{\boldsymbol{x}}_{k-1},\ \boldsymbol{u}_{k-1},\ \bar{\boldsymbol{v}}_{k-1})+\frac{1}{2h^2}\sum_{p=1}^{n_x}f(\hat{\boldsymbol{x}}_{k-1}+h\hat{\boldsymbol{s}}_{x,p},\ \boldsymbol{u}_{k-1},\ \bar{\boldsymbol{v}}_{k-1})+\\&f(\hat{\boldsymbol{x}}_{k-1}-h\hat{\boldsymbol{s}}_{x,p},\ \boldsymbol{u}_{k-1},\ \bar{\boldsymbol{v}}_{k-1})+\frac{1}{2h^2}\sum_{p=1}^{n_x}f(\hat{\boldsymbol{x}}_{k-1},\ \boldsymbol{u}_{k-1},\ \bar{\boldsymbol{v}}_{k-1}+h\boldsymbol{s}_{v,p})+\\&f(\hat{\boldsymbol{x}}_{k-1},\ \boldsymbol{u}_{k-1},\ \bar{\boldsymbol{v}}_{k-1}-h\boldsymbol{s}_{v,p})\end{aligned} \tag{5-133}$$

$$\bar{\boldsymbol{P}}(k)=\bar{\boldsymbol{S}}_x(k)\bar{\boldsymbol{S}}_x^{\mathrm{T}}(k) \tag{5-134}$$

$$\bar{\boldsymbol{S}}_x(k)=[\boldsymbol{S}_{x\hat{x}}^{(1)}(k-1)\quad \boldsymbol{S}_{xv}^{(1)}(k-1)\quad \boldsymbol{S}_{x\hat{x}}^{(2)}(k-1)\quad \boldsymbol{S}_{x\hat{x}}^{(2)}(k-1)] \tag{5-135}$$

其中，n_x 和 n_v 分别为状态矢量与过程噪声矢量的维数。

（2）观测预测。观测预测公式为

$$\begin{aligned}\bar{\boldsymbol{y}}_k=&\frac{h^2-n_x-n_w}{h^2}g(\bar{\boldsymbol{x}}_k,\ \bar{\boldsymbol{w}}_k)+\frac{1}{2h^2}\sum_{p=1}^{nx}g(\bar{\boldsymbol{x}}_k+h\bar{\boldsymbol{s}}_{v,p},\ \bar{\boldsymbol{w}}_k)+g(\bar{\boldsymbol{x}}_k-h\bar{\boldsymbol{x}}_{v,p},\ \bar{\boldsymbol{w}}_k)+\\&\frac{1}{2h^2}\sum_{p=1}^{nx}g(\bar{\boldsymbol{x}}_k,\ \bar{\boldsymbol{w}}_k+h\boldsymbol{s}_{w,p})+g(\bar{\boldsymbol{x}}_k,\ \bar{\boldsymbol{w}}_k-h\boldsymbol{s}_{w,p})\end{aligned} \tag{5-136}$$

$$\boldsymbol{P}_y=\boldsymbol{S}_y(k)\boldsymbol{S}_y^{\mathrm{T}}(k) \tag{5-137}$$

$$\boldsymbol{S}_y(k)=[\boldsymbol{S}_{y\bar{x}}^{(1)}(k)\quad \boldsymbol{S}_{yw}^{(1)}(k)\quad \boldsymbol{S}_{y\bar{x}}^{(2)}(k)\quad \boldsymbol{S}_{yw}^{(2)}(k)] \tag{5-138}$$

$$\boldsymbol{P}_{xy}(k)=\bar{\boldsymbol{S}}_x(k)\boldsymbol{S}_{y\bar{x}}^{\mathrm{T}}(k) \tag{5-139}$$

其中，n_w 为测量噪声的维数。

(3) 滤波增益。滤波增益计算公式为

$$\boldsymbol{K}_k=\boldsymbol{P}_{xy}(k)[\boldsymbol{S}_y(k)\boldsymbol{S}_y^{\mathrm{T}}(k)]^{-1} \tag{5-140}$$

(4) 状态更新。状态更新方程为

$$\hat{\boldsymbol{x}}_k=\bar{\boldsymbol{x}}_k+\boldsymbol{K}_k(\boldsymbol{y}_k-\bar{\boldsymbol{y}}_k) \tag{5-141}$$

$$\hat{\boldsymbol{P}}_k=\hat{\boldsymbol{S}}_x(k)\hat{\boldsymbol{S}}_x^{\mathrm{T}}(k) \tag{5-142}$$

$$\hat{\boldsymbol{S}}_x(k)=[\bar{\boldsymbol{S}}_x(k)-\boldsymbol{K}_k\boldsymbol{S}_{y\bar{x}}^{(1)}(k)\quad \boldsymbol{K}_k\boldsymbol{S}_{yw}^{(1)}(k)\boldsymbol{K}_k\boldsymbol{S}_{yx}^{(2)}(k)\quad \boldsymbol{K}_k\boldsymbol{S}_{yw}^{(2)}(k)] \tag{5-143}$$

5.6.2 仿真验证

将 DDF 算法应用于无人机低成本姿态估计中，以微机械陀螺仪、加速度计和磁强计传感器的组合姿态估计方案进行验证。以四元数和陀螺仪零偏作为状态变量，重力场(用加速度计测量)和地磁场(用磁强计测量)作为辅助测量信息建立模型，并通过 DDF 算法分别估计角速度和角度信息。

微机械陀螺仪精度较低，因而信号积分后漂移过快，以至于无法直接使用，需要其他辅助传感器提供校正信息。因此，利用重力场(包含两个水平姿态信息，用加速度计测量)和地磁场(包含一个水平姿态信息和航向信息，用磁强计测量)作为姿态参考信息，由 DDF 来实现与陀螺仪信号的数据融合。组合方案如图 5-21 所示。

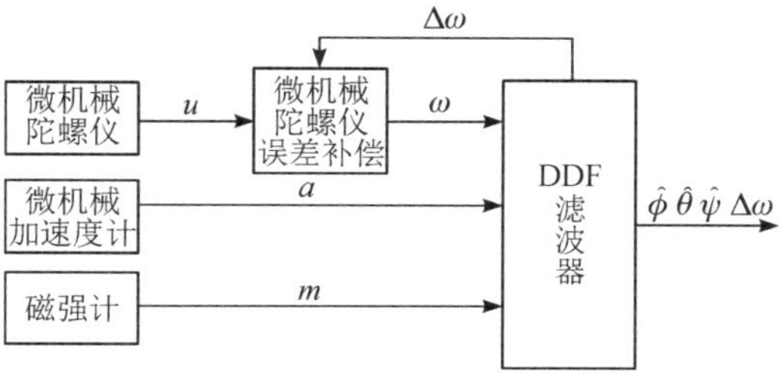

图 5-21　姿态确定方案

1. 状态方程

采用导航坐标系和载体坐标系分别作为参考坐标系和移动坐标系。根据式(5-26)，有

$$\dot{\boldsymbol{q}}=\frac{1}{2}\boldsymbol{\Omega}(\boldsymbol{\omega})\boldsymbol{q} \tag{5-144}$$

其中，$\boldsymbol{\Omega}(\boldsymbol{\omega})=\begin{bmatrix}0 & -\boldsymbol{\omega}^{\mathrm{T}}\\ \boldsymbol{\omega} & -[\boldsymbol{\omega}_\times]\end{bmatrix}$，$[\boldsymbol{\omega}_\times]=\begin{bmatrix}0 & -\omega_z & \omega_y\\ \omega_z & 0 & -\omega_x\\ -\omega_y & \omega_x & 0\end{bmatrix}$，$\boldsymbol{\omega}=[\omega_x\quad \omega_y\quad \omega_z]^{\mathrm{T}}$ 表示载体角速度相对于参考坐标系的角速度，$\boldsymbol{q}=[q_0\quad q_1\quad q_2\quad q_3]^{\mathrm{T}}$ 表示四元数矩阵。

考虑到陀螺仪的零偏、测量噪声等非理想因素，陀螺仪模型可表示为

$$\boldsymbol{u}=\boldsymbol{\omega}+\Delta\boldsymbol{\omega}+\boldsymbol{m}_1 \tag{5-145}$$

$$\Delta\dot{\boldsymbol{\omega}}=-\frac{\Delta\boldsymbol{\omega}}{\tau}+\boldsymbol{m}_2 \tag{5-146}$$

式中，$\boldsymbol{u}$ 为陀螺仪输出值，$\boldsymbol{\omega}$ 为相对于参考坐标系的角速度，$\Delta\boldsymbol{\omega}=[\Delta\omega_x \quad \Delta\omega_y \quad \Delta\omega_z]^{\mathrm{T}}$ 为陀螺仪的零偏误差，τ 为相关时间常数，$\boldsymbol{m}_1$ 为陀螺仪随机零偏误差，$\boldsymbol{m}_2$ 为陀螺仪随机游走噪声。

取姿态估计系统的状态变量 $\boldsymbol{x}=[\boldsymbol{q} \quad \Delta\boldsymbol{\omega}]^{\mathrm{T}}$，根据式(5-144)～式(5-146)可以得到线性化状态方程为

$$\dot{\boldsymbol{x}}=f(\boldsymbol{x},\boldsymbol{u})+\boldsymbol{v} \tag{5-147}$$

其中，$f(\boldsymbol{x})=\begin{bmatrix}0.5\boldsymbol{\Omega}(\boldsymbol{u}-\Delta\boldsymbol{\omega})\boldsymbol{q}\\ -\Delta\boldsymbol{\omega}/\tau\end{bmatrix}$，$\boldsymbol{v}=[\boldsymbol{m}_1^{\mathrm{T}} \quad \boldsymbol{m}_2^{\mathrm{T}}]^{\mathrm{T}}$ 为随机独立的零均值高斯白噪声序列，$\boldsymbol{v}\sim N(0,\boldsymbol{Q})$。

2. 测量方程

设加速度计和磁强计得到的姿态角 $\boldsymbol{y}=[\phi \quad \theta \quad \psi]^{\mathrm{T}}$，$\phi$ 表示横滚角，θ 表示俯仰角，ψ 表示航向角。根据欧拉角与四元数的关系，测量模型可以表示为

$$\boldsymbol{y}=g(\boldsymbol{x})+\boldsymbol{w} \tag{5-148}$$

式中，$g(\boldsymbol{x})=\begin{bmatrix}\operatorname{atan}\left[\dfrac{2(x(3)x(4)+x(1)x(2))}{1-2(x(2)^2+x(3)^2)}\right]\\ \operatorname{asin}[2(x(1)x(3)-x(2)x(4))]\\ \operatorname{atan}\left[\dfrac{2(x(2)x(3)+x(1)x(4))}{1-2(x(3)^2+x(4)^2)}\right]\end{bmatrix}$，$\boldsymbol{w}$ 为随机独立的零均值高斯白噪声序列，即 $\boldsymbol{w}\sim N(0,\boldsymbol{R})$。

3. DDF 估计

对式(5-147)和(5-148)离散化可得到离散的状态方程和测量方程：

$$\begin{cases}\boldsymbol{x}_{k+1}=f(\boldsymbol{x}_k)+\boldsymbol{v}_k\\ \boldsymbol{y}_k=g(\boldsymbol{x}_k)+\boldsymbol{w}_k\end{cases} \tag{5-149}$$

其中，$\boldsymbol{v}$ 为过程噪声，均值为 0，方差为 $\boldsymbol{Q}$；$\boldsymbol{w}$ 为高斯白噪声，方差为 $\boldsymbol{R}$。

根据建立的系统模型，通过 DDF 算法对姿态和陀螺仪零偏误差进行估计，其流程如图 5-22 所示。DDF 算法利用状态估计误差方差阵的 Cholesky 分解矩阵进行递推，然后再合

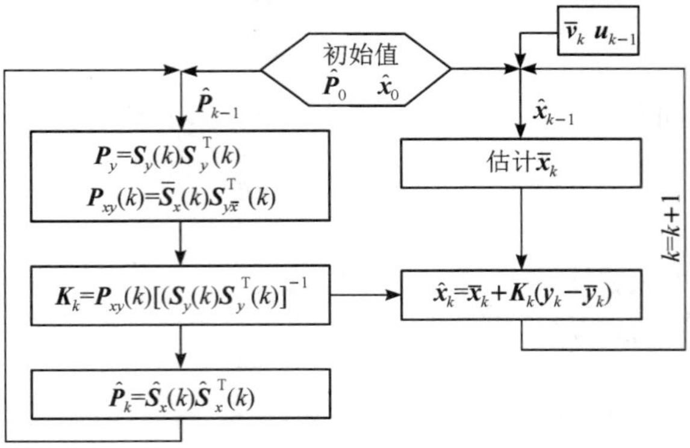

图 5-22 DDF 姿态估计

成得到状态估计和误差的方差阵。由 DDF 得到陀螺仪零偏误差 $\Delta\boldsymbol{\omega}$，并用陀螺仪零偏值反馈校正陀螺仪输出角速度 $\boldsymbol{u}$，得到校正后的角速度输出 $\boldsymbol{\omega}$。最后，将校正后的角速度和估计的姿态角作为系统的输出。

4. 仿真分析

为了验证上述融合算法的有效性，对无人机进行了模拟仿真。仿真过程时间为 90 s，初始姿态角均为 0。飞行器在运动过程中先匀速直线运动 10 s；然后俯仰角以 1(°)/s 的角速率由 0°增加到 15°，再以−1(°)/s 的角速率减小为 0°；而后横滚角以 1(°)/s 增加到 10°，匀速直线运动 10 s 后，横滚角再降到 0°。陀螺仪常值零偏为 0.06(°)/s，零偏均方差为 0.05(°)/s；加速度计随机常值零偏为 0.001 g，白噪声均方差为 0.001 g；磁强计噪声均方差 0.09(°)/s。

图 5-23 和图 5-24 是采用 DDF 算法估计得到的姿态角和陀螺仪零偏误差曲线。图 5-23 表明 DDF 滤波算法能在航向、横滚和俯仰上很好地估计出姿态变化，误差明显收敛；从图 5-24 看出，陀螺仪零偏误差估计值与条件中的理论值一致，表明 DDF 能有效地估计出零偏误差的大小，并对陀螺仪输出值作出修正，从而进一步提高姿态精度。

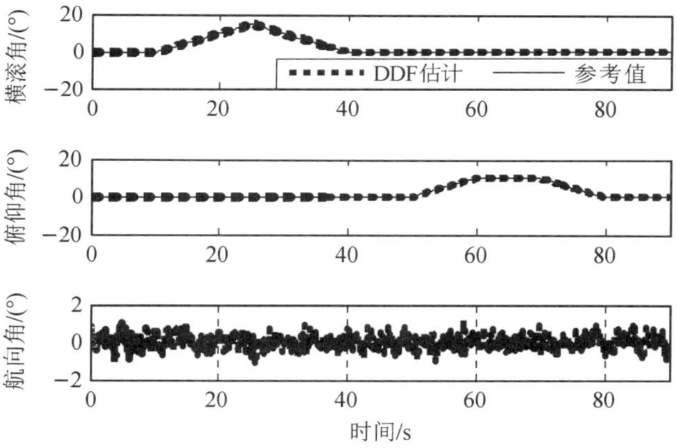

图 5-23　DDF 姿态角估计

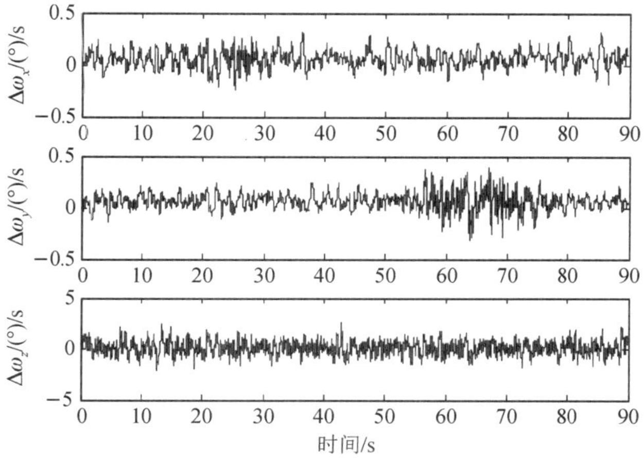

图 5-24　陀螺仪漂移误差估计

DDF 算法采用多项式插值方法作为函数的近似，其没有 EKF 弱非线性的特点和计算雅可比矩阵的要求，且比 UKF 等近似描述非线性的滤波算法具有更小的计算量和更高的稳定性。将 DDF 算法应用于低成本 MEMS 惯性器件组合定姿，可有效提高姿态估计的精度和稳定性，降低系统对微惯性传感器精度的要求。

5.7 强跟踪滤波

5.7.1 定义

强跟踪滤波(Strong Tracking Filter，STF)的系统模型是在卡尔曼滤波基础上的一种改进，其系统模型为

$$\begin{cases}\boldsymbol{X}_k=\boldsymbol{\phi}_{k/k-1}+\boldsymbol{G}_{k-1}\boldsymbol{w}_{k-1}\\ \boldsymbol{Z}_k=\boldsymbol{H}_k\boldsymbol{X}_k+\boldsymbol{v}_k\end{cases}\tag{5-150}$$

其中，k，$j=0$，1，2，…；$\boldsymbol{\phi}_{k/k-1}$ 表示状态量从 $k-1$ 到 k 的转移矩阵；$\boldsymbol{G}_{k-1}$ 表示系统噪声从 $k-1$ 到 k 时刻的输入矩阵；$\boldsymbol{H}_k$ 表示 k 时刻的观测矩阵；$\boldsymbol{Z}_k$ 表示 k 时刻的观测值；$\boldsymbol{w}_{k-1}$、$\boldsymbol{v}$ 均表示零均值的高斯白噪声。

强跟踪滤波的步骤包括状态预测、协方差矩阵预测、新息计算、时变渐消因子计算和状态更新。

(1) 状态预测。状态预测方程为

$$\hat{\boldsymbol{X}}_{k/k-1}=\boldsymbol{\phi}_{k/k-1}\hat{\boldsymbol{X}}_{k-1}\tag{5-151}$$

其中，$\boldsymbol{\phi}_{k/k-1}$ 是过程噪声协方差矩阵。

(2) 协方差矩阵预测。协方差矩阵预测方程为

$$\boldsymbol{P}_{k/k-1}=\boldsymbol{L}_k\boldsymbol{\phi}_{k/k-1}\boldsymbol{P}_{k-1}\boldsymbol{\phi}_{k/k-1}^{\mathrm{T}}+\boldsymbol{G}_{k-1}\boldsymbol{Q}_k\boldsymbol{\Gamma}_{k-1}^{\mathrm{T}}\tag{5-152}$$

其中，$\boldsymbol{L}_k$ 表示时变渐消因子矩阵。

(3) 新息计算。新息计算公式为

$$\boldsymbol{\varepsilon}_k=\boldsymbol{Z}_k-\boldsymbol{H}_k\hat{\boldsymbol{X}}_{k/k-1}\tag{5-153}$$

(4) 时变渐消因子计算。时变渐消因子矩阵计算公式为

$$\boldsymbol{L}_k=\mathrm{diag}(\lambda_1(k),\ \lambda_2(k),\ \cdots,\ \lambda_n(k))\tag{5-154}$$

式中，$\lambda_i(k)$是时变渐消因子，计算公式为

$$\lambda(k)=\begin{cases}\gamma\lambda_0, & \lambda_0\geqslant 1\\ 1, & \lambda_0<1\end{cases}\tag{5-155}$$

$$\lambda_0=\frac{\mathrm{tr}(\boldsymbol{N}(k+1))}{\mathrm{tr}(\boldsymbol{M}(k+1))}\tag{5-156}$$

其中，γ 表示时变系数比例，可以通过先验信息获得；tr 表示矩阵的迹；$\boldsymbol{N}(k+1)$和 $\boldsymbol{M}(k+1)$的计算公式为

$$\boldsymbol{N}(k+1)=\boldsymbol{V}_0(k)-\boldsymbol{H}_k\boldsymbol{Q}_{k-1}\boldsymbol{H}_k^{\mathrm{T}}-\eta\boldsymbol{R}_k\tag{5-157}$$

$$\boldsymbol{M}(k+1)=\boldsymbol{\phi}_{k/k-1}\boldsymbol{P}_{k/k-1}\boldsymbol{\phi}_{k/k-1}^{\mathrm{T}}\boldsymbol{H}_k\boldsymbol{H}_k^{\mathrm{T}}\tag{5-158}$$

式(5－157)中，$\boldsymbol{V}_0(k)$的计算公式为

$$\boldsymbol{V}_0(k)=\begin{cases}\boldsymbol{\varepsilon}_0\boldsymbol{\varepsilon}_0^{\mathrm{T}},\ k=0\\ \dfrac{\rho\boldsymbol{V}_0(k-1)+\boldsymbol{\varepsilon}_k\boldsymbol{\varepsilon}_k^{\mathrm{T}}}{1+\rho},\ k\geqslant 1\end{cases}\tag{5-159}$$

其中，$\rho(0\leqslant\rho\leqslant 1)$是遗忘因子。正常情况下取$\rho=0.95$；$\eta(\eta\geqslant 1)$是弱化因子，其使得状态估计更加平滑，一般取经验值$\eta=1.5$。

(5) 状态更新。状态更新方程为

$$\hat{\boldsymbol{X}}_k=\hat{\boldsymbol{X}}_{k/k-1}+\boldsymbol{K}_k\boldsymbol{\varepsilon}_k\tag{5-160}$$

其中，$\boldsymbol{K}_k$ 为增益，$\boldsymbol{K}_k$ 的计算公式为

$$\boldsymbol{K}_k=\boldsymbol{P}_{k/k-1}\boldsymbol{H}_k^{\mathrm{T}}(\boldsymbol{H}_k\boldsymbol{P}_{k/k-1}\boldsymbol{H}_k^{\mathrm{T}}+\boldsymbol{R}_k)^{-1}\tag{5-161}$$

其中

$$\boldsymbol{P}_k=(\boldsymbol{I}-\boldsymbol{K}_k\boldsymbol{H}_k)\boldsymbol{P}_{k/k-1}\tag{5-162}$$

5.7.2 改进强跟踪滤波算法

强跟踪滤波的状态跟踪是通过改变时变渐消因子以调整一步预测误差方程矩阵来实现的。然而，这会使预测误差方差阵的对称性遭到破坏，不能达到最佳滤波效果。因此，可以通过引入镜像时变渐消因子矩阵 $\boldsymbol{L}(k)^{\mathrm{T}}$ 来提高一步预测误差方差阵的对称性以及滤波的稳定性。

1. 时变渐消因子计算方法的改进

在初始算法中，时变渐消因子的计算需要依赖于先验信息，这就使得初始算法稳定性不高。因此，在这里引入一种新的时变渐消因子的计算方法。

根据正交性原理 $E(\boldsymbol{\varepsilon}_k^{\mathrm{T}}\boldsymbol{\varepsilon}_{k+j})=0$，可以得到充要条件：

$$\boldsymbol{P}_{k/k-1}\boldsymbol{H}_k^{\mathrm{T}}-\boldsymbol{K}_k\boldsymbol{V}_0(k)\equiv 0\tag{5-163}$$

引入滤波增益 $\boldsymbol{K}_k$，可得

$$\boldsymbol{P}_{k/k-1}\boldsymbol{H}_k^{\mathrm{T}}-\boldsymbol{P}_{k/k-1}\boldsymbol{H}_k^{\mathrm{T}}(\boldsymbol{H}_k\boldsymbol{P}_{k/k-1}\boldsymbol{H}_k^{\mathrm{T}}+\boldsymbol{R}_k)\boldsymbol{V}_0(k)\equiv 0\tag{5-164}$$

简化整理可得

$$\boldsymbol{H}_k\boldsymbol{P}_{k/k-1}\boldsymbol{H}_k^{\mathrm{T}}=\boldsymbol{V}_0(k)-\boldsymbol{R}_k\tag{5-165}$$

引入改进后的一步预测误差方差矩阵 $\boldsymbol{P}_{k/k-1}$，可得

$$\boldsymbol{H}_k\boldsymbol{L}(k)\boldsymbol{\phi}_{k/k-1}\boldsymbol{P}_{k-1}\boldsymbol{\phi}_{k/k-1}^{\mathrm{T}}\boldsymbol{L}(k)^{\mathrm{T}}\boldsymbol{H}_k^{\mathrm{T}}=\boldsymbol{V}_0(k)-\boldsymbol{R}_k-\boldsymbol{G}_{k-1}\boldsymbol{Q}_k\boldsymbol{G}_{k-1}^{\mathrm{T}}\tag{5-166}$$

令

$$\boldsymbol{\Phi}(k)=\boldsymbol{\phi}_{k/k-1}\boldsymbol{P}_{k-1}\boldsymbol{\phi}_{k/k-1}^{\mathrm{T}}$$

$$\boldsymbol{B}(k)=\boldsymbol{V}_0(k)-\boldsymbol{R}_k-\boldsymbol{G}_{k-1}\boldsymbol{Q}_k\boldsymbol{G}_{k-1}^{\mathrm{T}}$$

整理式(5－166)得到

$$\boldsymbol{H}_k\boldsymbol{L}(k)\boldsymbol{\Phi}(k)(\boldsymbol{H}_k\boldsymbol{L}(k))^{\mathrm{T}}=\boldsymbol{B}(k)\tag{5-167}$$

令

$$\boldsymbol{H}_k=[\boldsymbol{h}_1\quad\boldsymbol{h}_2\quad\cdots\quad\boldsymbol{h}_n]$$

$$\boldsymbol{H}_k\boldsymbol{L}(k)=[\boldsymbol{\lambda}_1(k)\boldsymbol{h}_1\quad \boldsymbol{\lambda}_2(k)\boldsymbol{h}_2\quad \cdots\quad \boldsymbol{\lambda}_n(k)\boldsymbol{h}_n]$$

代入式(5-167)可得到

$$[\boldsymbol{\lambda}_1(k)\boldsymbol{h}_1\quad \boldsymbol{\lambda}_2(k)\boldsymbol{h}_2\quad \cdots\quad \boldsymbol{\lambda}_n(k)\boldsymbol{h}_n]\boldsymbol{\Phi}(k)\begin{bmatrix}\boldsymbol{\lambda}_1(k)\boldsymbol{h}_1\\ \boldsymbol{\lambda}_2(k)\boldsymbol{h}_2\\ \vdots\\ \boldsymbol{\lambda}_n(k)\boldsymbol{h}_n\end{bmatrix}=\boldsymbol{B}(k) \tag{5-168}$$

整理可得

$$\sum_{i,j}\boldsymbol{\lambda}_i(k)\boldsymbol{\lambda}_j(k)\boldsymbol{\Phi}_{i,j}(k)\boldsymbol{h}_i\boldsymbol{h}_j^{\mathrm{T}}=\boldsymbol{B}(k) \tag{5-169}$$

令初始值 $\boldsymbol{\lambda}^{(0)}=[1\ 1\ \cdots\ 1]$，得到迭代公式

$$\sum_{i,j}\boldsymbol{\lambda}_i^{(m)}(k)\boldsymbol{\lambda}_j^{(m-1)}(k)\boldsymbol{\Phi}_{i,j}(k)\boldsymbol{h}_i\boldsymbol{h}_j^{\mathrm{T}}=\boldsymbol{B}(k) \tag{5-170}$$

式中，m 是迭代次数。用迭代最小均方的方法求解迭代结果 $\boldsymbol{\lambda}^{(m)}$ 最终的时变因子为

$$\boldsymbol{\lambda}(k)=\mathrm{diag}(\lambda_1,\lambda_2,\cdots,\lambda_n) \tag{5-171}$$

其中，$\lambda_i=\begin{cases}\lambda_i^{(m)}, & \lambda_i^{(m)}\geqslant 1\\ 1, & \lambda_i^{(m)}<1\end{cases}$. 从而可以得到改进后的一步预测误差方差矩阵为

$$\boldsymbol{P}_{k/k-1}=\boldsymbol{L}(k)\phi_{k/k-1}\boldsymbol{P}_{k-1}\phi_{k/k-1}^{\mathrm{T}}\boldsymbol{L}(k)^{\mathrm{T}}+\boldsymbol{G}_{k-1}\boldsymbol{Q}_k\boldsymbol{G}_{k/k-1}^{\mathrm{T}} \tag{5-172}$$

2. 测量误差的自适应修正

强跟踪滤波实际上是卡尔曼滤波的一种改进，其本质也是预测加修正。强跟踪滤波依据状态方程预测 k 时刻的状态向量$\hat{\boldsymbol{x}}_{k/k-1}$，以 $k-1$ 时刻的最佳估计值$\hat{\boldsymbol{x}}_{k-1/k-1}$ 为准，同时又对状态进行观测得到测量向量 $\boldsymbol{z}_k$，再在测量与预测之间根据各自的可信度折中得到结果。预测值和测量值的可信度以各自参数的设置为标准，这也是考量滤波合理性的一个重要参考指标。

在滤波过程中，卡尔曼滤波的增益方程为

$$\boldsymbol{K}_k=\boldsymbol{P}_{k/k-1}\boldsymbol{H}_k^{\mathrm{T}}(\boldsymbol{H}_k\boldsymbol{P}_{k/k-1}\boldsymbol{H}_k^{\mathrm{T}}+\boldsymbol{R}_k)^{-1} \tag{5-173}$$

式(5-173)中，为了方便理解滤波增益，一般设测量矩阵 $\boldsymbol{H}(k+1)$为单位矩阵，则卡尔曼滤波增益方程可以表示为

$$\boldsymbol{K}_k=\boldsymbol{P}_{k/k-1}(\boldsymbol{P}_{k/k-1}+\boldsymbol{R}_k)^{-1} \tag{5-174}$$

从式(5-174)中可以看出，增益 $\boldsymbol{K}_k$ 与协方差矩阵 $\boldsymbol{P}_{k/k-1}$ 和 $\boldsymbol{R}_k$ 有关。根据强跟踪滤波的滤波过程可知，其滤波实质是修正 $\boldsymbol{P}_{k/k-1}$ 并优化得到增益 $\boldsymbol{K}_k$。而影响滤波增益的另一个参数为测量噪声矩阵 $\boldsymbol{R}_k$，它是根据传感器本身的测量参数决定的。如果以单个传感器为研究对象，测量噪声矩阵 $\boldsymbol{R}_k$ 是传感器自身的内部噪声和环境干扰综合影响的结果，它贯穿于实验过程的始终。而在实际应用中，测量噪声矩阵是由自身的可信度与环境干扰共同作用的结果。在建立模型的时候，人为地将传感器自身的测量误差以及环境等客观因素造成的误差设置为一个常数，使得每次的测量值将不能充分利用测量带来的新的信息来辅助预测状态值，这将会对状态值的预测造成较大的误差。此外，强跟踪滤波算法在姿态估计时，忽略了测量方差的时变特性造成的状态过调节。这些因素最终导致估计误差较大以及先验信

息的极大浪费。

为了使系统模型更加适用于载体运行过程中的运动状态，本节将传感器的内部噪声与环境干扰综合考虑，将各类不确定因素的变化设置成为一个随着状态改变的自适应值。对于传感器的测量方差，其前 $k-1$ 次采样的估计结果为$\hat{\boldsymbol{R}}_{k-1}(k=1, 2, \cdots, k-1)$，其算数平均值$\overline{\boldsymbol{R}}_{k-1}=\dfrac{1}{k-1}\sum_{j=1}^{k-1}\hat{\boldsymbol{R}}_j$，$\hat{\boldsymbol{R}}_k$ 为第 k 次采样时传感器的测量方差，写成递推形式为

$$\begin{cases}\overline{\boldsymbol{R}}_k=(1-d(k))\overline{\boldsymbol{R}}_{k-1}+d(k)\hat{\boldsymbol{R}}_k\\ \overline{\boldsymbol{R}}_1=\hat{\boldsymbol{R}}_1\end{cases}\tag{5-175}$$

其中，$d(k)=1-b^k(0<b\leqslant 1)$是自学习加权的权值。在 $d(k)$的计算式中，b 为学习因子，根据试验情况而定。b 与外部环境干扰直接相关且同大同小，其目的是使测量方差的估算能尽量利用当前测量中新的信息。

根据测量方差的估计值可以看出，每次所测得的测量方差值都是先验信息和传感器测量方差共同作用的结果，而且这种调节方法的作用会随着数据的增加越发显著。当数据到达一定量的时候，这种调节作用将趋于稳定，测量方差值也将随着优化算法的逐步稳定而趋于稳定。这种调节作用本身受到概率分布的影响，最初的学习是一个从无到有的过程，此时的学习速度较快，需要充分发挥先验信息的作用，随着数据的增多学习就会趋于稳定，从而使测量方差的估计结果更加稳定。

结合强跟踪滤波算法，改进强跟踪滤波算法为

$$\boldsymbol{K}_k=\boldsymbol{P}_{k/k-1}\boldsymbol{H}_k^{\mathrm{T}}(\boldsymbol{H}_k\boldsymbol{P}_{k/k-1}\boldsymbol{H}_k^{\mathrm{T}}+\overline{\boldsymbol{R}}_k)^{-1}\tag{5-176}$$

$$\boldsymbol{P}_k=(\boldsymbol{I}-\boldsymbol{K}_k\boldsymbol{H}_k)\boldsymbol{P}_{k/k-1}\tag{5-177}$$

$$\hat{\boldsymbol{X}}_k=\hat{\boldsymbol{X}}_{k/k-1}+\boldsymbol{K}_k(\boldsymbol{Z}_k-\boldsymbol{H}_k\hat{\boldsymbol{X}}_{k/k-1})\tag{5-178}$$

为了验证改进强跟踪滤波算法对突变有较强的跟踪能力，模拟一段速度信号作为真实信号，将真实值加入高斯白噪声后的结果作为测量信号，仿真结果如图 5-25 所示。

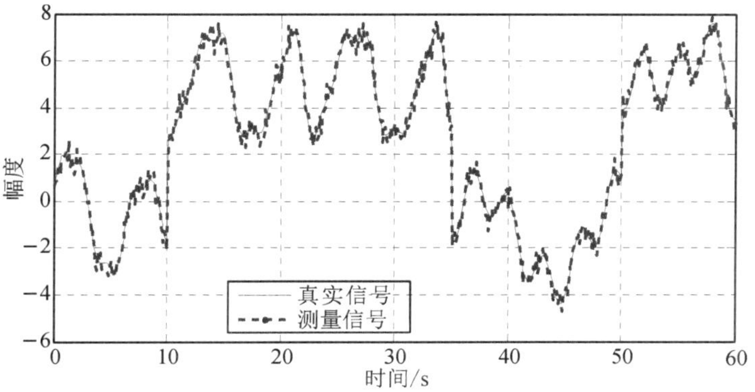

图 5-25　真实信号和观测信号

从图 5-25 中可以看出，载体的动态特性较强，而且测量数据与真实数据还存在一定误差。在 10 s、35 s、50 s 处载体出现了明显的跳变。

图 5-26 是扩展卡尔曼滤波和改进强跟踪滤波算法结果对比图。从图中可以看出，无论是扩展卡尔曼滤波算法还是改进强跟踪滤波算法都能稳定跟踪载体动态，在突变节点改进强跟踪滤波算法的滤波效果更好。

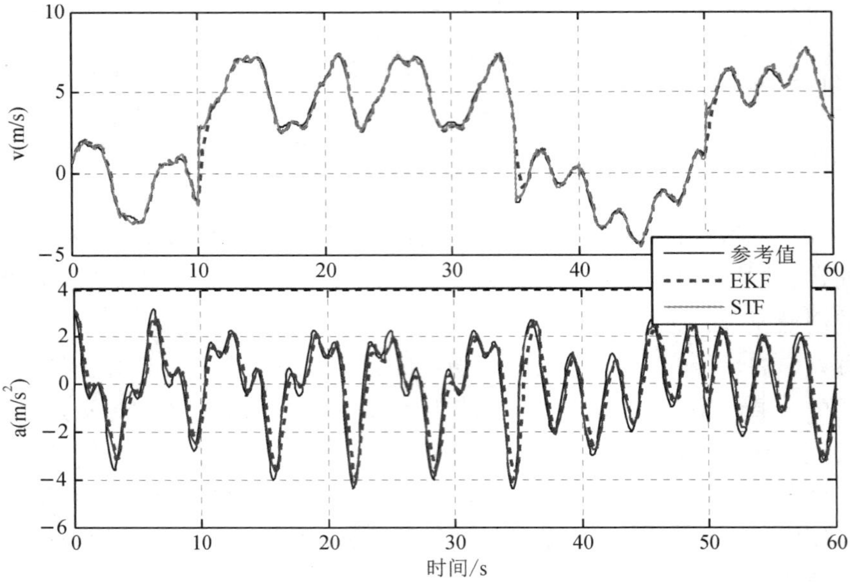

图 5-26 扩展卡尔曼和改进强跟踪滤波算法结果对比图

第 6 章　航姿系统估计算法

本章在第 5 章多传感融合算法的基础上，将微惯性测量单元、单基线 GPS 测姿系统和单天线 GPS 结合起来确定载体姿态，研究典型航姿系统估计算法，包括基于 MIMU-单基线 GPS 的 EKF 姿态估计、基于 MIMU-单基线 GPS 的 ASSRUKF 姿态估计和基于 MIMU-单天线 GPS 自适应 UKF 姿态估计。

6.1　传感器姿态估计

传感器姿态估计是指通过特定的传感器或传感器组合来检测和测量物体在空间中的姿态或方向。这一技术在多个领域都有重要应用，如航空航天、机器人技术、虚拟现实、人体姿态监测等。

6.1.1　传感器组成

为了获取载体的姿态信息，往往采用微机械陀螺仪、加速度计和磁强计组合进行姿态估计。其基本思路是利用加速度计输出的重力加速度获得俯仰角与横滚角，利用磁强计输出的磁场信息获得航向角，并以此作为测量值补偿陀螺仪的零偏。但加速度计和磁强计组合应用到载体姿态估计中时存在两个问题：一是加速度计无法区分重力加速度和机动加速度，在载体机动或颠簸状态下加速度计姿态估计精度较低；二是磁强计易受周围环境如载体平台、载体元件、附近的建筑物、高压电线、大的金属物等电磁场的干扰。

上述问题可以采用单基线 GPS 测姿系统来解决。单基线 GPS 测姿系统将 2 个高精度零相位测量型 GPS 天线一前一后置于载体纵轴上，在无阴影情况下可以准确输出速度、位置和航向角信息。单基线 GPS 测姿系统用 GPS 的航向角信息代替磁强计的磁场信息，并利用 GPS 的速度信息校正载体的机动加速度。但在实践中发现，单基线 GPS 测姿系统对空视要求较高，容易受到路边的树木、广告牌、天桥、楼群等遮挡物的影响，经常会失锁，且需要一段时间才能重新捕获规定数目的卫星。因此，单基线 GPS 测姿系统不能有效应用于多阴影的情况下。与单基线 GPS 测姿系统相比，单天线 GPS 在大多数路边遮挡环境中能够正常工作，可以提供速度、位置和伪航向角信息。但单天线 GPS 更新频率较低，不能提供任意运动状态下的载体航向角信息，且在载体静止或缓慢、无规律运动的场合下精度会降低。

针对上述问题，本章将微惯性测量单元、单基线 GPS 测姿系统和单天线 GPS 测姿系统结合起来估计载体姿态，如图 6-1 所示。MIMU 具有短时间高精度特性，可以及时敏感地捕捉载体的姿态变化，并以高采样频率输出角速率和加速度信息，但它单独工作时姿态误差较大；GPS 在无阴影情况下，可以准确输出速度、位置和航向角信息，但也存在信号遮蔽、更新频率低等缺陷。因此，两者具有很好的互补特性。两者的结合充分发挥了 GPS 精度高、无积累误差、无漂移的优势和 MIMU 动态性能好、抗干扰能力强、不需外部信号源就能自主工作等特点，提高了系统整体的姿态精度。

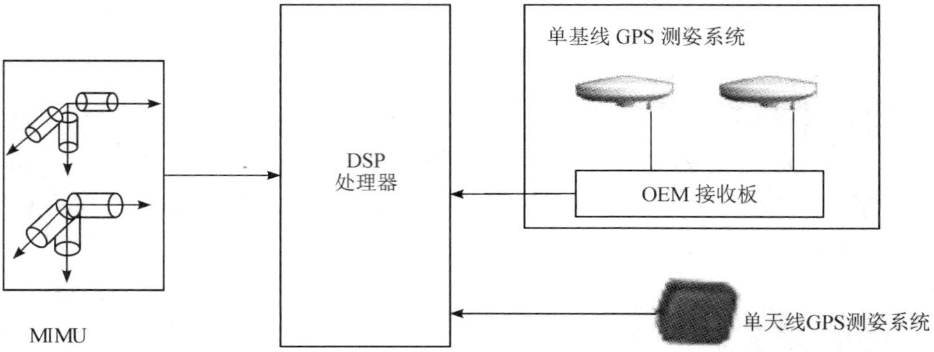

图 6-1　姿态估计系统组成

6.1.2 传感器姿态估计原理

下面分别介绍基于陀螺仪、加速度计和 GPS 的姿态估计原理。

1. 基于陀螺仪的姿态估计

MIMU 置于载体上，此时陀螺仪测量载体的角速率信息。欧拉角速率与三轴陀螺仪输出角速率的关系为

$$\begin{bmatrix}\omega_x\\\omega_y\\\omega_z\end{bmatrix}=\begin{bmatrix}\dot{\phi}\\0\\0\end{bmatrix}+\begin{bmatrix}1&0&0\\0&\cos\phi&\sin\phi\\0&-\sin\phi&\cos\phi\end{bmatrix}\begin{bmatrix}0\\\dot{\theta}\\0\end{bmatrix}+\begin{bmatrix}1&0&0\\0&\cos\phi&\sin\phi\\0&-\sin\phi&\cos\phi\end{bmatrix}\begin{bmatrix}\cos\theta&0&-\sin\theta\\0&1&0\\\sin\theta&0&\cos\theta\end{bmatrix}\begin{bmatrix}0\\0\\\dot{\psi}\end{bmatrix}\tag{6-1}$$

其中，ω_i 表示载体坐标系 i 轴的角速率，ϕ、θ 和 ψ 分别对应横滚角、俯仰角和航向角。

根据式(6-1)可得到欧拉角的微分方程为

$$\begin{bmatrix}\dot{\phi}\\\dot{\theta}\\\dot{\psi}\end{bmatrix}=\begin{bmatrix}1&\sin\phi\tan\theta&\cos\phi\tan\theta\\0&\cos\phi&-\sin\phi\\0&\sin\phi/\cos\theta&\cos\phi/\cos\theta\end{bmatrix}\begin{bmatrix}\omega_x\\\omega_y\\\omega_z\end{bmatrix}\tag{6-2}$$

给定初始值后，欧拉角可以根据式(6-2)直接积分获得。如图 6-2 所示，陀螺仪存在零偏误差，积分后姿态角误差会随着时间迅速增加，最终导致输出角度与实际不符，所以陀螺仪只能在短时间内保持指向精度。

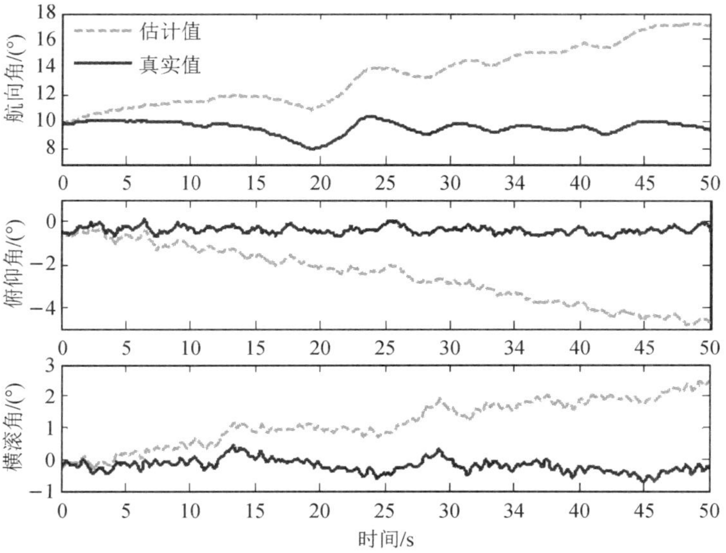

图 6-2 微机械陀螺仪估计载体姿态角

2. 基于加速度计的姿态估计

加速度计工作于倾角仪状态时，能通过直接测量当地重力加速度来确定载体的姿态。由于加速度计固连于载体上，其测量的是载体所受的比力，即

$$\begin{aligned}\boldsymbol{f} &= \dot{\boldsymbol{v}}^{b} + \boldsymbol{\omega} \times \boldsymbol{v}^{b} - \boldsymbol{g}^{b} \\ &= \begin{bmatrix} \dot{u} - \omega_z u + \omega_y w \\ \dot{v} + \omega_z u - \omega_x w \\ \dot{w} - \omega_y u + \omega_x v \end{bmatrix} + \begin{bmatrix} g\sin\theta \\ -g\sin\phi\cos\theta \\ -g\cos\phi\cos\theta \end{bmatrix}\end{aligned} \tag{6-3}$$

其中，$\dot{\boldsymbol{v}}^{b} = [\dot{u} \quad \dot{v} \quad \dot{w}]^{T}$ 是加速度矢量，$\boldsymbol{v}^{b} = [v_{bx} \ v_{by} \ v_{bz}]^{T}$ 为载体纵向加速度，$\boldsymbol{\omega} = [\omega_x \quad \omega_y \quad \omega_z]^{T}$ 为陀螺仪输出，$\boldsymbol{g}^{b}$ 为重力场在载体坐标系中的分量。

如果忽略科氏加速度及其他机动加速度的影响，加速度计的输出可看作重力场在载体坐标系中的分量，满足

$$\boldsymbol{f} = \begin{bmatrix} f_x \\ f_y \\ f_z \end{bmatrix} \approx -g \begin{bmatrix} -\sin\theta \\ \sin\phi\cos\theta \\ \cos\phi\cos\theta \end{bmatrix} \tag{6-4}$$

其中，f_x、f_y 和 f_z 是加速度计各个轴向的输出值。此时，倾角可以表示为

$$\theta_a = \arcsin\left(\frac{f_x}{g}\right), \ \phi_a = \arctan\left(\frac{f_y}{f_z}\right) \tag{6-5}$$

其中，θ_a 和 ϕ_a 分别为根据加速度计确定的俯仰角和横滚角。

如图 6-3 所示，加速度计姿态估计具有长时稳定性，但由于振动噪声和载体机动加速度的影响，载体在起步加速、停车减速和加(减)速时，产生了线性加速度，此时俯仰角受到的影响很大，所以线性加速度会引起加速度计估计的俯仰角误差增大；载体在转弯时，产生了径向加速度，此时横滚角受到的影响较大，所以径向加速度会引起加速度计估计的横

滚角误差增大。因此，当载体受到机动加速度影响时，加速度计估计的姿态角精度较差，这时就需要消除机动加速度，以改善估计效果。

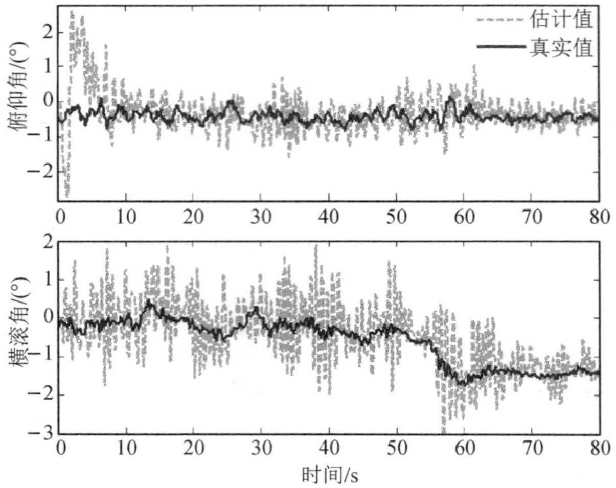

图 6-3 加速度计对姿态角估计结果

3. 基于 GPS 的航向角确定

多天线 GPS 测姿系统将多个 GPS 天线以一定的距离分开安装在载体上，利用各天线测量的 GPS 载波相位差，来实时确定运动坐标系相对于当地地理坐标系的角位置，从而求出载体的姿态。例如，双天线 GPS 测姿系统将两个 GPS 天线一前一后置于载体纵轴上，以主天线 1 为原点，天线 1 到天线 2 的基线矢量为 $\boldsymbol{b}$。由于安装于载体上的 GPS 天线相对于载体坐标系固定不变，因此载体坐标系下基线矢量 $\boldsymbol{b}=[L\quad 0\quad 0]^{\mathrm{T}}$，$L$ 为基线长度。

通常，GPS 天线和 GPS 卫星之间的距离远远大于基线的长度，所以 GPS 载波信号可以看作平面波，基波的波前平面垂直于卫星视线。如果基线的长度已知，基线矢量投影于卫星视线上，那么此投影便决定了卫星视线上的载波相位差。如果同时对几个卫星进行载波相位差的观测，则此基线的空间指向就可以被确定。此时，参考坐标系中的基线矢量 $[x\quad y\quad z]^{\mathrm{T}}$ 可以通过 GPS 载波相位差分方程求得。基线在载体坐标系中的位置矢量可由其在当地地理坐标系中的位置矢量以及载体坐标系和当地地理坐标系间的旋转变换关系求得，即

$$\begin{bmatrix} L \\ 0 \\ 0 \end{bmatrix} = \begin{bmatrix} \cos\psi\cos\theta & \sin\theta & -\sin\psi\cos\theta \\ \sin\psi\sin\phi - \cos\psi\sin\theta\cos\phi & \cos\theta\cos\phi & \cos\psi\sin\phi + \sin\psi\sin\theta\cos\phi \\ \sin\psi\cos\phi + \cos\psi\sin\theta\sin\phi & -\cos\theta\sin\phi & \cos\psi\cos\phi - \sin\psi\sin\theta\sin\phi \end{bmatrix} \begin{bmatrix} x \\ y \\ z \end{bmatrix} \tag{6-6}$$

由于转换矩阵为正交矩阵，通过式(6-6)可以求出载体的航向角和俯仰角为

$$\begin{cases} \psi = -\arctan\left(\dfrac{z}{x}\right) \\ \theta = \arctan\left(\dfrac{y}{\sqrt{x^2+z^2}}\right) \end{cases} \tag{6-7}$$

一旦 GPS 的速度信息有效，还可以根据速度信息提取载体的姿态，即伪姿态。伪航向

角为速度矢量在水平面中的投影与地理坐标系的正北之间的夹角，如图 6-4 所示，满足

$$\psi = \arctan\left(\frac{v_e}{v_n}\right) \tag{6-8}$$

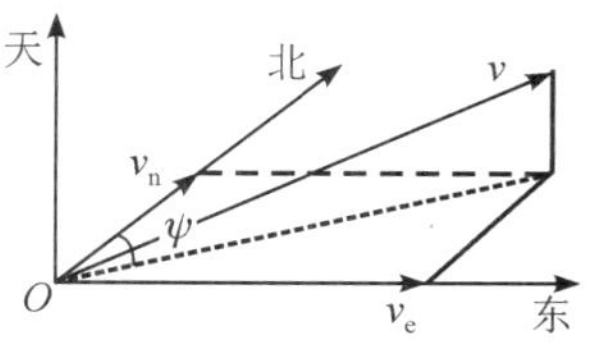

图 6-4　伪航向角定义

其中，v_e 和 v_n 分别为东向速度和北向速度。传统的姿态信息是由载体坐标系相对于当地地理坐标系的欧拉角来描述的，而伪姿态反映了速度矢量轴线相对于当地地理坐标系的姿态信息。需要指出的是，伪航向角只有在载体具有一定的前向速度且非转弯时才与航向角一致。

6.2　姿态估计算法设计

姿态估计算法设计的目标是充分利用各个传感器的信息来实现高精度的姿态估计，以弥补低成本微惯性传感器性能的不足。

6.2.1　算法总体设计

各个姿态测量器件在使用时都有一定的要求和不足，比如

(1) 陀螺仪短时精度高，长时间使用存在累积误差；

(2) 加速度计长期精度高，不存在累积误差，但是测量误差较大，且机动加速度对其影响很大；

(3) 单基线 GPS 精度高，但是更新频率低，空视要求很高，极易因受到遮挡而失锁；

(4) 单天线 GPS 精度低，但可靠性高，一般情况下均能给出伪航向角输出。

陀螺仪是姿态估计的主要器件，其他均为辅助校正器件。若辅助校正器件能够得到无干扰、连续稳定输出的姿态角测量，则与陀螺仪积分得到的姿态进行融合滤波即可实现高精度姿态估计。但是，辅助校正器件存在两个问题：一是机动加速度校正；二是 GPS 工作状态切换。

机动加速度校正可以通过单基线 GPS 的速度测量微分来实现，但前提是单基线 GPS 测量精度高，更新频率至少要高于机动加速度变化频率。10 Hz 输出的单基线 GPS 可以满足要求；1 Hz 输出的单天线 GPS 难以进行准确的机动加速度估计，特别在载体动态特性较强时误差更大。

GPS 工作状态存在容易丢失卫星信号的缺点，因此，姿态估计算法应根据 GPS 信号受遮挡的不同情况分别进行设计。当载体位于开阔地带时，若单基线 GPS 锁定，则不仅可以得到精确的航向角测量，而且还可以通过速度值进行机动加速度校正；若单基线 GPS 受到部分遮挡无法有效提供航向角信息，则可以利用速度信息校正加速度计，并采用速度信息提取伪航向角作为观测信息；若 GPS 受到涵洞或桥梁等密集遮挡，无法提供有用信息，则只能利用陀螺仪和加速度计的测量信息借助机动性判断来确定是否存在机动加速度干扰，以设计适当的算法来减小机动加速度对姿态估计的影响。

综合以上考虑，最后得到融合估计算法的总体思路，即按照单基线 GPS 和单天线 GPS 工作状态进行算法设计，分为以下不同的模式：

(1) 单基线GPS锁定。姿态角直接融合，也就是陀螺仪积分的姿态角、加速度计测量的姿态角和单基线GPS测量的姿态角融合。机动加速度校正通过单基线GPS速度测量值微分得到的机动加速度补偿来实现。

(2) 单基线GPS无效。GPS在某些空视完全遮挡(如隧道)的情况下，无法输出载体的导航信息；此外，在特定情况下，由于干扰以及应用环境要求，GPS无法选用。此时，只能依靠陀螺仪和加速度计自主工作。航向角由于无任何测量信息，所以其精度由陀螺仪零偏决定，而俯仰角和横滚角仍然可以通过融合估计得到。

综上所述，低成本姿态融合算法的总体设计如图6-5所示，根据上述工作模式分别开发不同的姿态估计算法。

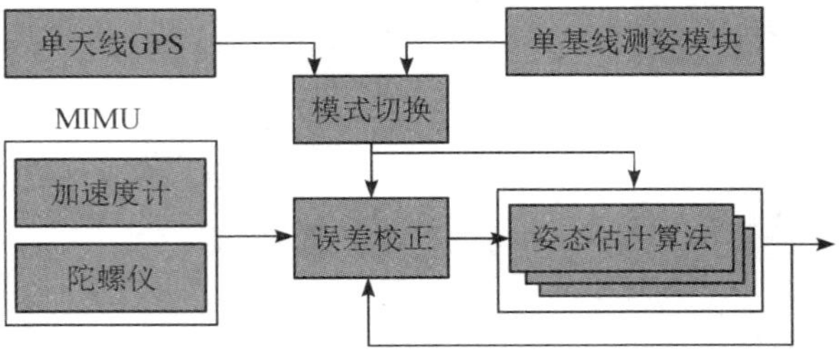

图6-5 低成本姿态融合估计算法总体

6.2.2 状态参数设计

卡尔曼滤波的作用是估计系统的状态。在惯性导航系统中应用时，这种状态是指系统输出的导航参数或是导航参数误差。根据所估计的状态不同，卡尔曼滤波在惯性导航中应用有两种方法：直接法和间接法。

直接法直接以各种导航参数 x 为主要状态，滤波器主要对导航参数 x 进行估值；间接法以组合导航系统中某一导航参数 X_I 为滤波器的主要状态，滤波器主要对导航参数误差 ΔX 进行估值，然后用它去校正导航参数 X_I。直接法可以直接描述导航参数的动态过程，较准确地反映系统的真实变化，但是其系统方程和测量方程可能是线性的，也可能是非线性的，所以必须采用非线性滤波；同时，由于待估计载体的运动加速度受到载体姿态和外界环境干扰，它的变化比速度变化快，所以要求滤波的计算周期必须很短，即与速度方程解算的周期一致。而用间接法估计时，由于估计的误差属于小量，一阶近似的线性方程就能足够精确地描述导航参数误差的规律，所以其系统方程和测量方程一般都是线性的；同时，由于间接法估计没有考虑载体运动加速度，所以要求的计算周期不用过于短。

滤波器的校正方法也分为两种：开环校正和闭环校正。开环校正不用估值对系统进行校正，或仅对系统的输出量进行校正；闭环校正将估值反馈到系统中，用于校正系统的状态。目前的惯性导航系统常采用间接的卡尔曼滤波，所以本节只介绍间接的开环校正和闭环校正。

开环校正也称作输出校正，它用卡尔曼滤波器估计的惯性导航系统导航参数误差 ΔX 的估值 $\Delta\hat{X}_I$，去校正惯性导航系统输出的导航参数 X_I，得到导航参数的最优估值 $\hat{X}$，即

$$\hat{X}=X_I-\Delta\hat{X}_I \tag{6-9}$$

开环校正的滤波示意图如图 6-6 所示。

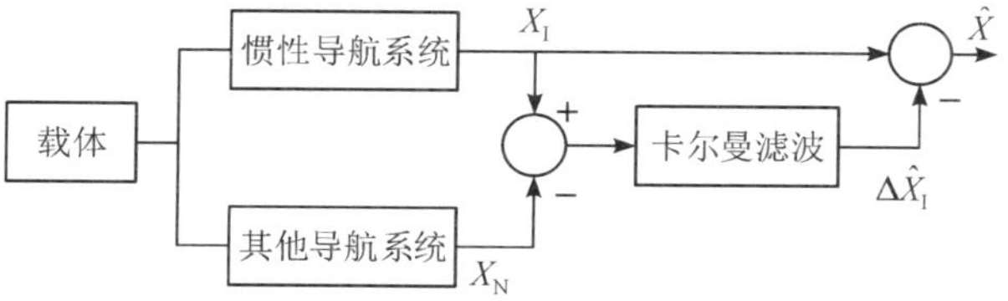

图 6-6 开环校正滤波

定义 $\hat{X}$ 的估计误差为 $\tilde{X}$，则

$$\tilde{X}=X-\hat{X}=X-(X_I-\Delta\hat{X}_I)=\Delta\hat{X}_I-\Delta X_I \tag{6-10}$$

由式(6-10)可知，组合导航系统的导航参数误差就是惯性导航系统导航参数误差估值的估计误差。这样，滤波器对误差的估计精度也就决定了校正的精度。

闭环校正又称作反馈校正，它将卡尔曼滤波器估计的惯性导航系统导航参数误差 ΔX_I 的估值 $\Delta\hat{X}_I$ 反馈到惯性导航系统的内部，用于在力学编排方程中校正惯性导航仪表的输出、计算的速度、经纬度值及计算的姿态矩阵和四元数值，校正后的参数代入下一次运算。因此，经闭环校正后，惯性导航系统输出的就是组合导航系统的输出。闭环校正的滤波示意图如图 6-7 所示。

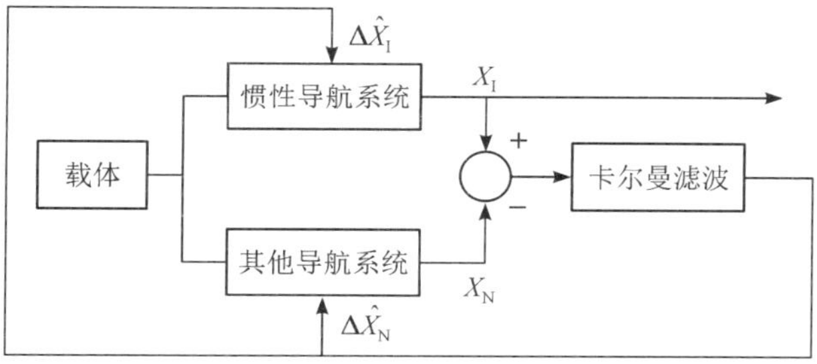

图 6-7 闭环校正滤波

虽然从形式上看，开环校正仅仅校正惯性导航系统的输出量，而闭环校正校正系统内部的状态，但是可以证明，利用开环校正组合导航系统的输出量 $\hat{X}$ 和利用闭环校正组合导航系统的输出量 X_I 具有相同的精度。从这一点上讲，两种校正方法的性质是一样的。但是，开环校正的滤波器所估计的状态是未经校正的导航参数误差，而闭环校正的滤波器所估计的状态是经过校正的导航参数误差。前者数值大，后者数值小，而状态方程都是经过一阶近似的线性方程，状态的数值越小，则近似的准确性越高。因此，闭环校正的系统状态方程能更真实地反映系统误差状态的动态过程。

6.3 基于 MIMU-单基线 GPS 的 EKF 姿态估计

基于 MIMU-单基线 GPS 的 EKF 姿态估计是一种广泛应用于导航和定位领域的技术，特别适用于需要高精度姿态信息的场景。本节对其姿态估计过程进行详细描述。

6.3.1 机动加速度补偿

当载体处于静止和匀速时，加速度计能敏感测量重力场分量，可根据重力场分量得到载体的倾角：

$$\begin{cases}\theta = -\arcsin(a_x) \\ \phi = \arctan\left(\dfrac{a_y}{a_z}\right)\end{cases} \tag{6-11}$$

其中，θ 和 ϕ 为加速度计估计的俯仰角和横滚角，a_x、a_y 和 a_z 分别为加速度计各个轴向的测量值。

但在载体机动过程中，如变速运动及转弯状态下，加速度计输出将不再反映真实的重力信息，利用加速度计输出值估计的姿态具有较大的动态误差。此时利用重力矢量和机动加速度之间的关系，根据 GPS 插值后的速度信息对加速度计进行补偿，可以提高动态环境下系统的精度。加速度计测量的是比力，输出为

$$\boldsymbol{a} = \dot{\boldsymbol{v}}_{\mathrm{b}} + \boldsymbol{\omega} \times \boldsymbol{v}_{\mathrm{b}} + \boldsymbol{g}_{\mathrm{b}} \tag{6-12}$$

其中，$\boldsymbol{a}=[a_x \ \ a_y \ \ a_z]^{\mathrm{T}}$ 为加速度计的输出，$\boldsymbol{v}_{\mathrm{b}}=[v_{\mathrm{b}x} \ \ v_{\mathrm{b}y} \ \ v_{\mathrm{b}z}]^{\mathrm{T}}$ 为载体纵向速度，$\dot{\boldsymbol{v}}_{\mathrm{b}}$ 为载体纵向加速度，$\boldsymbol{\omega}\times\boldsymbol{v}_{\mathrm{b}}$ 为向心加速度，$\boldsymbol{g}_{\mathrm{b}}=[g_{\mathrm{b}x} \ \ g_{\mathrm{b}y} \ \ g_{\mathrm{b}z}]^{\mathrm{T}}$ 为重力加速度在载体坐标系中的分量。

为了减小机动加速度的影响，一种方法是基于开关判断准则对机动加速度进行抑制，即在低动态下融合陀螺仪和加速度计输出进行姿态估计，在机动状态下切换到仅依赖陀螺仪进行姿态估计的模式。另一种可行的方法是利用 GPS 的速度信息对机动加速度进行校正。但是，这种方法假设速度矢量正对载体的车头方向。然而实际上当载体转弯时存在侧滑角，如图 6－8 所示，这使得加速度计估计的姿态角仍存在一定的误差。

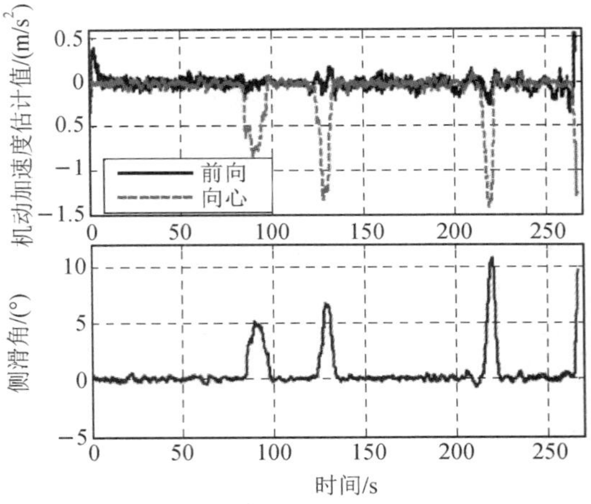

图 6－8　机动加速度与侧滑角

侧滑角是描述载体动态的一个基本变量，是转弯过程中实际的载体航向角与速度航向角之间的差值，如图 6－9 所示。需要注意的是，图 6－9 是在俯仰角和横滚角均为 0°时得到的。从图中可以看出，实际的载体航向角 ψ 与速度航向角 ψ_V 之间有一个差值 β，β 即为侧

滑角。侧滑角的存在导致得到的机动加速度实际上分别指向实际的速度方向和速度的正交方向，而并非实际的载体方向和转弯半径方向，这是因为二者均是通过速度测量值进行计算的。因此，必须将机动加速度投影到与加速度计的测量方向一致的方向上才能够对其进行补偿；另外，由于侧滑角 β 在转弯过程中变化较快，这便产生一个相对明显的向心加速度。因此，当载体处于水平面时，侧滑角补偿应写为

$$\begin{cases}(a_x)'=a_y\sin\beta+(a_x+\sqrt{V_e^2+V_n^2+V_u^2}\cdot\dot{\beta})\cos\beta\\(a_y)'=a_y\cos\beta-(a_x+\sqrt{V_e^2+V_n^2+V_u^2}\cdot\dot{\beta})\sin\beta\end{cases}\tag{6-13}$$

式中，V_e、V_n、V_u 分别为东向、北向和天向速度。式(6-13)即为载体水平时的侧滑角补偿公式。

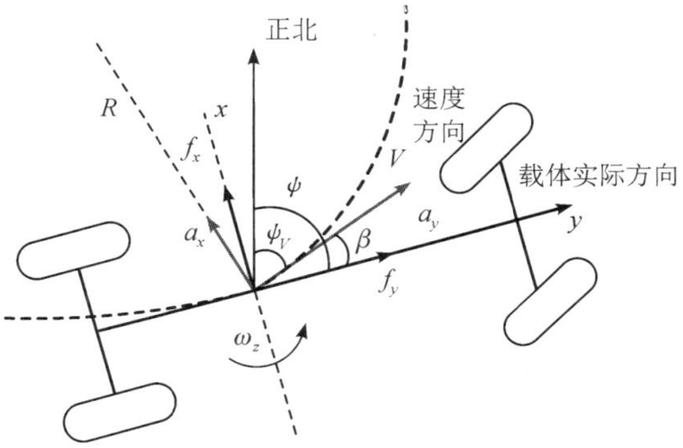

图 6-9　侧滑角

但是，实际载体的俯仰角和横滚角并不为 0。此时，由于侧滑角 β 表示的是速度航向角和载体实际航向角之间的夹角，是表示在地理坐标系中的，而机动性补偿均是在载体坐标系中完成的，因此，需要求取表示在载体坐标系中的侧滑角 β^b。在载体水平情况下，β 与 β^b 是相等的，但是当载体不水平时，二者并不相等，如图 6-10 所示。

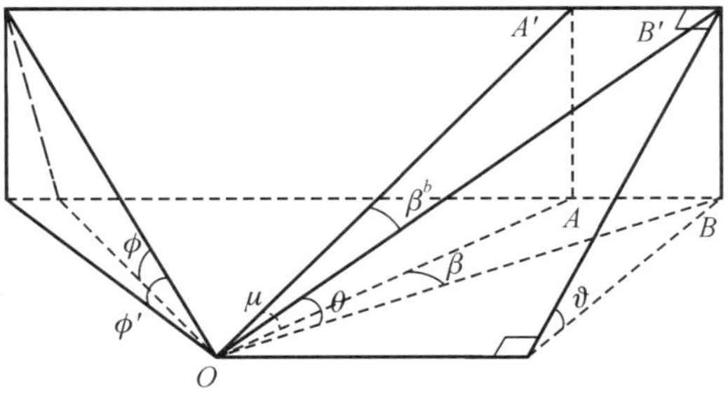

图 6-10　载体在斜面上的角度关系示意图

图中，AOB 表示地理水平面，$A'OB'$ 表示载体坐标系水平面，二者之间的关系由水平姿态角——俯仰角 θ 和横滚角 ϕ 确定，也就是说这两个角确定了载体所处的斜面，斜面的倾斜角为 ϑ，通过几何关系可以得到

$$\sin\vartheta=\sqrt{(\sin\phi')^2+(\sin\theta)^2}\tag{6-14}$$

式中，ϕ' 为横滚加速度计相对于地理坐标系的夹角。

需要注意的是，ϕ 是欧拉角，其旋转轴相对的是俯仰轴而不是地理坐标系，对应于地理坐标系的夹角应该是 ϕ'，二者的关系为 $g\sin\phi' = f_x^{\mathrm{b}} = g\sin\phi\cos\theta$。$\beta^{\mathrm{b}}$ 表示在地理坐标系的侧滑角 β 对应于载体坐标系的转动角。分别以 β^{b} 与 β 为内角的两个三角形面积之比为

$$\frac{S_{A'OB'}}{S_{AOB}} = \frac{OA' \cdot OB' \sin\beta^{\mathrm{b}}}{OA \cdot OB \sin\beta} = \frac{\sin\beta^{\mathrm{b}}}{\cos\mu\cos\theta\sin\beta} = \frac{1}{\cos\theta} \tag{6-15}$$

由于侧滑角不大，因此近似认为 $OA' \approx OB'$，即 $\mu \approx \theta$，最终得到 β^{b} 为

$$\sin\beta^{\mathrm{b}} \approx \frac{\cos\theta}{\cos\phi}\sin\beta \tag{6-16}$$

需要再次强调的是，ϕ 与加速度计和地面的夹角 ϕ' 不同。用式(6-16)得到的 β^{b} 替换掉式(6-13)中的 β，即可得到最终的侧滑角补偿关系。式(6-16)中需要用到俯仰角和横滚角估计，若估计值有误差也会对侧滑角补偿产生影响，但是由于用到的是二者余弦的比值，因此影响较小。通过以上结合侧滑角和机动加速度的补偿之后，可得到更为精确的姿态估计，如图 6-11 所示。

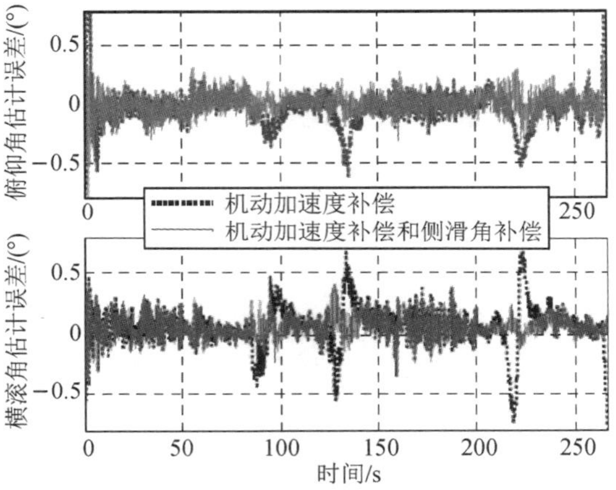

图 6-11　姿态估计对比

6.3.2 系统方程建立

姿态确定系统包括 MIMU 和单基线 GPS 测姿模块，利用加速度计提供的俯仰角、横滚角和单基线 GPS(或跟踪信号)提供的航向角作为辅助测量信息来校正陀螺仪。根据陀螺仪的角速率输出和辅助测量信息建立的非线性系统模型来描述系统的动态变化过程。

1. 状态方程

由于陀螺仪不但需要辅助传感器来实时修正其角度零偏，而且要对其零偏进行实时估计和同步补偿，所以将陀螺仪零偏引入状态变量实时估计中。状态变量定义为

$$\boldsymbol{X} = [q_0 \quad q_1 \quad q_2 \quad q_3 \quad b_x \quad b_y \quad b_z]^{\mathrm{T}} \tag{6-17}$$

其中，b_x、b_y、b_z 是三轴陀螺仪零偏。

非线性状态方程为

$$\dot{\boldsymbol{X}}=\boldsymbol{f}(\boldsymbol{X},\boldsymbol{\omega},\boldsymbol{\eta})=\left[\frac{1}{2}\boldsymbol{\Omega}(\boldsymbol{\omega}-\boldsymbol{b}-\boldsymbol{\eta})\boldsymbol{q}\right] \tag{6-18}$$

其中，$\boldsymbol{b}=[b_x\quad b_y\quad b_z]^{\mathrm{T}}$ 是陀螺仪零偏；$\boldsymbol{\eta}$ 是过程噪声向量。

陀螺仪零偏是一种随机漂移，其动态方程可简单表示为

$$\dot{\boldsymbol{b}}=\begin{bmatrix}\dot{b}_x\\ \dot{b}_y\\ \dot{b}_z\end{bmatrix}=\begin{bmatrix}0\\0\\0\end{bmatrix} \tag{6-19}$$

状态方程为

$$\dot{\boldsymbol{X}}=\frac{1}{2}\begin{bmatrix}-(\omega_x-b_x)q_1-(\omega_y-b_y)q_2-(\omega_z-b_z)q_3\\ (\omega_x-b_x)q_0-(\omega_y-b_y)q_3+(\omega_z-b_z)q_2\\ (\omega_x-b_x)q_3+(\omega_y-b_y)q_0-(\omega_z-b_z)q_1\\ -(\omega_x-b_x)q_2+(\omega_y-b_y)q_1+(\omega_z-b_z)q_0\\ 0\\ 0\\ 0\end{bmatrix} \tag{6-20}$$

经线性化处理，得到状态转移矩阵为

$$\boldsymbol{A}=\frac{\partial\dot{\boldsymbol{X}}}{\partial\boldsymbol{X}}=\frac{1}{2}\begin{bmatrix}0 & -(\omega_x-b_x) & -(\omega_y-b_y) & -(\omega_z-b_z) & q_1 & q_2 & q_3\\ \omega_x-b_x & 0 & \omega_z-b_z & -(\omega_y-b_y) & -q_0 & q_3 & -q_2\\ \omega_y-b_y & -(\omega_z-b_z) & 0 & \omega_x-b_x & -q_3 & -q_0 & q_1\\ \omega_z-b_z & \omega_y-b_y & -(\omega_x-b_x) & 0 & q_2 & -q_1 & -q_0\\ 0&0&0&0&0&0&0\\ 0&0&0&0&0&0&0\\ 0&0&0&0&0&0&0\end{bmatrix} \tag{6-21}$$

2. 测量方程

测量向量定义为 $\boldsymbol{y}=[\psi\quad\theta\quad\phi]^{\mathrm{T}}$，则非线性测量方程为

$$\boldsymbol{y}=\boldsymbol{h}(\boldsymbol{X},\boldsymbol{n})=\begin{bmatrix}\arctan\left[\dfrac{2(q_1q_2-q_0q_3)}{q_0^2-q_1^2+q_2^2-q_3^2}\right]+n_\psi\\ \arcsin[2(q_0q_1+q_2q_3)]+n_\theta\\ \arctan\left[\dfrac{2(q_0q_2-q_1q_3)}{q_0^2-q_1^2-q_2^2+q_3^2}\right]+n_\phi\end{bmatrix} \tag{6-22}$$

其中，θ、ϕ 是加速度计确定的由姿态角构成的测量变量；ψ 分两种情况：当 MIMU 安装于载体上时，ψ 是单基线 GPS 确定的航向角，当 MIMU 安装于方位转盘上时，ψ 是卫星跟踪信号获得的航向角；$\boldsymbol{n}$ 是测量噪声向量；n_ψ、n_θ、n_ϕ 是加速度计和单基线 GPS(或卫星跟踪信号)导出的欧拉角所得测量噪声。

经线性化处理后，得到测量转移矩阵 $\boldsymbol{C}$ 为

$$\boldsymbol{C}=\frac{\partial \boldsymbol{y}}{\partial \boldsymbol{q}}=\begin{bmatrix} \dfrac{-2T_{22}q_3}{(T_{12}^2+T_{22}^2)} & \dfrac{2(T_{22}q_2+T_{12}q_1)}{(T_{12}^2+T_{22}^2)} & \dfrac{2T_{22}q_1}{(T_{12}^2+T_{22}^2)} & \dfrac{-2(T_{22}q_0-T_{12}q_3)}{(T_{12}^2+T_{22}^2)} & 0 & 0 & 0 \\ \dfrac{2T_{32}q_1}{\sqrt{1-T_{32}^2}} & \dfrac{2T_{32}q_0}{\sqrt{1-T_{32}^2}} & \dfrac{2T_{32}q_3}{\sqrt{1-T_{32}^2}} & \dfrac{2T_{32}q_2}{\sqrt{1-T_{32}^2}} & 0 & 0 & 0 \\ \dfrac{-2T_{33}q_2}{(T_{31}^2+T_{33}^2)} & \dfrac{2(T_{33}q_3+T_{31}q_1)}{(T_{31}^2+T_{33}^2)} & \dfrac{-2(T_{33}q_0-T_{31}q_3)}{(T_{31}^2+T_{33}^2)} & \dfrac{-2T_{33}q_1}{(T_{31}^2+T_{33}^2)} & 0 & 0 & 0 \end{bmatrix} \tag{6-23}$$

其中，$T_{12}=2(q_1q_2-q_0q_3)$，$T_{22}=1-2(q_1^2+q_3^2)$，$T_{31}=2(q_1q_3-q_0q_2)$，$T_{32}=2(q_0q_1+q_2q_3)$，$T_{33}=1-2(q_1^2+q_2^2)$。

6.3.3 EKF 姿态估计

EKF 姿态估计算法具体步骤如下：

(1) 初始化。

$$\hat{\boldsymbol{X}}_0=E[X_0]；\hat{\boldsymbol{P}}_0=\mathrm{var}[\boldsymbol{X}_0] \tag{6-24}$$

(2) 求雅可比矩阵。

$$\boldsymbol{A}_k=\left.\frac{\partial f(\boldsymbol{X}_k)}{\partial \boldsymbol{X}_k}\right|_{x=\hat{x}_{k-1}} \qquad \boldsymbol{H}_k=\left.\frac{\partial h(\boldsymbol{X}_k)}{\partial \boldsymbol{X}_k}\right|_{x=\hat{x}_{k-1}} \tag{6-25}$$

(3) 时间更新(预测)。

① 向前推算状态变量：

$$\boldsymbol{X}_{k,k-1}=f(\hat{\boldsymbol{X}}_{k-1,k-1}) \tag{6-26}$$

② 向前推算误差协方差：

$$\boldsymbol{P}_{k,k-1}=\boldsymbol{A}_k\hat{\boldsymbol{P}}_{k-1,k-1}\boldsymbol{A}_k^{\mathrm{T}}+\boldsymbol{Q} \tag{6-27}$$

(4) 测量更新(校正)。

① 计算增益矩阵：

$$\boldsymbol{K}=\boldsymbol{P}_{k,k-1}\boldsymbol{H}_k^{\mathrm{T}}(\boldsymbol{H}_k\boldsymbol{P}_{k,k-1}\boldsymbol{H}_k^{\mathrm{T}}+\boldsymbol{R})^{-1} \tag{6-28}$$

② 由测量变量 $\boldsymbol{Y}$ 更新估计：

$$\hat{\boldsymbol{X}}_{k,k}=\boldsymbol{X}_{k,k-1}+\boldsymbol{K}(\boldsymbol{Y}-\boldsymbol{H}_k\boldsymbol{A}_k\boldsymbol{X}_{k,k-1}) \tag{6-29}$$

③ 更新误差协方差：

$$\hat{\boldsymbol{P}}_{k,k}=(\boldsymbol{I}-\boldsymbol{K}\boldsymbol{H}_k)\boldsymbol{P}_{k,k-1} \tag{6-30}$$

(5) $k=k+1$，转至第(3)步。

下面分别以跑车作直线加、减速运动和转弯运动进行实验验证。不同运动状态的跑车实验均在普通公路上进行。

首先分别将陀螺仪和加速度计单独估计的姿态角与航姿参考系统(AHRS)值进行对比。两种运动状态的陀螺仪估计角度结果分别如图 6-12、图 6-13 所示。

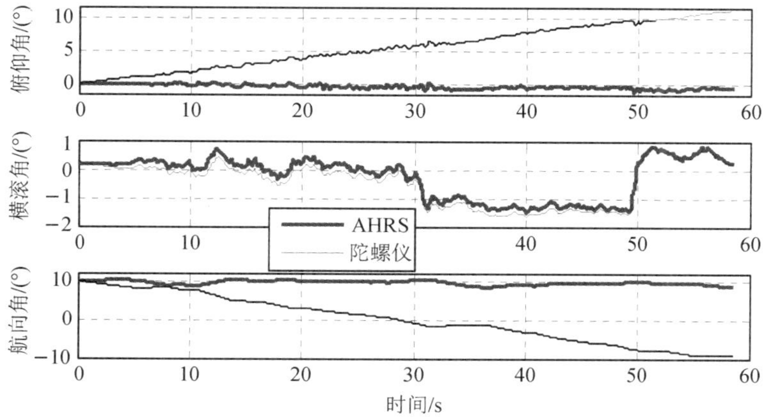

图 6-12　直线加、减速运动陀螺仪估计角度

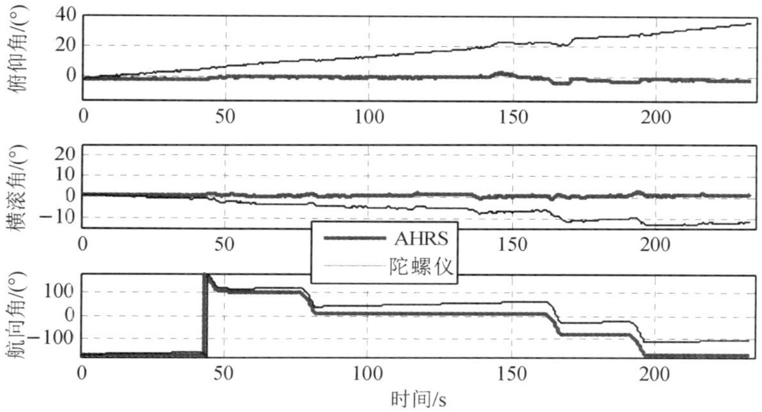

图 6-13　转弯运动陀螺仪估计角度

加速度计估计角度结果分别如图 6-14、图 6-15 所示。

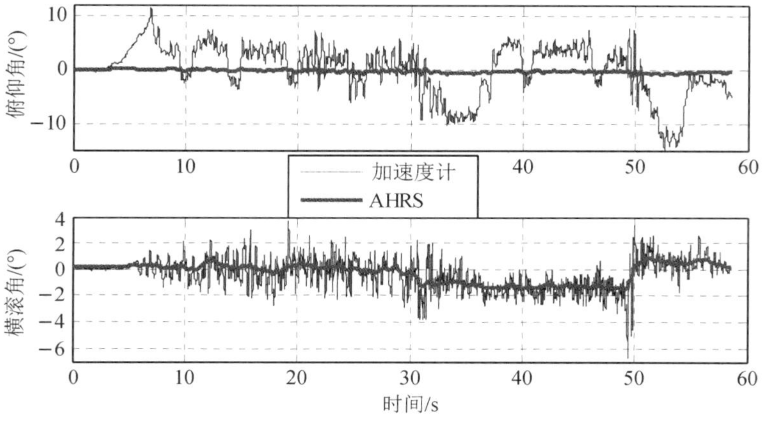

图 6-14　直线加、减速运动加速度计估计角度

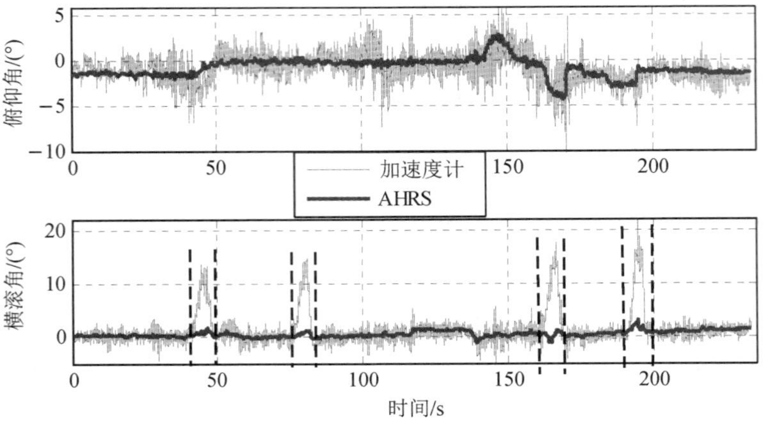

图 6-15　转弯运动加速度计估计角度

图 6-12 和图 6-13 进一步说明了受陀螺仪零偏的影响，姿态角估计误差随时间推移不断增大，这证明了陀螺仪具有短时精度高的特点；图 6-14 和图 6-15 进一步说明，加速度计估计的姿态角受机动加速度影响较大，且加、减速产生的线加速度对俯仰角的影响较大，转弯产生的径向加速度对横滚角的影响较大；同时，结果证明了加速度计具有长时稳定的特点。所以，对陀螺仪的短时精确性和加速度计的长时稳定性进行融合就显得非常必要。

对以上实验的测量数据进行扩展卡尔曼滤波，得到姿态角的估计如图 6-16、图 6-17 所示。

由图 6-16、图 6-17 可见，扩展卡尔曼滤波能够较好地估计载体的姿态变化。但当载体存在机动加速度时，由于加速度计估计的姿态角与参考值存在较大偏差，对陀螺仪零偏的估计效果较差，所以经过滤波算法融合得到的姿态角误差较大(直线加、减速运动对俯仰角影响较大，转弯运动对横滚角影响较大)。进一步观察可知，航向角的滤波估计效果较好，这是因为航向轴陀螺仪零偏由单基线 GPS 测得的航向信息进行校正，它不受机动加速度的影响。

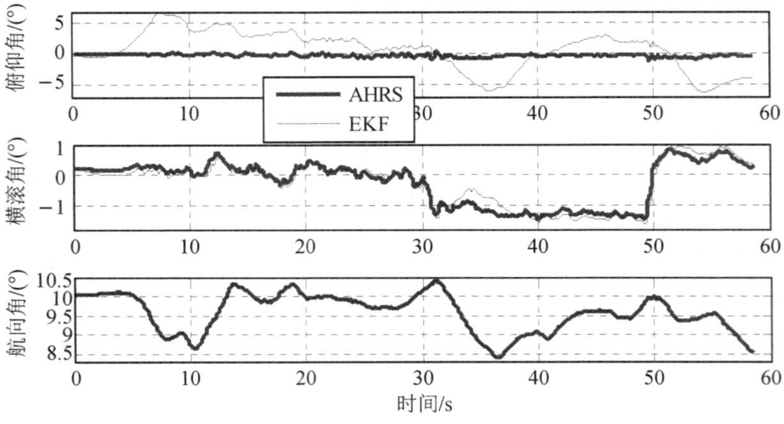

图 6-16　直线加、减速运动 EKF 估计角度

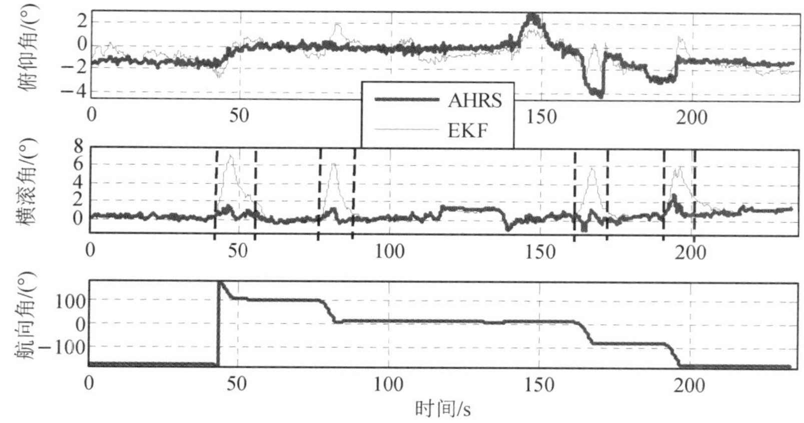

图 6-17　转弯运动 EKF 估计角度

两次试验的陀螺仪零偏估计结果如图 6-18、图 6-19 所示。

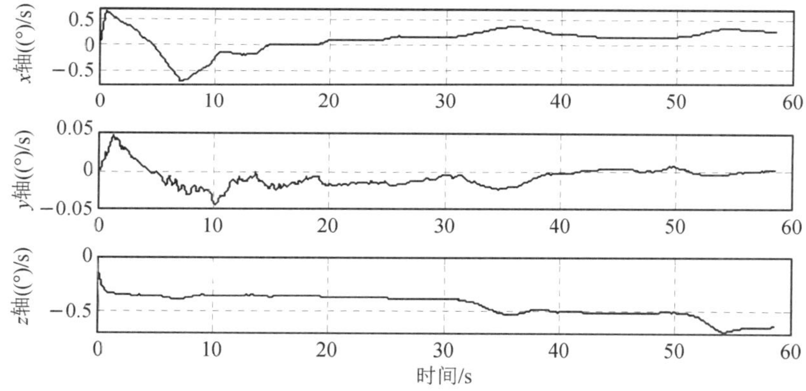

图 6-18　直线加、减速运动陀螺仪零偏估计

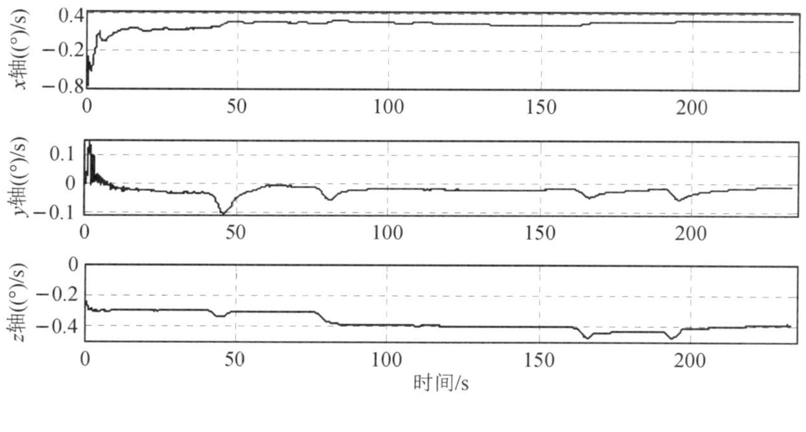

图 6-19　转弯运动陀螺仪零偏估计

由陀螺仪误差特性知，陀螺仪误差主要来自陀螺仪的慢时变漂移，它是一个缓慢变化的过程。从图 6-18、6-19 中可以看出，机动加速度对陀螺仪零偏估计的影响比较明显，

在直线加、减速运动和转弯运动中，滤波算法对陀螺仪零偏的估计已不符合缓慢变化的特性。

6.3.4 AEKF 姿态估计

当单基线 GPS 能够提供航向角信息时，EKF 可以融合 MIMU 和单基线 GPS 获得准确的姿态角；如果单基线 GPS 不能提供航向角信息，由于陀螺仪零偏随着时间的推移不断累积，此时利用 EKF 算法得到的姿态角估计的精确度就难以保证。所以，本节利用自适应扩展卡尔曼滤波(Adaptive Extended Kalman Filter，AEKF)算法进行姿态角的估计。

当单基线 GPS 不能提供航向角信息但能获得速度信息时，速率航向角可以作为 EKF 测量方程中的航向角测量变量。但是，速率航向角含有较大的噪声，同时当载体转弯时，其与真实的航向角偏离较大，所以利用侧滑角对其进一步校正就显得非常重要。

当单基线 GPS 既不能提供航向角信息又不能得到速度信息时，由于陀螺仪零偏和载体机动加速度的影响，此时利用 EKF 算法得到的姿态角估计精度难以保证。所以，针对这一问题，开关扩展卡尔曼滤波(Switching Extended Kalman Filter，SEKF)算法被提出。该算法利用开关判断来减小因载体机动产生的非重力加速度以提高姿态估计的精度。

针对上述情况，本节设计了一种融合三个开关判断准则的自适应扩展卡尔曼滤波器。第一个判断准则是以 GPS 的输出星数作为判断依据。第二个判断准则是在 GPS 不能提供航向角信息但能提供速度信息的情况下，以航向轴陀螺仪的输出作为判据。若载体进行转弯运动，航向轴陀螺仪的输出角速率远大于零。若载体进行直线运动，航向轴陀螺仪的输出基本维持在零附近。第三个判断准则是在 GPS 既不能提供航向角信息也不能提供速度信息的情况下，以 z 轴陀螺仪和加速度计的输出作为判据。三个判断准则可表示为

$$(1)\ \boldsymbol{y}=\begin{cases}[\psi \quad \theta_m \quad \phi_m]^{\mathrm{T}}, & n_{\mathrm{GPS}}>6 \\ [\psi_v \quad \theta_m \quad \phi_m]^{\mathrm{T}}, & n_{\mathrm{GPS}}>4\end{cases}$$

$$(2)\ \sigma_{\psi}^2=\lambda\cdot\sigma_{\psi}^2,\ \lambda=\begin{cases}1, & |\omega_z|<a \\ \infty, & |\omega_z|>a\end{cases}$$

$$(3)\ \begin{cases}(\mathrm{i})\ |\omega_z|>a \\ (\mathrm{ii})\ \left|\sqrt{f_x^2+f_y^2+f_z^2}-1\right|>b\end{cases}$$

第一个判断准则简单易懂，即若单基线 GPS 收星数目大于 6 颗，此时可以提供航向角 ψ，可利用 ψ 作为航向轴的测量向量；若单基线 GPS 不能提供航向角信息但能获得速度信息，则进入第二个判断准则。第二个判断准则为：若航向轴陀螺仪的输出值低于门槛值 a，则利用速度信息导出速率航向，此时 $\lambda=1$，进入模式 1，以速率航向作为航向轴的测量向量；若航向轴陀螺仪的输出值高于 a，则判断载体正在进行转弯运动，此时 $\lambda=\infty$，关闭航向轴测量更新过程，进入模式 2，采用第三个判断准则。第三个判断准则为：若条件(i)发生，则判断载体转弯受到径向加速度的影响；若条件(ii)发生，则判断载体受到线加速度的影响。上述两个条件发生时，进入陀螺仪保持模式，以避免非重力加速度的影响。开关条件在两种模式下的转化如图 6-20 所示。

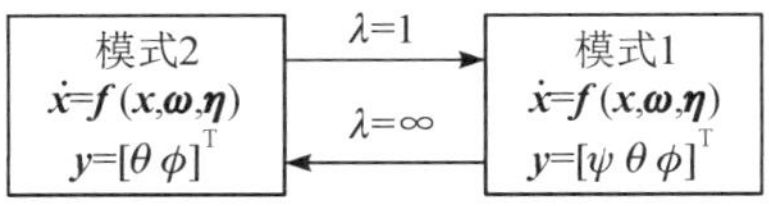

图 6-20　开关条件在两种模式下的转化

AEKF 姿态估计算法的具体流程如图 6-21 所示。陀螺仪输出的角速率作为状态变量的输入，加速度计输出的加速度信息经转化获得的俯仰角和横滚角以及单基线 GPS 提供的航向角作为测量变量的输入，将 GPS 提供的速度信息运用侧滑角补偿法补偿后的信息来校正载体的机动加速度。在四元数更新算法的基础上，EKF 融合陀螺仪、加速度计和单基线 GPS 信息，可得到载体的姿态角和陀螺仪零偏的实时估计值。

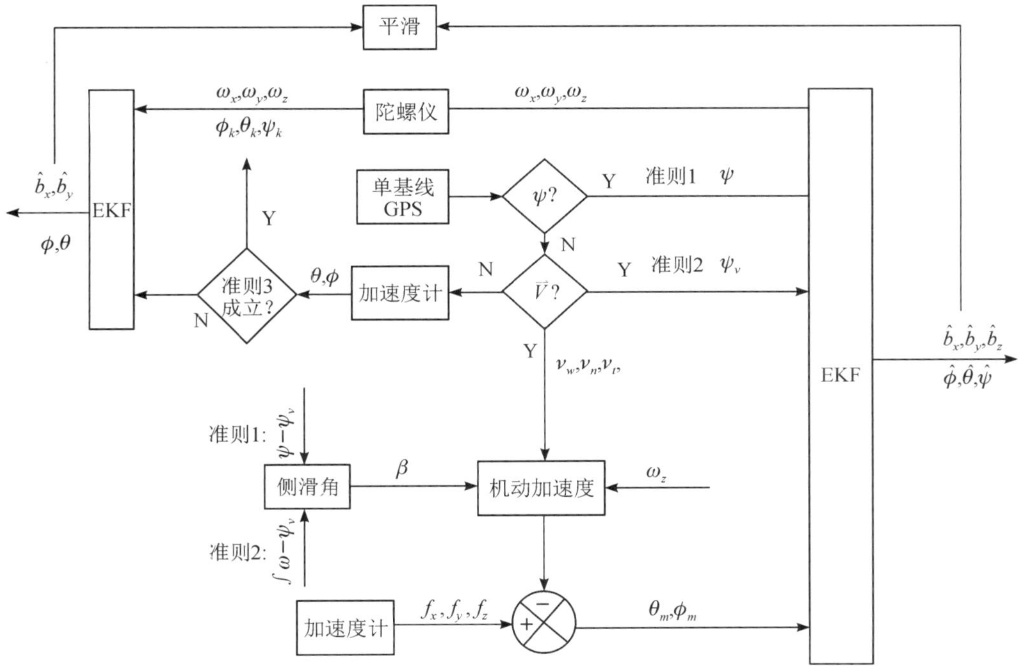

图 6-21　AEKF 姿态估计算法流程图

侧滑角的估计需根据判断准则来确定。当单基线 GPS 能够提供航向角信息时，侧滑角可以通过式(6-16)直接得到；当单基线 GPS 不能提供航向角信息但能获得速度信息时，侧滑角可以通过速率航向角和航向轴陀螺仪直接积分值的不同来确定。此时，若载体进行转弯运动，则进入模式 2。

姿态估计算法的整体流程如下：当单基线 GPS 可以提供航向角信息时，利用 EKF 算法进行传感器数据融合，此时以 GPS 测得的航向角作为航向角测量变量，利用速度信息结合加速度补偿法和侧滑角补偿法对加速度计因载体机动产生的机动加速度进行补偿。当单基线 GPS 不能提供航向角信息但能得到速度信息时，利用 AEKF 算法进行传感器融合，并利用速度信息结合机动加速度补偿法对载体机动加速度进行补偿。此时若载体作直线运动，则可由速度信息和航向轴陀螺仪零偏导出速率航向，进而以速率航向作为航向角测量变量；若载体作转弯运动或单基线 GPS 不能提供速度信息，则利用第二个判断准则关闭航向轴的测量更新进入模式 2。在这种模式下，利用 SEKF 算法进行传感器融合，采用第三个判断准则来减小载体机动加速度产生的影响。如果第三个判断准则成立，则进入陀螺仪保持模式。

下面对该姿态估计算法进行实验验证。实验的行车轨迹如图 6－22 所示。车速限制在 60 km/h 左右，车辆行驶状态包括：上下坡运动(46～75 s、88～105 s)、直线加减速运动、转弯运动(8～15 s、53～61 s、89～98 s、136～144 s)。运动过程中，绝大多数时间内单基线 GPS 接收到的卫星数大于 6，在 0～16.8 s、38.6～40.8 s、93～101 s 和 143.7～153 s 接收到的卫星数小于 6，但大于 4，如图 6－23 所示。

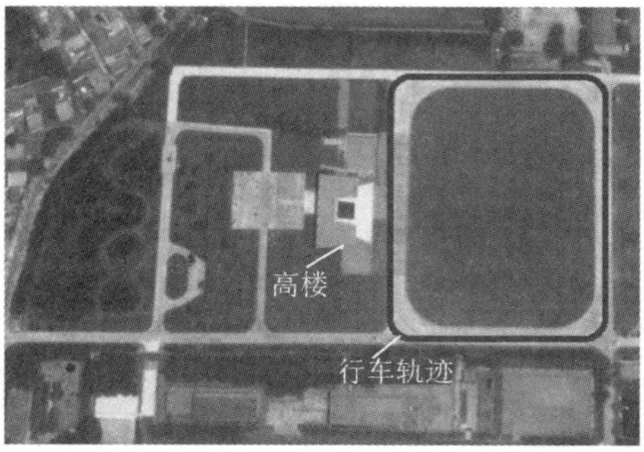

图 6－22　行车轨迹

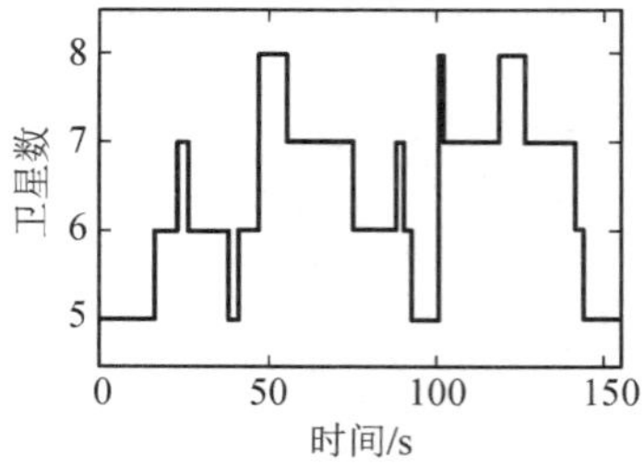

图 6－23　单基线 GPS 收星情况

由于运动过程中卫星数始终大于 4，因此单基线 GPS 接收机模块 XW-ADU3601 可以有效输出速度信息。图 6－24 是由 GPS 提供的速度信息计算得到的机动加速度和侧滑角。由图可以看出，当车转弯时存在较大的径向加速度和侧滑角，车运动期间存在较大的纵向加速度。

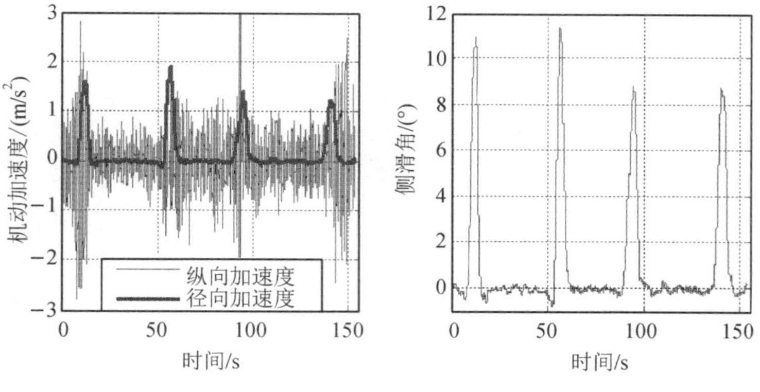

图 6－24　GPS 速度提取的机动加速度及侧滑角

图 6－25 给出了加速度计校正前后的姿态角对比。加速度计校正之前，加速度计输出值受机动加速度的影响，其估计的姿态角存在较大偏差(最大误差接近 15°)。经过 GPS 的速度信息对机动加速度补偿后，俯仰角和横滚角估计精度均有了较大提高，其中俯仰角最大误差小于 1.4°，横滚角最大误差小于 1.5°。

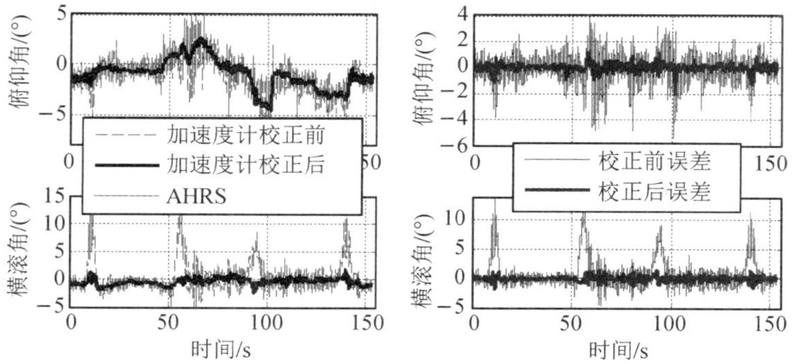

图 6-25　加速度计校正前后姿态角对比

图 6-26 给出了 AEKF 姿态估计曲线。结果表明 XW-ADU3601 与 MIMU 经过 AEKF 融合后，机动加速度得到了有效的补偿，其估计值与参考值趋于一致。图 6-27 为对应的 AEKF 姿态估计误差，其中航向角、俯仰角和横滚角最大误差分别为 0.16°、0.38°和 0.35°。

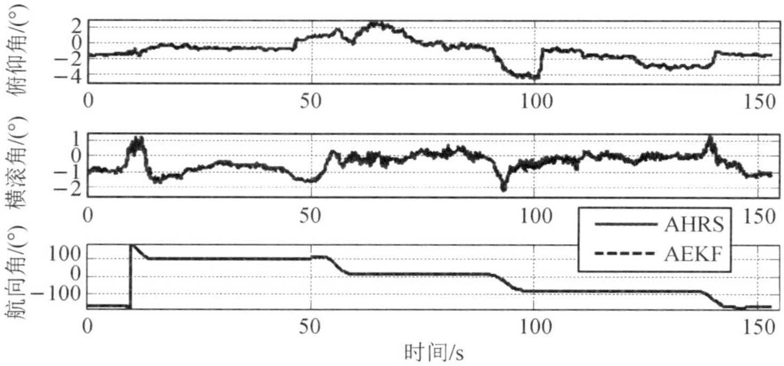

图 6-26　AEKF 姿态估计

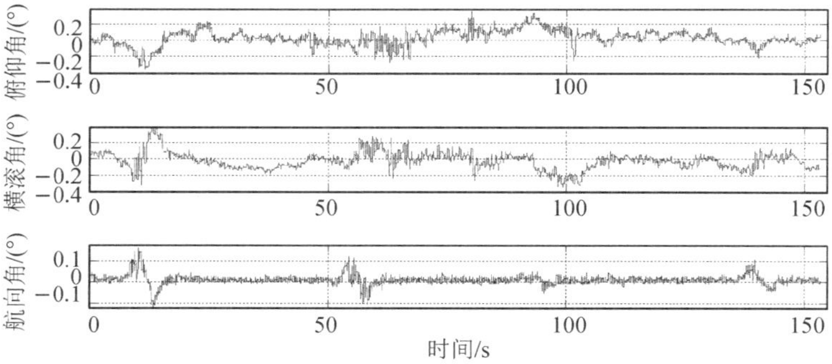

图 6-27　AEKF 估计误差

图 6-28 是 AEKF 姿态估计算法实时估计的陀螺仪零偏。从图中可以看出，该算法收敛速度较快。陀螺仪的零偏是一种慢时变漂移，在稳定后，陀螺仪零偏的变化幅度较小，这也证明了陀螺仪具有短时精度高的特点。

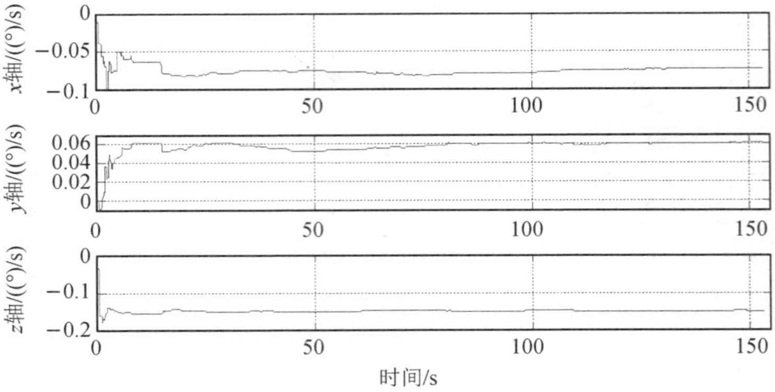

图 6-28 陀螺仪零偏估计

以上实测数据表明，AEKF 姿态估计算法成功融合了陀螺仪的短时特性、加速度计的长时特性和 GPS 准确的位置和速度特性，同时通过 GPS 速度信息补偿和开关判断解决了机动加速度对航姿估计带来的影响。当单基线 GPS 能够提供航向信息或 GPS 遇短时阴影(高架桥、稀疏树木、广告牌、电线杆)不能提供航向信息但速度信息有效时，航向姿态角估计误差控制在±0.5°以内；若 GPS 遇长时阴影(密集树木、高层建筑群)不能提供速度信息时，姿态角估计误差就会超过 0.5°。同时，从对陀螺仪零偏的估计可以看出，陀螺仪零偏是一种慢时变漂移且其估计精度直接影响航向姿态的估计精度。

6.4 基于 MIMU-单基线 GPS 的 ASSRUKF 姿态估计

本节描述一种基于 MIMU-单基线 GPS 的 ASSRUKF 姿态估计算法。

6.4.1 系统方程建立

姿态确定系统包括 MIMU、单基线 GPS 测姿模块、单天线 GPS 组合，其利用加速度计提供的俯仰角、横滚角和单基线 GPS 提供的航向角(或单天线 GPS 的伪航向角)作为辅助测量信息来校正陀螺仪。根据陀螺仪角速率输出和辅助测量信息建立姿态确定系统的加性非线性系统模型，包括状态方程和测量方程，以描述系统的动态变化过程。

1. 状态方程

MIMU 安装于载体上，用于测量载体的姿态变化。记 $\boldsymbol{u}$ 为陀螺仪输出值，考虑陀螺仪零偏误差，载体角速度可表示为

$$\begin{cases}\boldsymbol{\omega}=\boldsymbol{u}-\Delta\boldsymbol{\omega}\\ \Delta\dot{\boldsymbol{\omega}}=\boldsymbol{0}\end{cases} \tag{6-31}$$

其中，$\boldsymbol{\omega}=[\omega_x \quad \omega_y \quad \omega_z]^{\mathrm{T}}$ 为载体相对于惯性坐标系的角速度，$\Delta\boldsymbol{\omega}=[\Delta\omega_x \quad \Delta\omega_y \quad \Delta\omega_z]^{\mathrm{T}}$ 为陀螺仪零偏误差。

微机械陀螺仪不但需要辅助传感器来实时修正其角度漂移，而且要对其零偏进行实时估计和补偿。因此，将零偏误差引入状态变量以进行实时估计。定义状态变量为 $\boldsymbol{x}=[\boldsymbol{q} \quad \Delta\boldsymbol{\omega}]^{\mathrm{T}}$，$\boldsymbol{q}=[q_0 \quad q_1 \quad q_2 \quad q_3]^{\mathrm{T}}$ 为姿态四元数。基于四元数的姿态运动方程满足：

$$\dot{q}=\frac{1}{2}\boldsymbol{\Omega}(\boldsymbol{\omega})\boldsymbol{q} \tag{6-32}$$

式中，$\boldsymbol{\Omega}(\boldsymbol{\omega})=\begin{bmatrix}0 & -\boldsymbol{\omega}^{\mathrm{T}}\\ \boldsymbol{\omega} & -[\boldsymbol{\omega}_{\times}]\end{bmatrix}$，$[\boldsymbol{\omega}_{\times}]=\begin{bmatrix}0 & -\omega_z & \omega_y\\ \omega_z & 0 & -\omega_x\\ -\omega_y & \omega_x & 0\end{bmatrix}$。

根据式(6-31)和(6-32)，建立状态方程为

$$\dot{\boldsymbol{x}}=f(\boldsymbol{x},\boldsymbol{u})+\boldsymbol{w} \tag{6-33}$$

式中，$f(\boldsymbol{x},\boldsymbol{u})=\begin{bmatrix}0.5\boldsymbol{\Omega}(\boldsymbol{u}-\Delta\boldsymbol{\omega})\boldsymbol{q}\\ \boldsymbol{0}\end{bmatrix}$，$\boldsymbol{w}$ 为随机独立的零均值高斯白噪声序列，且$\boldsymbol{w}\in N(0,\boldsymbol{Q})$。

2. 测量方程

对于航向角信息，在无遮挡环境下(单基线 GPS 同时观测到 6 颗以上卫星)，单基线 GPS 可以给出准确的航向角 ψ_1；当单基线 GPS 只受到部分遮挡(同时观测到 4 颗以上)，GPS 可以根据速度信息计算载体的伪航向角 ψ_2：

$$\psi_2=\arctan\left(\frac{v_{\mathrm{e}}}{v_{\mathrm{n}}}\right) \tag{6-34}$$

其中，v_e 和 v_n 分别为东向和北向速度。一旦单基线 GPS 无法提供有效的速度信息，则可利用单 GPS 的速度信息和伪航向角 ψ_3 作为测量信息。伪航向角只有在载体作直线运动时(即侧滑角为 0)才等于真实航向角。当单天线 GPS 受到涵洞等密集遮挡、载体处于转弯运动或者速度较低时，GPS 无法提供有用的伪航向角信息。综上，航向角 ψ 可以分为以下几种情况：

$$\psi=\begin{cases}\psi_1, & \text{双天线 GPS 航向角有效}\\ \psi_2, & \text{双天线 GPS 伪航向角有效}\\ \psi_3, & \text{单天线 GPS 伪航向角有效}\\ \text{无航向}, & \text{其他}\end{cases} \tag{6-35}$$

考虑到 GPS 信息的更新频率较慢，因而将测量量相应分为两部分：一部分是利用加速度计测量重力分量得到的倾角(横滚角 ϕ 和俯仰角 θ)，另一部分是利用 GPS 解算得到的航向角 ψ，其分别对应两个不同周期的测量函数 g_1 和 g_2。根据欧拉角与四元数的对应关系，测量方程可以表示为

$$\boldsymbol{y}_{\kappa}=g_{\kappa}(\boldsymbol{x})+\boldsymbol{v}_{\kappa} \tag{6-36}$$

式中，加速度计信息更新时，$\kappa=1$；GPS 航向角信息更新时，$\kappa=2$。$\boldsymbol{y}_1=[\phi\quad\theta]^{\mathrm{T}}$，$\boldsymbol{y}_2=[\psi]$，$g_1(\boldsymbol{x})=\begin{bmatrix}\arctan\left[\dfrac{2(x(3)x(4)+x(1)x(2))}{1-2(x(2)^2+x(3)^2)}\right]\\ \arcsin[2(x(1)x(3)-x(2)x(4))]\end{bmatrix}$，$g_2(\boldsymbol{x})=\arctan\left[\dfrac{2(x(2)x(3)+x(1)x(4))}{1-2(x(3)^2+x(4)^2)}\right]$，$\boldsymbol{v}_1$ 和 $\boldsymbol{v}_2$ 为对应的测量噪声，且 $\boldsymbol{v}_{\kappa}\in N(0,\boldsymbol{R}_{\kappa})$。

对公式(6-33)和(6-36)离散化后的系统模型为

$$\begin{cases}\boldsymbol{x}(k+1)=f(\boldsymbol{x}(k),\boldsymbol{u}(k))+\boldsymbol{w}(k)\\ \boldsymbol{y}_{\kappa}(k)=g_{\kappa}(\boldsymbol{x}(k))+\boldsymbol{v}_{\kappa}(k),\ \kappa=1,2\end{cases} \tag{6-37}$$

式中，$\boldsymbol{w}$ 和 $\boldsymbol{v}_{\kappa}$ 分别为过程噪声和测量噪声。

6.4.2 姿态估计流程

式(6-37)系统模型的过程噪声和测量噪声都是加性的，可采用加性超球体平方根UKF(ASSRUKF)算法进行最优估计，对应的姿态估计流程如图6-29所示。由于微机械陀螺仪精度较低，信号积分后漂移过快，因此这里以加速度计和GPS输出值作为辅助测量信息，通过ASSRUKF算法对四元数和陀螺仪零偏误差进行估计，并将陀螺仪零偏值反馈校正，并将校正后的角速度和四元数作为系统的输出。为了避免机动加速度的影响，利用GPS的速度信息结合载体角速度对加速度计的机动加速度分量进行补偿，再以此计算俯仰角和横滚角。

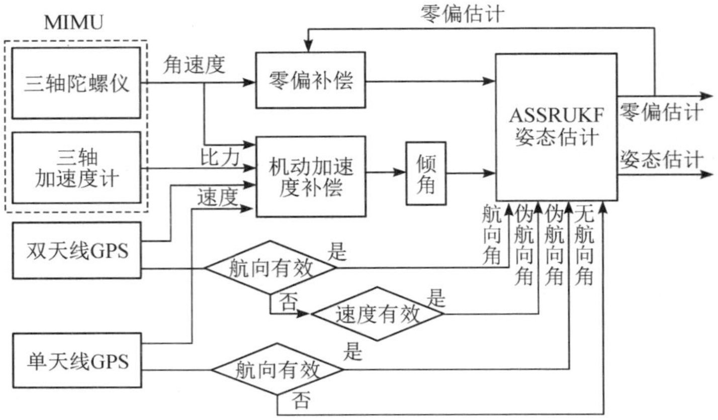

图6-29　MIMU/GPS组合姿态估计

具体的姿态估计流程为：初始化、预测更新、测量更新、反馈校正、返回更新。

(1) 初始化。

① 根据状态变量的定义，初始化状态变量 $\hat{\boldsymbol{x}}_0$ 和协方差 $\boldsymbol{P}_{x_0}$；

② 设置 W_0 和缩放因子 α，产生零均值和单位协方差下的采样点；根据式(5-121)计算均值权值 ω_i^{m} 和协方差权值 ω_i^{c}；

③ 应用Cholesky因式分解获得平方根矩阵 $\boldsymbol{S}$，利用式(5-116)根据系统状态的均值和协方差生成初始化Sigma点。

(2) 预测更新。

① 利用式(5-117)，通过状态方程转换采样点 $\boldsymbol{\chi}_{k|k-1}^{*}$；

② 利用式(5-118)～(5-120)，根据转换后的采样点计算预测值 $\hat{\boldsymbol{x}}_k^-$ 和平方根协方差 $\boldsymbol{S}_{x_k}^-$。

(3) 测量更新。

① 根据不同的环境，选择对应的测量方程，并根据测量方程转换采样点 $\boldsymbol{y}_{k|k-1}$；

② 通过转换后的采样点计算测量的预测值 $\hat{\boldsymbol{y}}_k^-$；

③ 利用式(5-125)和(5-126)，分别计算平方根协方差 $\boldsymbol{S}_{\tilde{y}_k}$ 和互协方差 $\boldsymbol{P}_{x_k y_k}$；

④ 利用式(5-127)计算增益矩阵 $\boldsymbol{K}_k$，并利用当前状态的测量值修正预测值 $\hat{\boldsymbol{x}}_k^-$，以获

得一个更精确的新估计值。

(4) 反馈校正

陀螺仪零偏误差 $\Delta\boldsymbol{\omega}$ 反馈校正陀螺仪输出角速度 $\boldsymbol{u}$，将校正后的角速度和估计的姿态角作为系统的输出。

(5) 返回更新。

6.4.3 实验分析

通过跑车实验对上述 GPS/MIMU 姿态估计系统和姿态估计算法进行验证。采集 MIMU(XW-IMU5220)、单基线 GPS 接收模块(XW-ADU3601)和单天线 GPS 的数据，同时采集光纤航姿系统 XW-ADU7612 的姿态信息作为参考值。实验数据沿不同阴影环境下的三条路线分别进行采集，三组实验传感器组成以及收星情况如表 6-1 所示。其中，实验一的线路具备良好的空视条件，XW-ADU3601 的星数始终不少于 6 颗；实验二的线路存在部分阴影，XW-ADU3601 的星数始终多于 4 颗；实验三的线路存在较多的树木和高楼，XW-ADU3601 的星数部分时刻少于 4 颗，而单天线 GPS 不少于 6 颗。

表 6-1　传感器组成及收星情况

实验	收星情况	传感器组成
一	XW-ADU3601 不少于 6 颗	MIMU、XW-ADU3601
二	XW-ADU3601 多于 4 颗	MIMU、XW-ADU3601
三	XW-ADU3601 部分时刻少于 4 颗、单天线 GPS 不少于 6 颗	MIMU、XW-ADU3601、单天线 GPS

1. 实验一

实验一中测试车沿某学校水泥路面作绕圈运动，如图 6-30 所示。车速限制在 10 m/s，车辆行驶状态包括直线匀速运动、转弯运动等。运动过程中，车辆周围较为空旷，因此单基线 GPS 接收模块 XW-ADU3601 接收到的卫星始终不少于 6 颗，如图 6-31 所示。此时，XW-ADU3601 可以准确输出载体的航向角和速度信息。

图 6-30　实验一路况

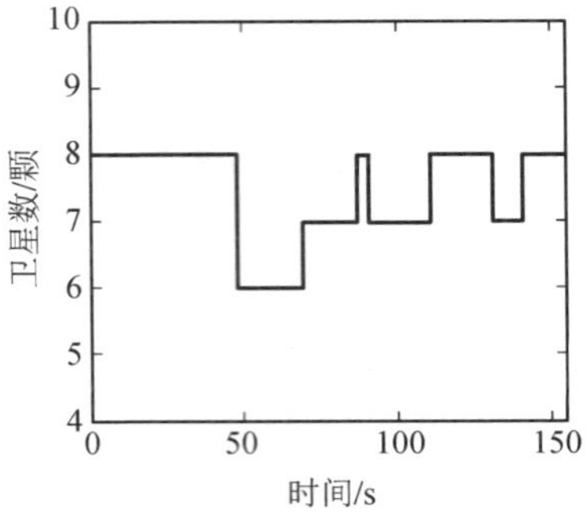

图 6-31 单基线 GPS 的收星情况

图 6-32 是由 GPS 的速度信息计算得到的机动加速度。由图可以看出，当车转弯时存在较大的向心加速度，车启动和停止时存在较大的纵向加速度。

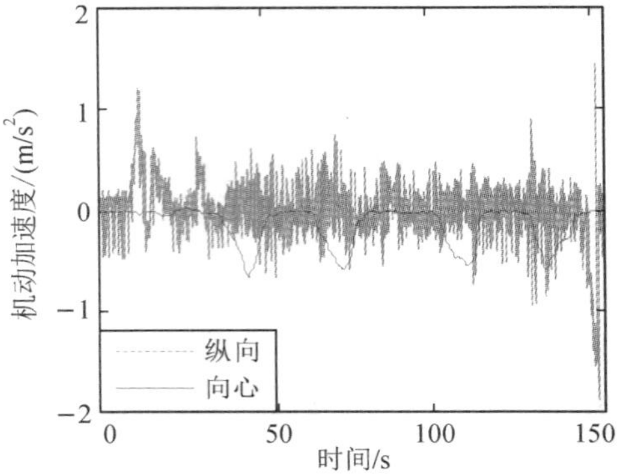

图 6-32 GPS 速度信息提取的机动加速度

图 6-33 给出了加速度计校正前后的姿态角对比。加速度计校正之前，其输出值受机动加速度的影响，计算姿态角存在较大偏差(最大误差接近 7°)。其中，载体变速运动产生的纵向加速度对俯仰角影响较大，而载体转弯运动产生的向心加速度对横滚角影响较大。经过 GPS 的速度信息对上述机动加速度校正后，俯仰角和横滚角估计精度均有了较大提高，其中俯仰角最大误差小于 0.5°，横滚角最大误差小于 2°。

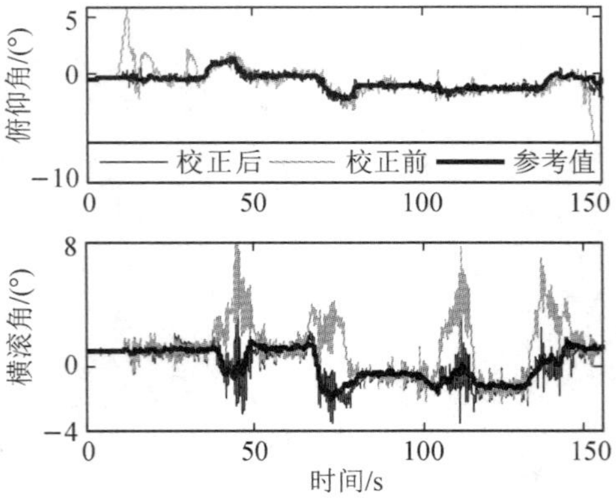

图 6-33 加速度计校正前后的姿态角对比

图 6-34 给出了 ASSRUKF 姿态估计曲线，结果表明 XW-ADU3601 与 MIMU 经过 ASSRUKF 融合后，机动加速度对姿态估计的影响减小，其估计值与参考值基本吻合。图 6-35 为 ASSRUKF 姿态估计误差，其中航向角、俯仰角和横滚角最大误差分别为 0.73°、0.78°和 0.79°。

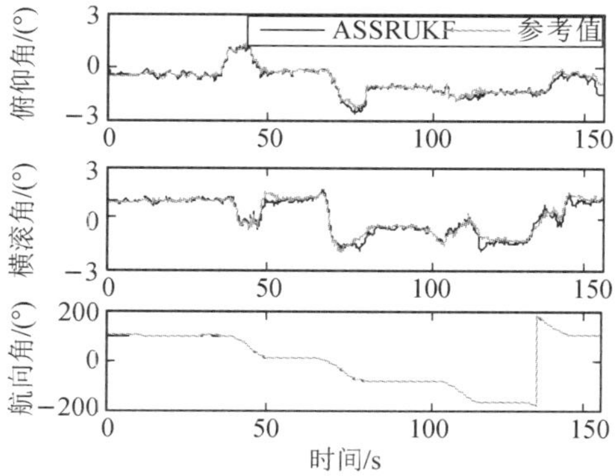

图 6-34　姿态估计曲线

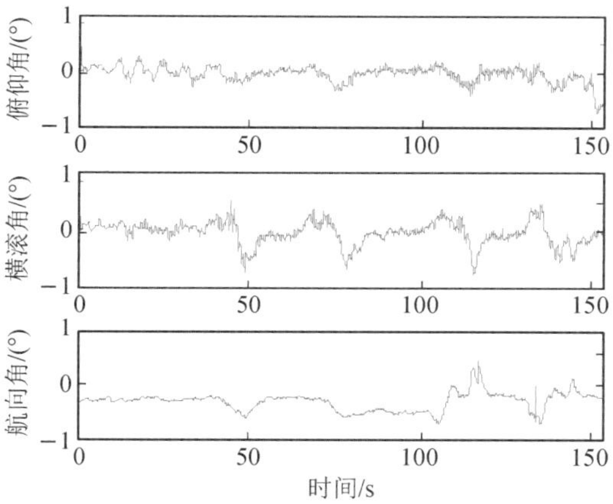

图 6-35　ASSRUKF 的姿态估计误差

2. 实验二

实验二中测试车在某市郊区的普通城市道路上行驶，路况如图 6-36 所示。测试车先沿大坡进行直线上、下坡运动，从 83 s 开始进行转弯运动。运动过程中，绝大多数时间内单基线 GPS 接收到的卫星数目不少于 6 颗，在 74.3～75.2 s 和 75.6～89.3 s 接收到的卫星数目少于 6 颗，但仍多于 4 颗，如图 6-37 所示。

图 6-36　实验二路况

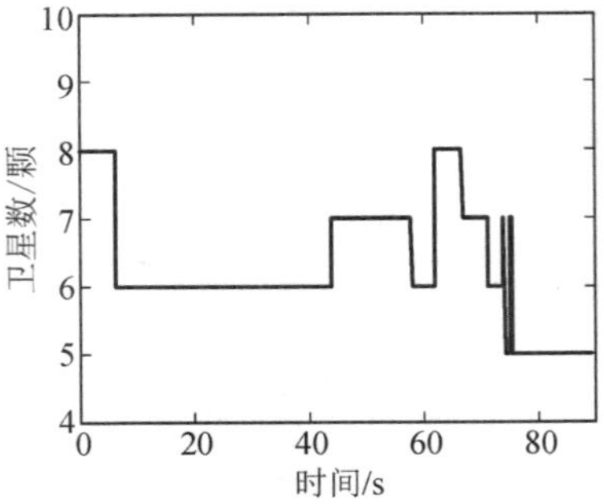

图 6-37 单基线 GPS 的收星情况

由于运动过程中卫星数目始终大于 4 颗，因此单基线 GPS 接收机模块 XW-ADU3601 可以有效输出速度信息。图 6-38 是由 GPS 提供的速度信息计算得到的机动加速度。由图可以看出，当车转弯时存在向心加速度，车直线上、下坡运动期间存在较大的纵向加速度。

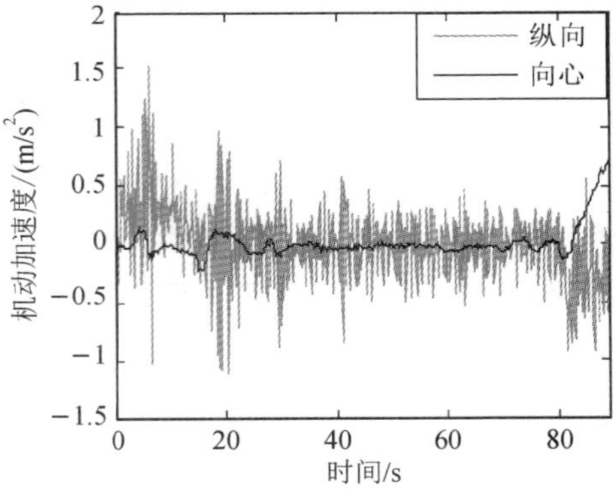

图 6-38 GPS 提取的机动加速度

图 6-39 为利用单基线 GPS 速度信息估计的伪航向角，可以看出载体直线运动时伪航向角与参考值间误差较小，而载体转弯时误差变大。

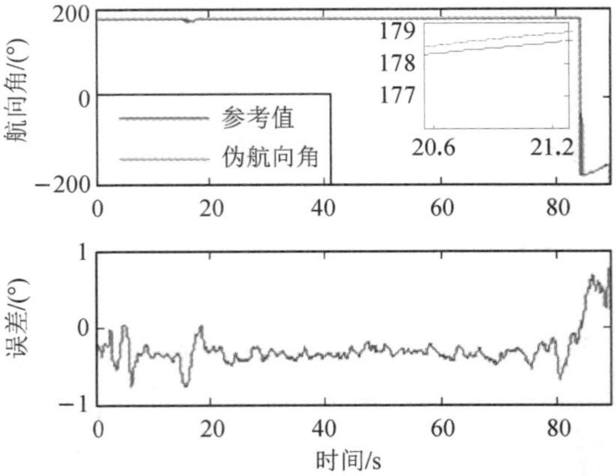

图 6-39 单基线 GPS 速度信息估计的伪航向角

图 6-40 给出了加速度计校正前后的姿态角对比。加速度计校正之前，其输出值受机

动加速度的影响，计算的姿态角存在较大偏差(最大误差接近 9°)。经过 GPS 的速度信息对上述机动加速度校正后，俯仰角和横滚角估计精度均有了较大提高，其中俯仰角最大误差小于 1°，横滚角最大误差小于 0.6°。

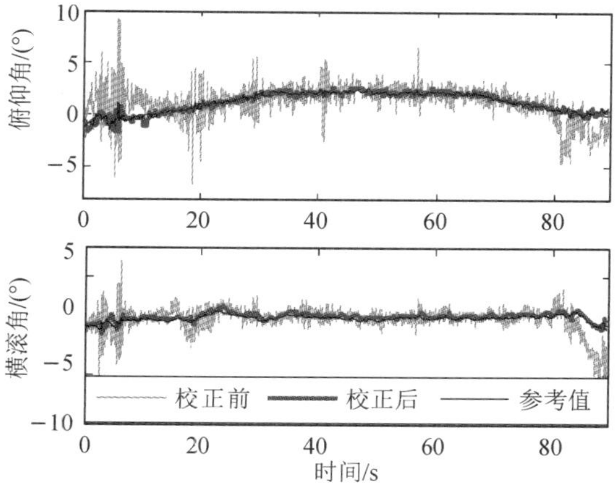

图 6-40　加速度计校正前后的姿态角对比

图 6-41 给出了 ASSRUKF 姿态估计曲线，结果表明单基线 GPS 模块 XW-ADU3601 与 MIMU 融合后，机动加速度对姿态估计的影响减小，横滚角和俯仰角与参考值基本吻合。其中，横滚角最大误差小于 0.32°，俯仰角最大误差小于 0.46°，如图 6-42 所示。航向上，当速度有效且载体作直线运动时，伪航向角作为辅助观测信息，可以有效对航向角进行估计，航向角最大误差小于 0.64°。

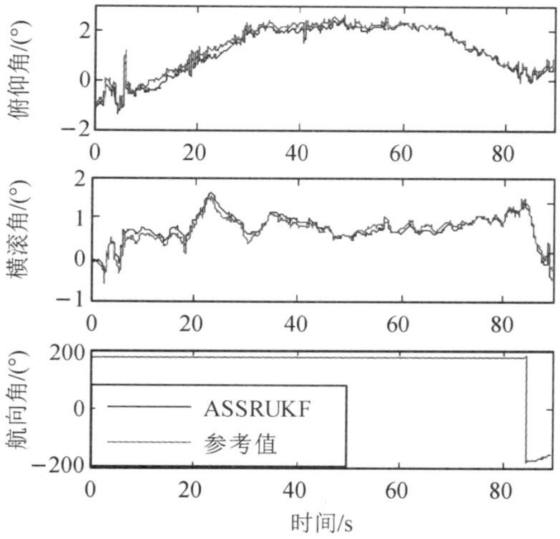

图 6-41　ASSRUKF 姿态估计曲线

3. 实验三

实验三中测试车沿两侧具有较多树木的路面运动，如图 6-43 所示，车速限制在 10 m/s，

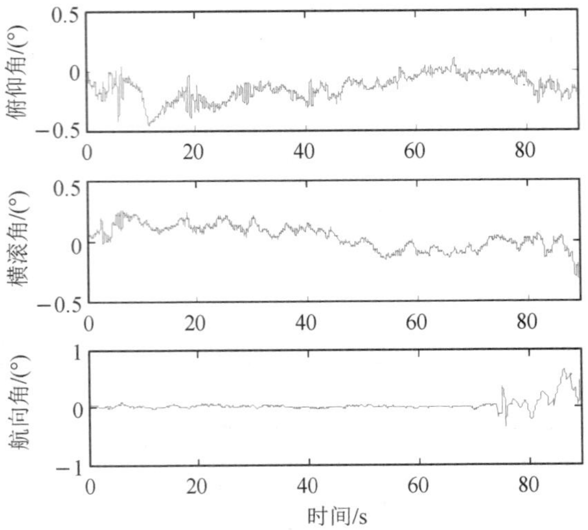

图 6-42 ASSRUKF 姿态估计误差

车辆行驶状态包括静止(0～7.2 s)、直线运动(7.2～66 s、76～115 s 和 126.5～171 s)、转弯运动(66～76 s、115～126.5 s 和 171～180 s)。如图 6-44 所示，单基线 GPS 接收模块 XW-ADU3601 在 0～87.5 s、146.2～146.7 s 和 158.2～163 s 期间接收到的卫星不少于 6 颗，在 0～90.4 s、116.2～126.3 s 和 128.2～175.5 s 期间接收到的卫星不少于 4 颗，其余时刻收到的卫星少于 4 颗。单天线 GPS 在整个运动过程中，接收到的卫星始终不少于 6 颗，其在树木遮挡环境中能正常工作。

图 6-43 实验三路况

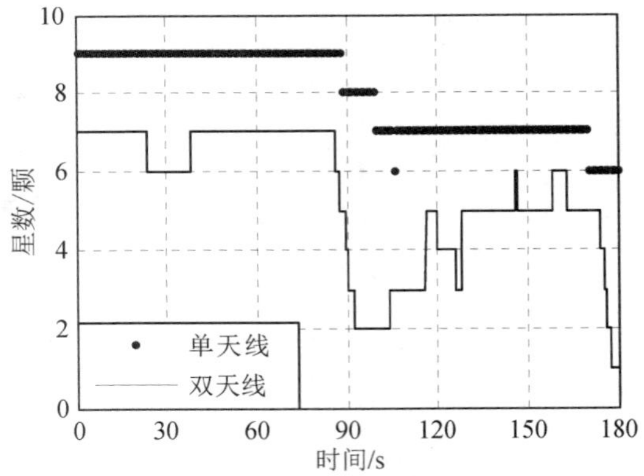

图 6-44 GPS 的收星情况

图 6-45 是由 GPS 提供的速度信息计算得到的机动加速度。由于 XW-ADU3601 在 90.4～116.2 s、126.3～128.2 s 和 175.5～180 s 期间接收到的卫星少于 4 颗，因此期间(图中虚线之间部分)的机动加速度是根据单天线 GPS 的速度信息提取的。图 6-46 给出了加速度计校正前后的姿态角对比。由图可以看出，加速度计经过校正后，俯仰角和横滚

角估计精度均有了较大提高。其中，俯仰角校正前最大误差为 7.1°，校正后最大误差为 3.9°；横滚角校正前最大误差为 8.8°，校正后最大误差为 2.2°。结果表明单天线以 1 Hz 的频率更新得到的速度信息仍能够有效校正机动加速度。

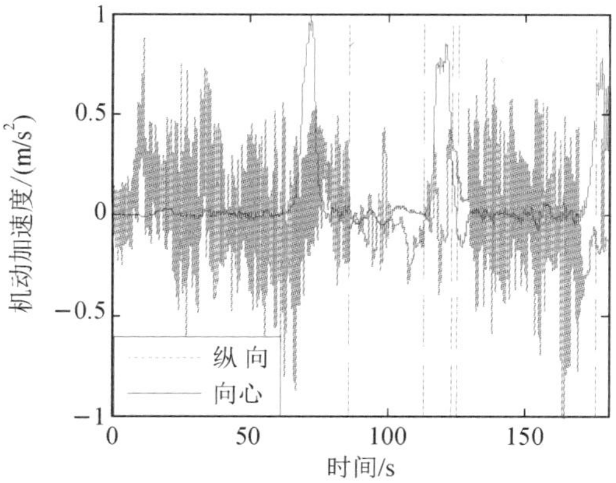

图 6-45　GPS 提取的机动加速度

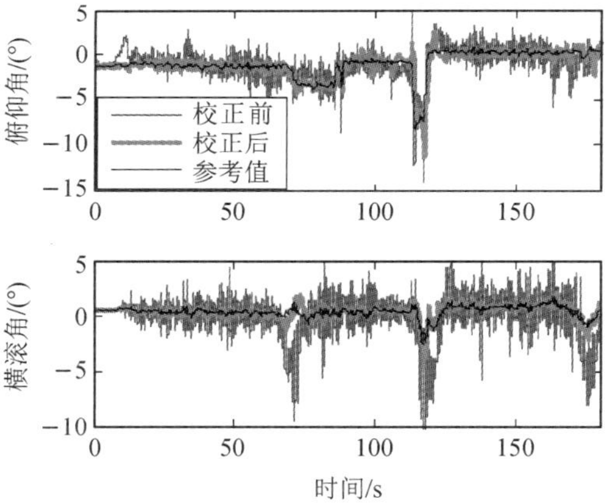

图 6-46　加速度计校正前后的姿态角对比

将图 6-46 中加速度计校正后的姿态角作为测量值，通过 ASSRUKF 进行姿态估计，结果如图 6-47 所示，对应的估计误差如图 6-48 所示。结果表明经过 ASSRUKF 融合后，横滚角和俯仰角与参考值基本吻合(横滚角最大误差小于 0.87°，俯仰角最大误差小于 0.99°)，比加速度计校正后的输出有了较大的改善。

图 6-49 为利用 GPS 速度信息估计的伪航向角和误差。在 0～90.4 s、116.2～126.3 s 和 128.2～175.5 s 期间，由于 XW-ADU3601 接收到的卫星多于 4 颗(速度、位置信息有效)，伪航向角根据 XW-ADU3601 的速度信息获得；其余时刻，伪航向角利用单天线的速度信息获得。图 6-50 中起始时刻伪航向角与参考航向间具有较大的误差，这是因为载体正处于静止或低速状态下。另外，载体处于转弯运动时，伪航向角也存在一定的误差。

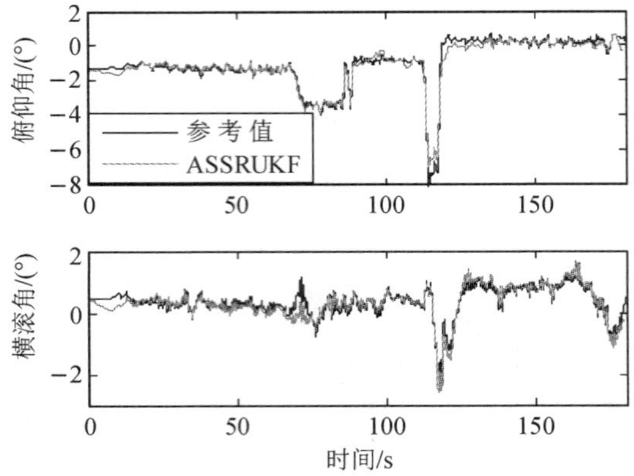

图 6-47 姿态估计曲线

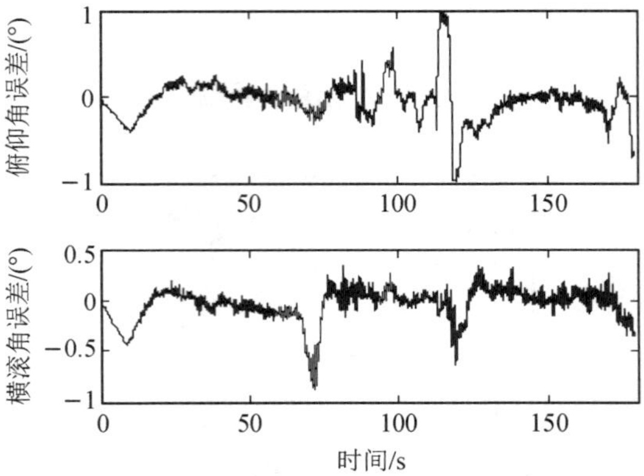

图 6-48 姿态角估计误差

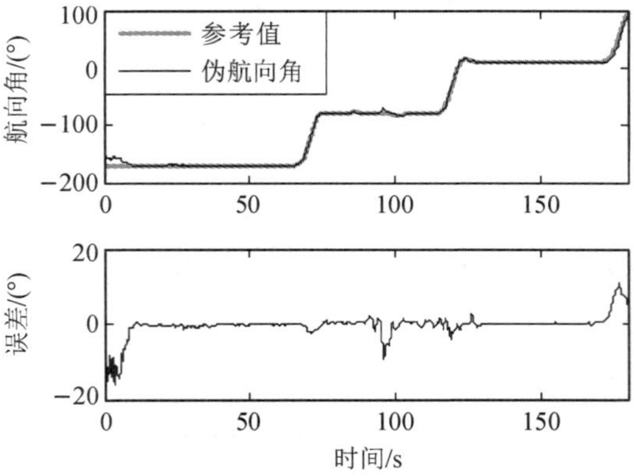

图 6-49 GPS 速度信息提取的伪航向角和误差

采用 GPS 航向角信息校正航向陀螺仪，其航向角估计及误差如图 6－50 所示。航向角测量值需根据不同的阴影情况和运动状态综合考虑，在不同的时段可能由 XW-ADU3601 的航向角、伪航向角、单天线 GPS 的伪航向角几部分组成，在有些时段可能无航向角信息。结果表明，载体直线运动时航向角估计精度较高，这表明伪航向角作为辅助信息可以有效对航向角进行估计；载体转弯时，航向角存在一定的误差，这是转弯时没有航向角测量值，单纯依赖陀螺仪导致的。但转弯时间较短，陀螺仪的累积误差在可控范围之内(最大误差为 0.55°)。

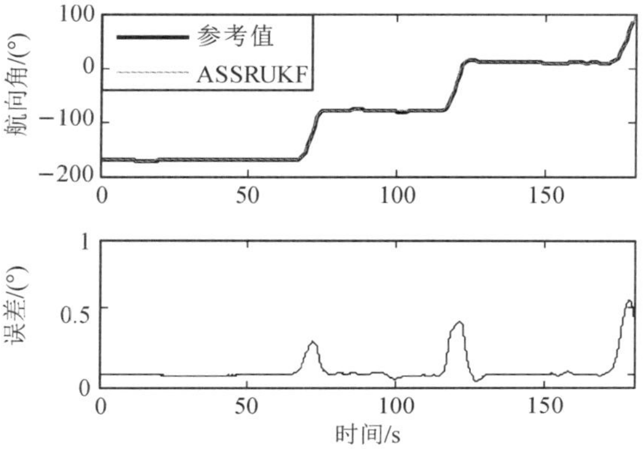

图 6－50　航向角估计及误差

6.5　基于 MIMU-单天线 GPS 自适应 UKF 姿态估计

本节描述了一种基于 MIMU-单天线 GPS 自适应 UKF 姿态估计算法。

6.5.1　开关自适应 UKF 算法

单基线 GPS 在空间视野条件良好的路段可输出精确的航向角及速度信息，然而当载体进入被树木、建筑等遮挡的路段时，两根天线无法同时满足工作条件，导致单基线 GPS 无法输出精确的航向角，也无法得到侧滑角，不能进行机动加速度补偿，也难以减小载体在转弯时姿态估计的误差，这使单基线 GPS 的使用范围大大受到限制。选用对工作条件要求较低、不易受遮挡干扰的单天线 GPS 可以有效解决这个问题。单天线 GPS 在大部分情况下都能够接收 4 颗以上卫星，可以提供速度信息进行姿态估计。单天线 GPS 确定的载体姿态为伪姿态，伪姿态可以通过稳定坐标系相对于地理坐标系的欧拉角表示。载体直线行驶时，航向角不发生改变，可认为伪姿态就是真实姿态。

单天线 GPS 输出的速度信息可消除前向加速度对加速度计测量值的干扰，以减小载体姿态估计的误差。当载体转弯时，产生的径向加速度方向与载体航向不一致，伪航向与载体航向之间存在偏差，即存在侧滑角，此时加速度计输出无法表示真正的重力分量，仅依靠加速度补偿后的姿态角作为系统测量值来估计载体姿态会存在一定的机动误差。

开关自适应 UKF 根据 z 轴陀螺仪输出 ω_z 判断车体是否转弯，根据三个加速度计输出

acc_x、acc_y 和 acc_z 判断车体是否直线加速或减速，设置开关以判断在姿态估计时系统测量值是否使用加速度计的输出。判断公式为

$$\begin{cases}(\mathrm{i})\ |\omega_z|>a \\ (\mathrm{ii})\ \sqrt{acc_x^2+acc_y^2+acc_z^2}>b\end{cases} \tag{6-38}$$

条件(i)用于判断载体是否转弯，条件(ii)用于判断载体是否加减速。当满足上述两条件任意一条时，仅依靠微机械陀螺仪来估计载体姿态，并对变化的 $\boldsymbol{Q}$ 或 $\boldsymbol{R}$ 进行实时修正，然后调整一步预测误差方差矩阵 $\boldsymbol{P}_{k/k-1}$，抑制滤波器发散。

图 6-51 为开关自适应 UKF 算法结构图。

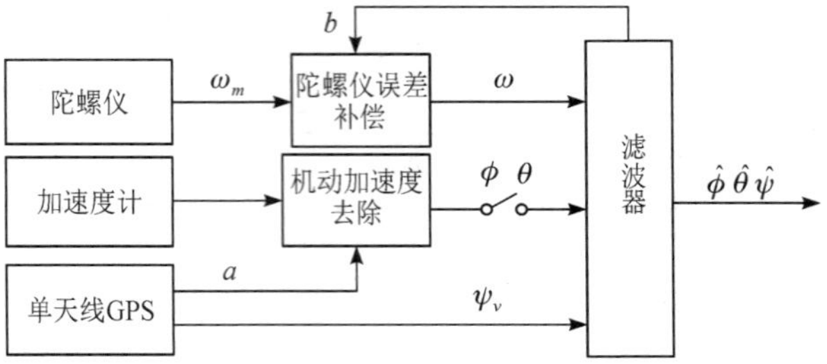

图 6-51 开关自适应 UKF 算法流程结构图

图 6-52 是开关自适应 UKF 算法对包含转弯运动的跑车数据的滤波结果，并将其与传统 UKF 算法对比，以检验算法的有效性。

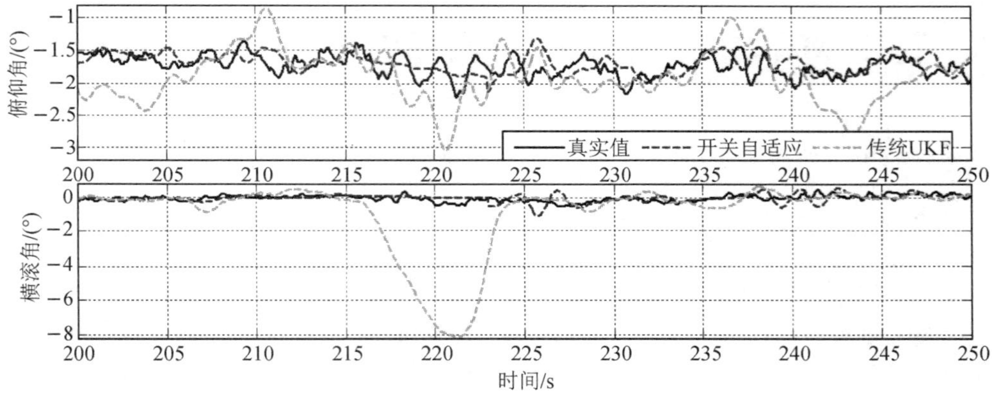

图 6-52 开关自适应 UKF 算法与传统 UKF 算法比较

如图 6-52 所示，开关自适应 UKF 算法相比于未去除机动加速度的传统 UKF 算法，有效地减小了载体机动加速度误差，估计精度得到提高，尤其在 215～225 s 内，开关自适应 UKF 算法对载体转弯运动产生的径向加速度有很好的削减作用，俯仰角和横滚角受到的干扰基本能够消除，且效果明显。但需要注意的是，载体加减速运动时间较长时，仅依靠微机械陀螺仪对载体姿态进行估计会导致陀螺仪漂移，滤波发散。这是因为使用固定门槛值无法有效融合加速度计信息对陀螺仪零偏误差进行校正，导致估计值与真实值误差较大。若设定门槛值过低，开关会长时间关闭，仅依靠微机械陀螺仪输出的数据对载体姿态进行估计虽然可以去除机动加速度影响，但陀螺仪存在零偏误差，并且会随时间积累，无

法得到校正，影响滤波器精度；如果提高门槛值，则滤波器中容易混入机动加速度的干扰信息，导致机动加速度不能很好地消除。

6.5.2 自适应 UKF 算法

UKF 随机离散系统方程可表述为

$$\boldsymbol{X}_k=\boldsymbol{F}_{k,k-1}\boldsymbol{X}_{k-1}+\boldsymbol{W}_{k-1} \tag{6-39}$$

$$\boldsymbol{Y}_k=\boldsymbol{H}_k\boldsymbol{X}_k+\boldsymbol{V}_k \tag{6-40}$$

式中，$\boldsymbol{X}_k$ 为状态量，$\boldsymbol{F}_{k,k-1}$ 为 t_{k-1} 时刻至 t_k 时刻的状态一步转移矩阵，$\boldsymbol{Y}_k$ 为测量量，$\boldsymbol{H}_k$ 为测量矩阵，$\boldsymbol{W}_k\sim N(0,Q)$ 为系统噪声，$\boldsymbol{V}_k\sim N(0,R)$ 为测量噪声。

在姿态估计算法中，过程噪声 $\boldsymbol{W}$ 的方差矩阵 $\boldsymbol{Q}$ 和测量噪声 $\boldsymbol{V}$ 的方差矩阵 $\boldsymbol{R}$ 无法在滤波开始前确定，需要根据不同传感器设计与其相适应的系统模型及参数对其进行滤波，否则就可能引起滤波发散。载体行驶的路面状况和 GPS 天线空间视野条件等不同，模型就会发生改变，其存在摄动，即 $\boldsymbol{Q}$、$\boldsymbol{R}$ 发生变化。在这种情况下，要对不断改变的 $\boldsymbol{Q}$、$\boldsymbol{R}$ 进行估计，然后调整一步预测误差方差矩阵 $\boldsymbol{P}_{k/k-1}$。

自适应 UKF 算法在滤波时利用传感器输出的测量值不断地调整预测值，同时也实时地调整不同情况下的系统方程参数、噪声统计参数等，让系统方程最大程度地匹配当前系统的状态，以达到抑制滤波器发散的目的。

1. 基于 Sage-Husa 估计的 Q 和 R 自适应 UKF 算法

基于 Sage-Husa 估计的 $\boldsymbol{Q}$ 和 $\boldsymbol{R}$ 自适应 UKF 算法在第 5 章 5.5 节超球体平方根 UKF 算法的基础上进行了改进，滤波器中加入了系统噪声期望 q、测量噪声期望 r，并且在状态估计时，加入了系统噪声期望 q 和方差矩阵 $\boldsymbol{Q}$ 以及测量噪声期望 r 和方差矩阵 $\boldsymbol{R}$ 的更新。

具体步骤包括时间更新和测量更新。

(1) 时间更新。时间更新包括状态预测、状态协方差预测和测量预测。

状态预测方程为

$$\boldsymbol{X}_{k/k-1}=\boldsymbol{F}(\boldsymbol{X}_{k-1},k-1)+\hat{q}_k \tag{6-41}$$

其中，$\boldsymbol{X}_{k/k-1}$ 表示基于 $k-1$ 时刻信息对 k 时刻状态的预测值，$\boldsymbol{F}(X_{k-1},k-1)$ 是状态转移函数，$\hat{q}_k$ 是对系统噪声的估计。

状态协方差预测方程为

$$\boldsymbol{P}_{k/k-1}=\sum_{i=0}^{n+1}\boldsymbol{W}_i(\boldsymbol{X}_{i,k/k-1}-\hat{\boldsymbol{X}}_{\bar{k}})(\boldsymbol{X}_{i,k/k-1}-\hat{\boldsymbol{X}}_{\bar{k}})^{\mathrm{T}}+\boldsymbol{Q} \tag{6-42}$$

$$\hat{\boldsymbol{X}}_{\bar{k}}=\sum_{i=0}^{n+1}\boldsymbol{W}_i\boldsymbol{X}_{i,k/k-1} \tag{6-43}$$

其中，$\boldsymbol{P}_{k/k-1}$ 为预测误差方差矩阵，$\boldsymbol{W}_i$ 为权重系数，$\boldsymbol{X}_{i,k/k-1}$ 为各个 Sigma 点的预测状态值，$\hat{\boldsymbol{X}}_{\bar{k}}$ 为 Sigma 点均值估计。

测量预测方程为

$$\boldsymbol{Y}_{k/k-1}=\boldsymbol{H}_k\boldsymbol{X}_{k/k-1}-\hat{\boldsymbol{r}}_k \tag{6-44}$$

$$\hat{\boldsymbol{Y}}_{\bar{k}}=\sum_{i=0}^{n+1}\boldsymbol{W}_i\boldsymbol{Y}_{i,k/k-1} \tag{6-45}$$

其中，$\boldsymbol{H}_k$ 为测量矩阵，$\hat{r}_k$ 为测量噪声的估计，$\hat{\boldsymbol{Y}}_{\bar{k}}$ 为 Sigma 点均值估计。

(2) 测量更新。测量更新包括测量协方差计算、互协方差计算、增益计算、状态协方差更新和状态更新。

测量协方差计算公式为

$$\boldsymbol{P}_{\hat{Y}_k \hat{Y}_k} = \sum_{i=0}^{n+1} \boldsymbol{W}_i [\boldsymbol{Y}_{i,k/k-1} - \hat{\boldsymbol{Y}}_{\bar{k}}][\boldsymbol{Y}_{i,k/k-1} - \hat{\boldsymbol{Y}}_{\bar{k}}]^{\mathrm{T}} + \boldsymbol{R} \tag{6-46}$$

互协方差计算公式为

$$\boldsymbol{P}_{X_k Y_k} = \sum_{i=0}^{n+1} \boldsymbol{W}_i (\boldsymbol{X}_{i,k/k-1} - \hat{\boldsymbol{X}}_{\bar{k}})(\boldsymbol{Y}_{i,k/k-1} - \hat{\boldsymbol{Y}}_{\bar{k}})^{\mathrm{T}} \tag{6-47}$$

增益计算公式为

$$\boldsymbol{K}_k = \boldsymbol{P}_{X_k Y_k} \boldsymbol{P}_{\hat{Y}_k \hat{Y}_k}^{-1} \tag{6-48}$$

状态协方差更新公式为

$$\boldsymbol{P}_k = \boldsymbol{P}_{k/k-1} - \boldsymbol{K}_k \boldsymbol{P}_{\hat{Y}_k \hat{Y}_k} \boldsymbol{K}_k^{\mathrm{T}} \tag{6-49}$$

状态更新公式为

$$\hat{\boldsymbol{X}}_k = \hat{\boldsymbol{X}}_{\bar{k}} + \boldsymbol{K}_k (\boldsymbol{Y}_k - \hat{\boldsymbol{Y}}_{\bar{k}}) \tag{6-50}$$

$$\hat{r}_{m-1} = (1-d_m)\hat{r}_m + d_m(\boldsymbol{Y}_m - \boldsymbol{H}_m \hat{\boldsymbol{X}}_{m,m-1}) \tag{6-51}$$

$$\hat{\boldsymbol{R}}_{m+1} = (1-d_m)\hat{\boldsymbol{R}}_m + d_m(\tilde{\boldsymbol{Y}}_{m+1}\tilde{\boldsymbol{Y}}_{m+1}^{\mathrm{T}} - \boldsymbol{H}_m \boldsymbol{P}_{m,m-1} \boldsymbol{H}_m^{\mathrm{T}}) \tag{6-52}$$

$$\hat{q}_{m+1} = (1-d_m)\hat{q}_m \tag{6-53}$$

$$\hat{\boldsymbol{Q}}_{m+1} = (1-d_m)\hat{\boldsymbol{Q}}_m + d_m(\boldsymbol{K}_{m+1}\tilde{\boldsymbol{Y}}_{m+1}\tilde{\boldsymbol{Y}}_{m+1}^{\mathrm{T}}\boldsymbol{K}_{m+1}^{\mathrm{T}} + \boldsymbol{P}_{m+1} - \boldsymbol{\phi}_{m+1,m}\boldsymbol{P}_m\boldsymbol{\phi}_{m+1,m}^{\mathrm{T}}) \tag{6-54}$$

式中，$d_m = (1-b)/(1-b^{m+1})$，$0<b<1$，b 为遗忘因子；$\hat{q}_m$ 为系统噪声期望。

2. 一步预测误差方差矩阵 $\boldsymbol{P}_{k/k-1}$ 估计自适应算法

基于 Sage-Husa 估计的 $\boldsymbol{Q}$ 和 $\boldsymbol{R}$ 自适应 UKF 算法对过程噪声 W 的方差矩阵 $\boldsymbol{Q}$ 和测量噪声 $\boldsymbol{V}$ 的方差矩阵 $\boldsymbol{R}$ 进行更新后，滤波器仍然可能出现发散现象，此时可利用协方差匹配的方法判断滤波器是否有发散的可能性，即

$$\tilde{\boldsymbol{Y}}_k^{\mathrm{T}}\tilde{\boldsymbol{Y}}_k \leqslant S\ \mathrm{tr}[E(\tilde{\boldsymbol{Y}}_k\tilde{\boldsymbol{Y}}_k^{\mathrm{T}})] \tag{6-55}$$

式中，S 为可调系数($S \geqslant 1$)，$\tilde{\boldsymbol{Y}}_k^{\mathrm{T}} = \boldsymbol{Y}_k^{\mathrm{T}} - h(\overline{\boldsymbol{X}}_{k|k-1})$ 为残差序列。如果式(6-55)成立，则只需采用 Sage-Husa 自适应算法对 $\boldsymbol{Q}$ 和 $\boldsymbol{R}$ 进行估计；如果式(6-55)不成立，则此时滤波器可能处于发散状态，需对一步预测误差方差矩阵 $\boldsymbol{P}_{k/k-1}$ 进行修正，即

$$\boldsymbol{P}_{k/k-1} = \lambda_k \sum_{i=0}^{2n} W_i^{\mathrm{c}} [\overline{\boldsymbol{X}}_{k|k-1} - \hat{\boldsymbol{X}}_{\bar{k}}] \times [\overline{\boldsymbol{X}}_{k|k-1} - \hat{\boldsymbol{X}}_{\bar{k}}]^{\mathrm{T}} + \boldsymbol{Q}_{k-1} \tag{6-56}$$

式中，λ_k 为自适应加权系数，可调节一步预测误差方差矩阵 $\boldsymbol{P}_{k/k-1}$。λ_k 通过调节测量值在滤波过程中对载体姿态估计的作用程度，从而对滤波器的发散起到抑制作用。λ_k 的表达式为

$$\lambda_k = \begin{cases} \lambda_k, & \lambda_0 \geqslant 1 \\ 1, & \lambda_0 < 1 \end{cases} \tag{6-57}$$

$$\lambda_0 = \frac{\mathrm{tr}(C_{0,k} - R)^{\mathrm{T}}}{\mathrm{tr}\left(\sum_{i=0}^{2n} W_i^{\mathrm{c}} (\boldsymbol{Y}_{k/k-1} - \hat{\boldsymbol{Y}}_{\bar{k}})(\boldsymbol{Y}_{k/k-1} - \hat{\boldsymbol{Y}}_{\bar{k}})^{\mathrm{T}}\right)} \tag{6-58}$$

$$C_{0,k}=\begin{cases}\widetilde{\boldsymbol{Y}}_k\widetilde{\boldsymbol{Y}}_k^{\mathrm{T}}, & k=1\\ \dfrac{\rho C_{0,k}+\widetilde{\boldsymbol{Y}}_k\widetilde{\boldsymbol{Y}}_k^{\mathrm{T}}}{1+\rho}, & k>1\end{cases} \tag{6-59}$$

式(6-59)中，ρ 为衰减因子，其控制 k 时刻残差对系统的影响。ρ 值越大，则 k 时刻以前的测量值对姿态估计作用越小，当前时刻残差作用越明显，越能缩短滤波器收敛时间。

图 6-53 为对一组实测获得的俯仰角姿态数据进行自适应 UKF 算法处理的结果，并将该结果与传统 UKF 算法的结果进行对比。

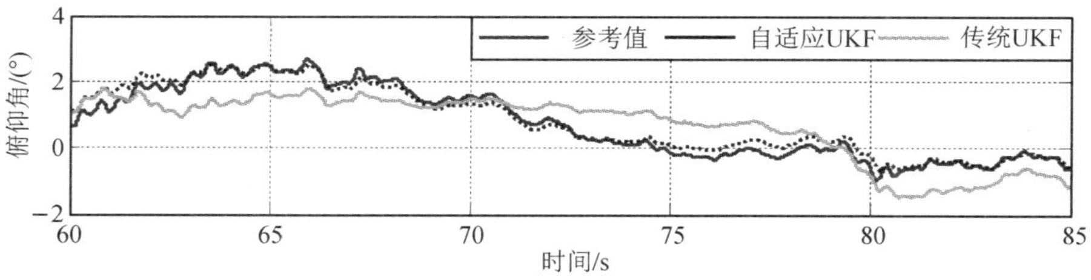

图 6-53 自适应 UKF 算法与传统 UKF 算法俯仰角对比

从图 6-53 可以看出，自适应 UKF 算法估计的俯仰角更贴近载体的真实俯仰角，而传统 UKF 的效果并不理想，其估计的姿态角与真实值存在较大误差，且波动范围较大，最大误差达到近 1°，远大于自适应 UKF 算法。由此可见，自适应 UKF 算法在单天线 GPS 工作情况下，可较好地完成载体姿态估计任务，且较传统 UKF 算法效果提升明显。

6.5.3 实验分析

通过跑车实验对上述姿态估计算法进行验证。采集 MIMU(XW-IMU5220)和单天线 GPS 的数据，同时采集光纤航姿系统 XW-ADU7612 的姿态信息作为参考值。图 6-54、图 6-55 分别为开关自适应 UKF 算法及传统 UKF 算法得到的姿态角估计值与真实值的比较

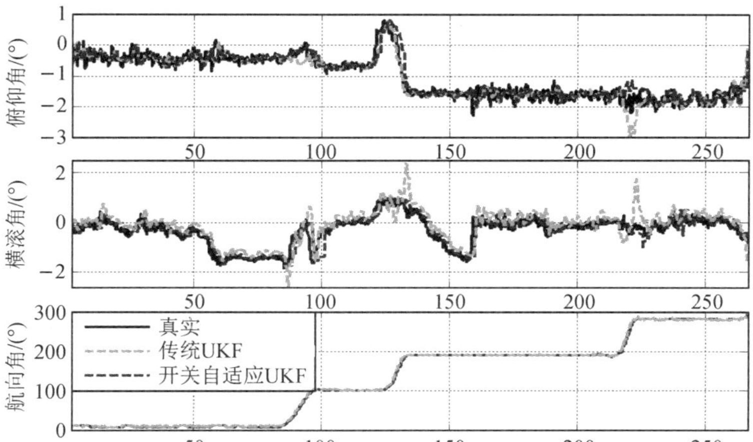

图 6-54 开关自适应 UKF 算法与传统 UKF 估计姿态角

及开关自适应 UKF 算法姿态角估计误差。由图可见，开关自适应 UKF 相比于传统 UKF 估计精度更高，俯仰角、横滚角误差多数情况下可控制在 0.5°左右，特别是在载体转弯运动，航向角发生跃变时(即图中 80～100 s、120～140 s、210～220 s 三个阶段)，相较于传统 UKF，开关自适应 UKF 大大减小了估计姿态角的误差。比较表 6-2 中估计的姿态角均方误差值，可以看出开关自适应 UKF 算法估计的姿态角的均方误差值均小于传统 UKF 算法。实验结果表明，基于 Sage-Husa 估计的 $\boldsymbol{Q}$ 和 $\boldsymbol{R}$ 自适应 UKF 算法以及一步预测误差方差 $\boldsymbol{P}_{k/k-1}$ 估计自适应算法能够实时调整系统参数，抑制滤波器的发散。对于单天线 GPS 无法给出准确航向角，仅能凭借速度信息计算得出伪航向角这一传感器自身缺点，算法进行了较好的优化，同时采用开关自适应算法融合陀螺仪和加速度计信息，一定程度上消除了转弯对载体姿态角估计的影响，但相比于载体匀速直线运动时误差仍然较大，这在以后的研究中需重点解决。

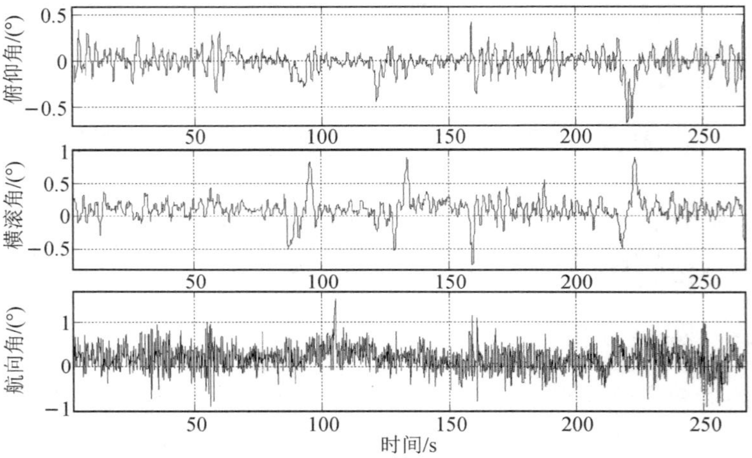

图 6-55 开关自适应 UKF 算法姿态角估计误差

表 6-2 UKF 与开关自适应 UKF 估计误差

算法	均方误差/(°)		
	航向角	俯仰角	横滚角
传统 UKF	0.634	0.232	0.402
开关自适应 UKF	0.586	0.124	0.211

当载体驶入阴影路段，GPS 信号失锁，无法输出有效航向角及速度信息，此时仅能依靠陀螺仪和加速度计的测量信息，在无 GPS 辅助的情况下，运用开关自适应 UKF 算法对载体进行姿态估计，以验证算法在此种情况下的估计效果，结果如图 6-56、图 6-57 所示。

由图 6-56、图 6-57 可知，在无 GPS 辅助的情况下，仅依靠陀螺仪和加速度计通过开关自适应 UKF 算法估计载体姿态存在很大误差，特别是在载体转弯运动，航向角发生跃变时误差十分明显，最大误差达到 3°，这已经不能保证载体在行驶过程中保持卫星通信链路的畅通，需采取与这种情况相适应的算法估计载体姿态角。

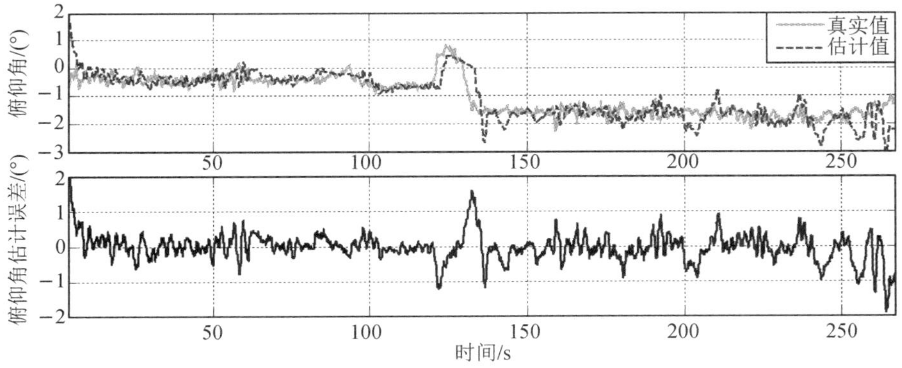

图 6-56　无 GPS 辅助俯仰角的估计值与真实值的比较及误差

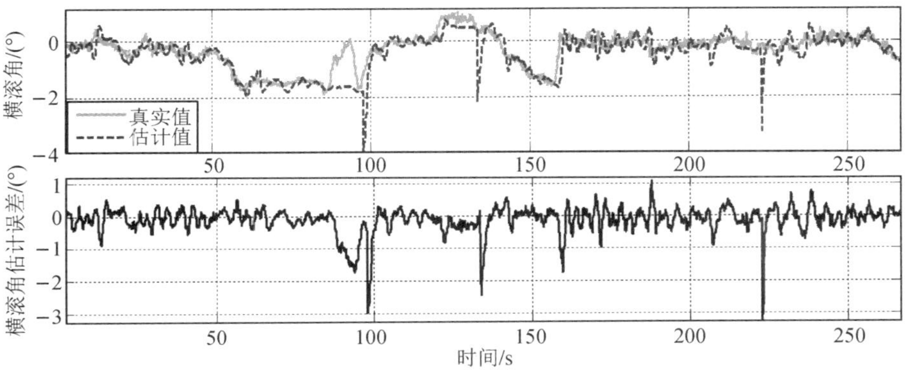

图 6-57　无 GPS 辅助横滚角的估计值与真实值的比较及误差

第 7 章 GPS-INS 组合导航算法

本章阐述 GPS-INS 组合导航算法，该算法通过结合全球定位系统(Global Positioning System，GPS)的全局定位优势与惯性导航系统的自主导航能力，实现两者优势互补，克服单一导航系统的局限性，提供更为全面、准确的导航与定位解决方案。

7.1 GPS 导航定位原理

GPS 是美国国防部从 20 世纪 70 年代开始研制的一种基于无线电传输的全球卫星导航系统。GPS 卫星发送两种导航电文信息：一种是卫星星历信息，另一种是经调制的伪随机码信息。通过 GPS 卫星发射的导航电文，用户可以获得卫星的位置、速度信息，同时可得到伪距和载波相位两种观测信息。GPS 接收机接收 GPS 卫星发射的信号，用户可以通过计算获得接收机当前的三维位置、速度和时间等信息，以满足全天候导航定位及定时等需要。

7.1.1 GPS 系统的构成

GPS 系统的构成包括三大部分：空间部分，主要包括 GPS 卫星星座；地面控制部分，主要为地面监控系统；用户设备部分，主要是 GPS 信号接收机。

(1) 空间部分。空间部分由高度为 20 230 km 的 21 颗工作卫星和 3 颗备用卫星组成。卫星分布在 6 个等间隔的、倾角为 55° 的近圆轨道上，运行周期为 718 min。

(2) 地面控制部分。地面控制部分包括监测站、主控站和注入站。目前监测站有 5 个，其任务是在卫星过顶时收集卫星播发的导航信息，对卫星进行连续监控，收集当地气象数据，并将数据送往主控站。主控站的任务是用配备的精密原子钟提供 GPS 系统的时间基准，并将 GPS 时间和 UTC 时间的相对漂移编入导航电文通过注入站注入给卫星；此外，主控站还需处理各监测站送来的数据，编制各卫星星历，计算各卫星钟和电离层校正参数，并送给注入站。注入站有 3 个，任务是把主控站送来的导航信息在卫星过顶时注入卫星，并监测注入卫星的导航信息是否正确。每颗卫星的导航数据每隔 8 小时注入一次。

(3) 用户设备部分。用户设备部分主要是各种类型的 GPS 信号接收机。信号接收机的主要功能是接收卫星发播的信号并利用本机产生的伪随机码取得距离观测值和导航电文，根据导航电文提供的卫星位置和钟差修正信息，计算接收机的位置。

7.1.2 GPS 定位原理

GPS 系统用户设备接收卫星发布的信号，根据星历表信息，求得每颗卫星发射信号时的位置。用户设备还测量卫星信号的传播时间，并求出卫星到观测点的距离。如果用户设备装备有与 GPS 系统时间同步的精密钟，那么仅用三颗星就能实现三维定位。定位方法为：分别以三颗卫星为中心，以求得的三颗卫星分别到测点的距离为半径，作三个球面，球面的交点就是观测点。未装备与 GPS 系统时间同步的精密钟的用户设备(一般接收机都属于这类)所测的距离有误差，称为伪距，这时需要四颗卫星才能实现三维定位。

伪距表达式为

$$\overline{R}_i = R_i + c\Delta t_{\lambda i} + c(\Delta t_n - \Delta t_{si}) \tag{7-1}$$

式中，$\overline{R}_i$ 为第 i 颗星到接收机的伪距；R_i 为第 i 颗星到接收机的真实距离；c 为光速；$\Delta t_{\lambda i}$ 为第 i 颗星的传播延迟误差；Δt_n 为用户相对 GPS 系统的时间偏差；Δt_{si} 为第 i 颗星相对 GPS 系统的时间偏差。

计算采用地心直角坐标系。地心直角坐标系以地心为原点，x 轴在赤道平面内，指向格林尼治子午线，y 轴指向东经 90°，z 轴指向北极。

设卫星在坐标系中的坐标为(X_{si}, Y_{si}, Z_{si})，用户的坐标为(X, Y, Z)，则有

$$R_i = \sqrt{(X_{si} - X)^2 + (Y_{si} - Y)^2 + (Z_{si} - Z)^2} \tag{7-2}$$

代入(7-1)中得

$$\overline{R}_i = \sqrt{(X_{si} - X)^2 + (Y_{si} - Y)^2 + (Z_{si} - Z)^2} + c\Delta t_{\lambda i} + c(\Delta t_n - \Delta t_{si}) \tag{7-3}$$

其中，卫星位置(X_{si}, Y_{si}, Z_{si})和卫星时间偏差 Δt_{si} 由卫星电文得到。传播延迟误差 $\Delta t_{\lambda i}$ 可用双频测量法校正或通过延迟模型补偿。伪距 $\overline{R}_i$ 由测量得到。观测点位置(x, y, z)和用户时间偏差 Δt_n 为四个未知量。因此，测四颗卫星的伪距，建立四个方程，便能解出上述四个未知数，实现三维定位。然后，经直角坐标系和地心直角坐标系的变换，得到用户的经、纬度和高度。求解四颗卫星的距离变化率方程式，可以得出用户三维速度和用户时间偏差的变化率。

对式(7-3)求导，得

$$\frac{d\overline{R}_i}{dt} = \frac{\left(\frac{dX_{si}}{dt} - \frac{dX}{dt}\right)(X_{si} - X) + \left(\frac{dY_{si}}{dt} - \frac{dY}{dt}\right)(Y_{si} - Y) + \left(\frac{dZ_{si}}{dt} - \frac{dZ}{dt}\right)(Z_{si} - Z)}{\sqrt{(X_{si} - X)^2 + (Y_{si} - Y)^2 + (Z_{si} - Z)^2}} + c\frac{\Delta t_{\lambda i}}{\Delta t} + c\left(\frac{\Delta t_n}{\Delta t} + \frac{\Delta t_{si}}{\Delta t}\right) \tag{7-4}$$

其中，卫星位置(X_{si}, Y_{si}, Z_{si})已知，$\left(\frac{dX_{si}}{dt}, \frac{dY_{si}}{dt}, \frac{dZ_{si}}{dt}\right)$为卫星速度，用户位置$(X, Y, Z)$由式(7-3)求得，卫星时间变化和传播延迟误差的变化近似为零，用户速度$\left(\frac{dX}{dt}, \frac{dY}{dt}, \frac{dZ}{dt}\right)$及用户时间变化率$\frac{\Delta t_n}{\Delta t}$为未知数，解方程(7-4)可以求得，方程中$\frac{d\overline{R}_i}{dt}$即为伪距变化率。

7.2 GPS-INS 组合导航

GPS-INS 组合导航，也被称为 GPS 辅助惯性制导，是一种将 GPS 与 INS 相结合的导航技术。这种组合技术充分利用了 GPS 和 INS 各自的优点，实现了导航性能的显著提升。

7.2.1 INS 导航原理

INS 即惯性导航系统，是一种自主式航位推算导航系统，也简称为惯导系统。该系统与 GPS 系统不同，它完全自主，能够全天候使用，不受外界环境的干扰，也没有信号丢失等问题。它的原理是利用微惯性传感器来感测载体的运动加速度，导航计算机对运动加速度进行一次积分运算，从而求出导航参数以确定载体的位置；进行两次积分，可算出载体在所选择的导航参考坐标系中的位置。

一个完整的惯性导航系统通常由微惯性测量单元、导航计算机、控制显示器、电源等部分组成。MIMU 包括三个加速度计和三个陀螺仪。加速度计测量载体的运动加速度，陀螺仪测量载体的角速率，导航计算机完成积分等导航计算工作，并提供陀螺仪矢矩的指令信号，控制显示器显示各种导航信息。

在 INS 中安装一个稳定平台，用该平台模拟当地的水平面，建立一个空间直角坐标系，三个坐标轴分别指向东向(E)、北向(N)和天向(U)，该坐标系通常称为东北天坐标系。在载体运动过程中，由沿三个轴向上安装的加速度计测量加速度分量，分别对三个方向上的加速度分量积分，便可得到三个方向的速度分量为

$$\begin{cases} v_{\mathrm{E}} = v_{\mathrm{E}}(t_0) + \int_0^{t_k} a_{\mathrm{E}} \mathrm{d}t \\ v_{\mathrm{N}} = v_{\mathrm{N}}(t_0) + \int_0^{t_k} a_{\mathrm{N}} \mathrm{d}t \\ v_{\mathrm{U}} = v_{\mathrm{U}}(t_0) + \int_0^{t_k} a_{\mathrm{U}} \mathrm{d}t \end{cases} \tag{7-5}$$

对速度积分可以得到载体经、纬度和高度：

$$\begin{cases} \lambda = \lambda_0 + \int_0^{t_k} \dfrac{v_{\mathrm{N}}}{R_{\mathrm{m}}} \mathrm{d}t \\ L = L_0 + \int_0^{t_k} \dfrac{v_{\mathrm{E}}}{(R_{\mathrm{n}} + h)\cos\lambda} \mathrm{d}t \\ h = h(t_0) + \int_0^{t_k} v_{\mathrm{U}} \mathrm{d}t \end{cases} \tag{7-6}$$

式中，R_{m}、R_{n} 分别表示地球椭球在子午线和本初子午线上的曲率半径。

由于初始位置(L_0，λ_0，h_0)已知并输入惯导系统，所以惯性导航的定位属于相对定位。按照微惯性测量单元在载体上的安装方式，惯导系统可以分为平台式和捷联式两大类。

平台式惯导系统是将微惯性测量单元安装在惯性平台上，按照所建立坐标系的不同，其可以分为空间稳定惯导系统和当地水平惯导系统两种。空间稳定惯导系统的惯性平台相对惯性空间稳定，用以建立惯性坐标系。地球自转、重力加速度等影响由计算机加以补偿。

这种系统多用于运载火箭的主动段和一些航天器上。当地水平惯导系统的特点是加速度计不受重力加速度的影响。这种系统多用于沿地球表面运动的飞行器，如飞机、巡航导弹等。在平台式惯导系统中，惯性平台能隔离载体的角运动，微惯性测量单元工作条件较好；平台能直接建立导航坐标系，计算量小，容易补偿和修正测量单元的输出。但是平台式惯导系统结构复杂，尺寸大。

如图 7－1 所示，捷联式惯导系统是将微惯性测量单元直接固联到载体上，陀螺仪测得的角速率信息用于计算姿态矩阵(载体坐标系至导航坐标系)。利用该矩阵，可以把加速度测量变换至导航坐标系，然后进行导航参数的计算。同时，利用姿态矩阵的元素，可以提取姿态信息。

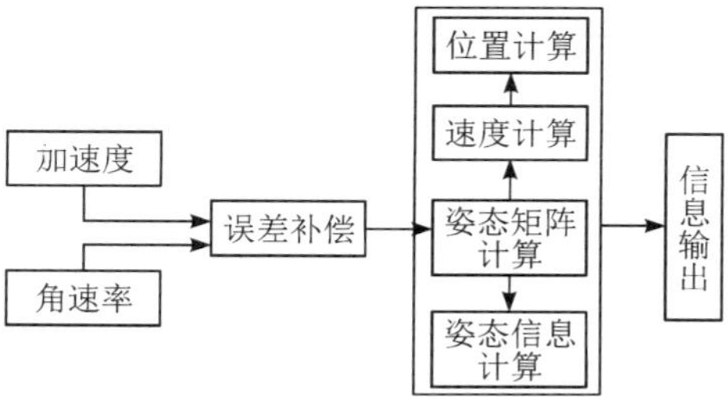

图 7－1　捷联式惯导系统原理

7.2.2 GPS-INS 组合方式

根据不同的应用要求，GPS 接收机和惯性导航系统可以有不同层次的组合方式。按照组合深度的不同，组合一般可分为松散组合和紧组合。

1. 松散组合

松散组合是一种低水平的组合，GPS 和惯导系统仍独立工作，GPS 用于辅助惯导系统。松散组合包括用 GPS 重调惯导系统和位置、速度信息组合两种模式。

1) 用 GPS 重调惯导系统

这是一种比较简单的组合模式，可以有两种工作方式。

(1) 用 GPS 给出的位置、速度信息直接调整惯导系统的输出。实际上，这种方式在 GPS 工作期间，惯导系统显示的是 GPS 的位置和速度；GPS 停止工作时，惯导系统在原显示的基础上变化，即把 GPS 停止工作瞬时的位置和速度作为惯导系统的初值。

(2) 把惯导系统和 GPS 输出的位置和速度信息进行加权平均。在短时间工作的情况下，此种工作方式精度较高；而长时间工作时，由于惯导系统误差随时间增长，因此惯导系统输出的加权随工作时间增长而减少。

2) 位置、速度信息组合

位置、速度信息组合是采用卡尔曼滤波的一种组合模式，其原理如图 7－2 所示。这种模式用 GPS 和惯导系统输出的位置和速度信息的差值作为测量值，用卡尔曼滤波估计惯导系统的误差，然后对惯导系统进行校正。

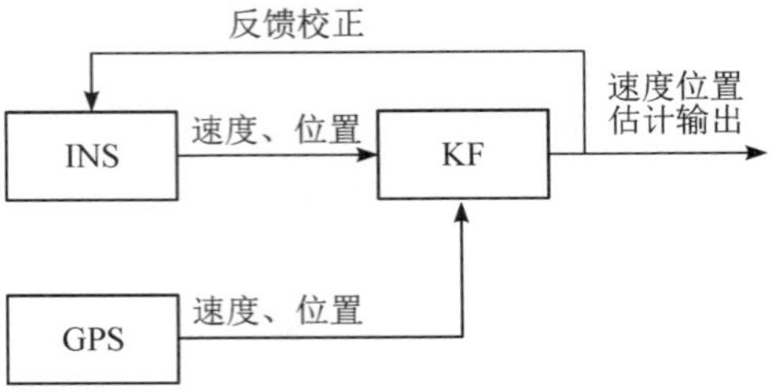

图 7-2 位置、速度信息组合

这种组合模式的优点是组合方式比较简单，在工程中比较容易实现，而且由于 GPS 和惯导系统仍然可以独立工作，增加了导航信息的冗余度。这种组合模式也有缺点：一是 GPS 必须能够接收到足够卫星，才能解算出位置信息；二是 GPS 的位置和速度误差一般与时间相关，是有色噪声，而经典卡尔曼滤波要求测量误差必须为高斯白噪声，这样才能保证估计是无偏估计。解决这个问题主要有两种常用的方法：

(1) 增加滤波器的迭代周期。当迭代周期超过 GPS 的位置误差和速度误差的相关时间时，测量误差就可以当成零均值高斯白噪声，直接使用卡尔曼滤波进行处理。

(2) 把 GPS 滤波器和整体滤波器统一考虑，采用分散化滤波设计。把整体滤波器作为主滤波器，GPS 滤波器作为局部滤波器。首先 GPS 滤波器处理 GPS 位置和速度信息，得到局部的状态估计；然后整体滤波器融合 GPS 滤波器的状态估计，产生全局的最优估计。

2. 紧组合

与松散组合相比，紧组合要复杂很多，紧组合的 GPS 和惯导系统是相互辅助的关系。紧组合通常将 GPS 接收机和惯导器件进行一体化，将二者合成一个整体系统，并要求接收机具有输出原始测量信息和接收速率辅助信息的能力，实现难度较大。

紧组合的基本模式有：伪距、伪距率信息组合；在伪距、伪距率信息组合基础上，用惯导系统位置和速度对 GPS 接收机跟踪环路进行辅助。其中，用惯导系统位置和速度辅助 GPS 接收机跟踪环路是紧组合的主要模式。

如图 7-3 所示，伪距、伪距率信息组合的模式利用 GPS 给出的星历数据和 INS 给出的位置和速度信息，计算出相应于 INS 位置和速度信息的伪距和伪距率，将其与 GPS 测量伪距和伪距率的差作为观测量，利用卡尔曼滤波器估计 INS 和 GPS 的误差量，然后对组合导航系统的输出进行校正。建模时通常把 GPS 的测量误差扩展为状态进行估计。因此，伪距、伪距率信息组合模式，比位置、速度信息组合模式具有更高的组合导航精度。同时这种

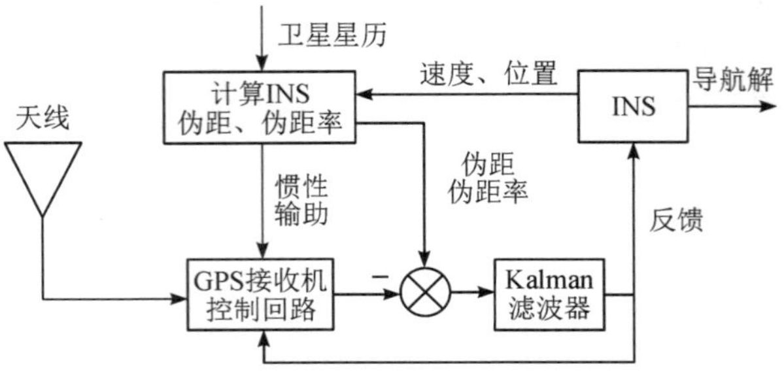

图 7-3 伪距、伪距率信息组合

组合模式仅需要 GPS 接收机提供星历、伪距和伪距率，不需要位置、速度信息，可以省去 GPS 接收机的相应解算。

相比较于松散组合，紧组合有如下优点：

(1) 精度更高。INS 在一定时间范围内具有较高的定位精度和速度测量精度，利用这些信息辅助 GPS 信号接收和跟踪过程，可以大幅度提高 GPS 的定位精度、动态性能和工作可靠性，在 GPS 导航卫星可观测数目少于四颗时仍然能输出有用信号。

(2) 抗干扰能力更强。当卫星信号信噪比恶化以至于不能跟踪 GPS 信号时，或当 GPS 接收机出现故障时，INS 可以独立进行导航定位。当 GPS 信号状况得到改善允许跟踪时，INS 向 GPS 接收机提供当前载体的初始位置和速度等信息，用来辅助 GPS 接收机搜索 GPS 卫星信号，从而大大加快对 GPS 卫星信号的重新捕获。

7.3　GPS-INS 松散组合导航系统

GPS-INS 松散组合导航系统通过结合 GPS 的高精度定位和 INS 的自主导航能力，克服了各自系统的局限性，实现了优势互补。GPS 利用卫星信号提供位置、速度和时间信息，而 INS 则通过测量载体的加速度和角速度，经过积分运算得到载体的位置、速度和姿态信息。松散组合方式通常用于软件层面，将 GPS 和 INS 的数据进行融合处理，以提高导航精度和可靠性。

7.3.1　模型建立

MEMS 陀螺仪和 MEMS 加速度计组成微惯性测量单元，它具有较强的自主性、较宽的频带和较高的短时精度，但是 MEMS 传感器的误差随时间积累，无法长时间连续地提供准确的载体姿态信息。GPS 可以长时间输出载体的位置和速度信息，不受地理因素和时间限制，然而 GPS 对空间环境的要求高，当 GPS 信号受到遮挡时一切信息中断，可靠性远不及惯性导航系统。此外，GPS 接收机的输出数据频率较低，难以满足动中通在高动态条件下的姿态估计需求。因此，在进行动中通姿态估计时一种有效的方法是使用 GPS 辅助微惯性测量单元，以提高姿态估计的精度。GPS 和微惯性测量单元性能的互补使其成为姿态估计领域的“黄金组合”，可以克服传感器直接融合姿态估计易受外界因素干扰的缺点，在姿态估计中有着较好的应用前景。为此，本节将组合导航用于姿态估计，以改善姿态估计的效果，提高天线波束控制的精度。

首先，建立组合导航姿态估计模型。由于位置信息$[\phi \quad \lambda \quad h]^{\mathrm{T}}$ 的变化率在 n 系中可以表示为

$$\dot{\boldsymbol{r}}^{\mathrm{n}}=\begin{pmatrix}\dot{\phi}\\ \dot{\lambda}\\ \dot{h}\end{pmatrix}=\begin{pmatrix}\dfrac{1}{M+h} & 0 & 0\\ 0 & \dfrac{1}{(N+h)\cos\varphi} & 0\\ 0 & 0 & -1\end{pmatrix}\begin{pmatrix}v_{\mathrm{N}}\\ v_{\mathrm{E}}\\ v_{\mathrm{D}}\end{pmatrix} \tag{7-7}$$

式中，φ、λ 和 h 分别代表纬度、经度和高程；M 和 N 分别表示地球的长轴和短轴半径。

速度可以表示为

$$\boldsymbol{v}^{\mathrm{n}}=\boldsymbol{C}_{\mathrm{i}}^{\mathrm{n}}(\dot{\boldsymbol{r}}^{\mathrm{i}}-\boldsymbol{\Omega}_{\mathrm{ie}}^{\mathrm{i}}\boldsymbol{r}^{\mathrm{i}}) \tag{7-8}$$

式中，$\boldsymbol{C}_{\mathrm{i}}^{\mathrm{n}}$ 为 i 系到 n 系的方向余弦矩阵，$\boldsymbol{\Omega}_{\mathrm{ie}}^{\mathrm{i}}$ 为地球旋转角速度，其可以视为常值。

对式(7-8)进行进一步简化可得

$$\dot{\boldsymbol{v}}^{\mathrm{n}}=\boldsymbol{C}_{\mathrm{b}}^{\mathrm{n}}\boldsymbol{f}^{\mathrm{b}}-(2\boldsymbol{\omega}_{\mathrm{ie}}^{\mathrm{n}}+\boldsymbol{\omega}_{\mathrm{en}}^{\mathrm{n}})\times\boldsymbol{v}^{\mathrm{n}}+\boldsymbol{g}^{\mathrm{n}} \tag{7-9}$$

式中，$\boldsymbol{C}_{\mathrm{b}}^{\mathrm{n}}$ 为 b 系到 n 系的方向余弦矩阵；$\boldsymbol{\omega}_{\mathrm{ie}}^{\mathrm{n}}$、$\boldsymbol{\omega}_{\mathrm{en}}^{\mathrm{n}}$ 分别为 i 系相对于 e 系、e 系相对于 n 系的旋转角速度；$\boldsymbol{f}^{\mathrm{b}}$ 表示 b 系下的比力；$\boldsymbol{g}^{\mathrm{n}}$ 表示重力加速度矢量。

基于 $\boldsymbol{C}_{\mathrm{b}}^{\mathrm{n}}$ 的动力学方程可以表示为

$$\dot{\boldsymbol{C}}_{\mathrm{b}}^{\mathrm{n}}=\boldsymbol{C}_{\mathrm{b}}^{\mathrm{n}}\boldsymbol{\Omega}_{\mathrm{nb}}^{\mathrm{b}} \tag{7-10}$$

式中，$\boldsymbol{\Omega}_{\mathrm{nb}}^{\mathrm{b}}$ 为载体欧拉角速率构成的矩阵。

因此，由式(7-7)～式(7-10)可得捷联惯性导航方程为

$$\begin{pmatrix}\dot{\boldsymbol{r}}^{\mathrm{n}}\\ \dot{\boldsymbol{v}}\\ \dot{\boldsymbol{C}}_{\mathrm{b}}^{\mathrm{n}}\end{pmatrix}=\begin{pmatrix}\boldsymbol{D}^{-1}\boldsymbol{v}^{\mathrm{n}}\\ \boldsymbol{C}_{\mathrm{b}}^{\mathrm{n}}\boldsymbol{f}^{\mathrm{b}}-(2\boldsymbol{\omega}_{\mathrm{ie}}^{\mathrm{n}}+\boldsymbol{\omega}_{\mathrm{en}}^{\mathrm{n}})\times\boldsymbol{v}^{\mathrm{n}}+\boldsymbol{g}^{\mathrm{n}}\\ \boldsymbol{C}_{\mathrm{b}}^{\mathrm{n}}\boldsymbol{\Omega}_{\mathrm{nb}}^{\mathrm{b}}\end{pmatrix} \tag{7-11}$$

组合导航姿态估计系统的状态量扰动形式可以表示为

$$\begin{cases}\hat{\boldsymbol{r}}=\boldsymbol{r}+\delta\boldsymbol{r}\\ \hat{\boldsymbol{v}}=\boldsymbol{v}+\delta\boldsymbol{v}\\ \hat{\boldsymbol{C}}=(\boldsymbol{I}-\boldsymbol{E}^{\mathrm{n}})\boldsymbol{C}\end{cases} \tag{7-12}$$

式中，$\boldsymbol{E}$ 为 $\boldsymbol{\varepsilon}$ 的斜对称阵表示形式，$\boldsymbol{E}$ 可表示为

$$\boldsymbol{E}=(\boldsymbol{\varepsilon}_{\times})=\begin{bmatrix}0 & -\varepsilon_{\mathrm{D}} & \varepsilon_{\mathrm{E}}\\ \varepsilon_{\mathrm{D}} & 0 & -\varepsilon_{\mathrm{N}}\\ -\varepsilon_{\mathrm{E}} & \varepsilon_{\mathrm{N}} & 0\end{bmatrix}$$

$\boldsymbol{C}$ 为方向余弦矩阵；δ 代表状态量的误差；ε_{N}、ε_{E}、ε_{D} 为北、东、地三向的姿态角误差。

由于位置的动力学方程是位置和速度的函数，因此，位置误差的动态方程可由位置误差和速度误差的组合获得，其表达式为

$$\delta\dot{\boldsymbol{r}}^{\mathrm{n}}=\boldsymbol{F}_{rr}\delta\boldsymbol{r}^{\mathrm{n}}+\boldsymbol{F}_{rv}\delta\boldsymbol{v}^{\mathrm{n}} \tag{7-13}$$

式中，

$$\delta\boldsymbol{r}^{\mathrm{n}}=\begin{bmatrix}\delta\varphi\\ \delta\lambda\\ \delta h\end{bmatrix},\quad \delta\boldsymbol{v}^{\mathrm{n}}=\begin{bmatrix}\delta v_{\mathrm{N}}\\ \delta v_{\mathrm{E}}\\ \delta v_{\mathrm{D}}\end{bmatrix}$$

$$\boldsymbol{F}_{rr}=\begin{pmatrix}\dfrac{\partial\dot{\varphi}}{\partial\varphi} & \dfrac{\partial\dot{\varphi}}{\partial\lambda} & \dfrac{\partial\dot{\varphi}}{\partial h}\\ \dfrac{\partial\dot{\lambda}}{\partial\varphi} & \dfrac{\partial\dot{\lambda}}{\partial\lambda} & \dfrac{\partial\dot{\lambda}}{\partial h}\\ \dfrac{\partial\dot{h}}{\partial\varphi} & \dfrac{\partial\dot{h}}{\partial\lambda} & \dfrac{\partial\dot{h}}{\partial h}\end{pmatrix}=\begin{pmatrix}0 & 0 & \dfrac{-v_{\mathrm{N}}}{(M+h)^2}\\ \dfrac{v_{\mathrm{E}}\sin\varphi}{(N+h)\cos^2\varphi} & 0 & \dfrac{-v_{\mathrm{E}}}{(N+h)^2\cos\varphi}\\ 0 & 0 & 0\end{pmatrix}$$

$$\boldsymbol{F}_{rv}=\begin{bmatrix}\dfrac{\partial\dot{\varphi}}{\partial v_{\mathrm{N}}} & \dfrac{\partial\dot{\varphi}}{\partial v_{\mathrm{E}}} & \dfrac{\partial\dot{\varphi}}{\partial v_{\mathrm{D}}}\\ \dfrac{\partial\dot{\lambda}}{\partial v_{\mathrm{N}}} & \dfrac{\partial\dot{\lambda}}{\partial v_{\mathrm{E}}} & \dfrac{\partial\dot{\lambda}}{\partial v_{\mathrm{D}}}\\ \dfrac{\partial\dot{h}}{\partial v_{\mathrm{N}}} & \dfrac{\partial\dot{h}}{\partial v_{\mathrm{E}}} & \dfrac{\partial\dot{h}}{\partial v_{\mathrm{D}}}\end{bmatrix}=\begin{bmatrix}\dfrac{1}{M+h} & 0 & 0\\ 0 & \dfrac{1}{(N+h)\cos\varphi} & 0\\ 0 & 0 & -1\end{bmatrix}$$

其中，M 和 N 分别为地球的长轴和短轴半径，h 为高程。

对式(7-9)进行扰动分析，取一阶近似，得速度误差方程为

$$\delta\dot{\boldsymbol{v}}^{\mathrm{n}}=\boldsymbol{F}_{vr}\delta\boldsymbol{r}^{\mathrm{n}}+\boldsymbol{F}_{vv}\delta\boldsymbol{v}^{\mathrm{n}}+(\boldsymbol{f}^{\mathrm{n}}\times)\boldsymbol{\varepsilon}^{\mathrm{n}}+\boldsymbol{C}_{\mathrm{b}}^{\mathrm{n}}\delta\boldsymbol{f}^{\mathrm{b}} \tag{7-14}$$

式中

$$\boldsymbol{\varepsilon}^{\mathrm{n}}=\begin{bmatrix}\delta\varphi\\ \delta\theta\\ \delta\psi\end{bmatrix}$$

$$\delta\boldsymbol{f}^{\mathrm{b}}=\begin{bmatrix}\delta f_x\\ \delta f_y\\ \delta f_z\end{bmatrix}$$

$$\boldsymbol{F}_{vr}=\begin{bmatrix}-2v_{\mathrm{E}}w_{\mathrm{e}}\cos\varphi-\dfrac{v_{\mathrm{E}}^2}{(N+h)\cos^2\varphi} & 0 & \dfrac{-v_{\mathrm{N}}v_{\mathrm{D}}}{(M+h)^2}+\dfrac{v_{\mathrm{E}}^2\tan\varphi}{(N+h)^2}\\ 2w_{\mathrm{e}}(v_{\mathrm{N}}\cos\varphi-v_{\mathrm{D}}\sin\varphi)+\dfrac{v_{\mathrm{E}}v_{\mathrm{N}}}{(N+h)\cos^2\varphi} & 0 & \dfrac{-v_{\mathrm{E}}v_{\mathrm{D}}}{(N+h)^2}-\dfrac{v_{\mathrm{N}}v_{\mathrm{E}}\tan\varphi}{(N+h)^2}\\ 2v_{\mathrm{E}}w_{\mathrm{e}}\sin\varphi & 0 & \dfrac{v_{\mathrm{E}}^2}{(N+h)^2}+\dfrac{v_{\mathrm{N}}^2}{(M+h)^2}-\dfrac{2\gamma}{(\sqrt{MN}+h)}\end{bmatrix}$$

$$\boldsymbol{F}_{vv}=\begin{bmatrix}\dfrac{v_{\mathrm{D}}}{M+h} & -2w_{\mathrm{e}}\sin\varphi-2\dfrac{v_{\mathrm{E}}\tan\varphi}{N+h} & \dfrac{v_{\mathrm{N}}}{M+h}\\ 2w_{\mathrm{e}}\sin\varphi+2\dfrac{v_{\mathrm{E}}\tan\varphi}{N+h} & \dfrac{v_{\mathrm{D}}+v_{\mathrm{N}}\tan\varphi}{N+h}-2w_{\mathrm{e}}\cos\varphi & 2w_{\mathrm{e}}\cos\varphi+\dfrac{v_{\mathrm{E}}}{N+h}\\ -2\dfrac{v_{\mathrm{N}}}{M+h} & -\dfrac{v_{\mathrm{E}}}{N+h} & 0\end{bmatrix}$$

姿态误差方程为

$$\delta\dot{\boldsymbol{\varepsilon}}^{\mathrm{n}}=\boldsymbol{F}_{\mathrm{er}}\delta\boldsymbol{r}^{\mathrm{n}}+\boldsymbol{F}_{\mathrm{ev}}\delta\boldsymbol{v}^{\mathrm{n}}-(\boldsymbol{\omega}_{\mathrm{in}}^{\mathrm{n}}\times)\boldsymbol{\varepsilon}^{\mathrm{n}}-\boldsymbol{C}_{\mathrm{b}}^{\mathrm{n}}\delta\boldsymbol{\omega}_{\mathrm{ib}}^{\mathrm{b}} \tag{7-15}$$

式中，

$$\boldsymbol{F}_{er}=\begin{bmatrix}-w_{\mathrm{e}}\sin\varphi & 0 & -\dfrac{v_{\mathrm{E}}}{(N+h)^2}\\ 0 & 0 & \dfrac{v_{\mathrm{N}}}{(M+h)^2}\\ -w_{\mathrm{e}}\cos\varphi-\dfrac{v_{\mathrm{E}}}{(N+h)\cos^2\varphi} & 0 & \dfrac{v_{\mathrm{E}}\tan\varphi}{(N+h)^2}\end{bmatrix},\quad \boldsymbol{F}_{ev}=\begin{bmatrix}0 & \dfrac{1}{N+h} & 0\\ -\dfrac{1}{M+h} & 0 & 0\\ 0 & -\dfrac{\tan\varphi}{N+h} & 0\end{bmatrix}$$

$$(\boldsymbol{\omega}_{\text{in}\times}^{\text{n}})=\begin{bmatrix} 0 & w_{\text{e}}\sin\varphi+\dfrac{v_{\text{E}}\tan\varphi}{N+h} & \dfrac{v_{\text{N}}}{M+h} \\ -w_{\text{e}}\sin\varphi-\dfrac{v_{\text{E}}\tan\varphi}{N+h} & 0 & -w_{\text{e}}\cos\varphi-\dfrac{v_{\text{E}}}{N+h} \\ -\dfrac{v_{\text{N}}}{M+h} & w_{\text{e}}\cos\varphi+\dfrac{v_{\text{E}}}{N+h} & 0 \end{bmatrix}$$

MEMS 陀螺仪的误差模型为一阶马氏过程，变化非常缓慢，可将 MEMS 陀螺仪的安装误差和时间漂移视为常值，以降低系统的计算量，提高动中通测控系统波束对准的实时性。为此，基于间接滤波的组合导航姿态估计系统的状态量选取为载体的位置、速度和姿态角的误差量，即 $\boldsymbol{x}=[\delta\boldsymbol{r}\quad\delta\boldsymbol{v}\quad\boldsymbol{\varepsilon}]^{\text{T}}$。

因此，系统方程为

$$\dot{\boldsymbol{x}}=\boldsymbol{F}\boldsymbol{x}+\boldsymbol{G}\boldsymbol{u} \tag{7-16}$$

式中，

$$\boldsymbol{F}=\begin{pmatrix} \boldsymbol{F}_{rr} & \boldsymbol{F}_{rv} & \boldsymbol{0} \\ \boldsymbol{F}_{vr} & \boldsymbol{F}_{vv} & \boldsymbol{f}^{\text{n}}\times \\ \boldsymbol{F}_{er} & \boldsymbol{F}_{ev} & -\boldsymbol{\omega}_{\text{in}}^{\text{n}}\times \end{pmatrix},\quad \boldsymbol{G}=\begin{pmatrix} \boldsymbol{0}_{3\times3} & \boldsymbol{0}_{3\times3} \\ \boldsymbol{C} & \boldsymbol{0}_{3\times3} \\ \boldsymbol{0}_{3\times3} & -\boldsymbol{C} \end{pmatrix},\quad \boldsymbol{u}=\begin{pmatrix} \delta\boldsymbol{f}^{\text{b}} \\ \delta\boldsymbol{\omega}_{\text{in}}^{\text{n}} \end{pmatrix}$$

由于微惯性测量单元的输出数据是离散的高速率数据，因此，在进行姿态估计时需要将连续的组合导航系统方程进行转换，得到离散的组合导航系统方程为

$$\boldsymbol{x}_{k+1}=\boldsymbol{\phi}_k\boldsymbol{x}_k+\boldsymbol{\omega}_k. \tag{7-17}$$

式中，$\boldsymbol{\phi}_k$ 为系数矩阵，$\boldsymbol{\phi}_k=\boldsymbol{I}_{9\times9}+\boldsymbol{F}\Delta t$；$\Delta t$ 为 MEMS 传感器的采样率；$\boldsymbol{\omega}_k$ 为系统噪声。

系统噪声矩阵为

$$\boldsymbol{Q}_k=E(\boldsymbol{\omega}_k\boldsymbol{\omega}_i)=\boldsymbol{GQG}^{\text{T}}\Delta t \tag{7-18}$$

式中，$\boldsymbol{Q}$ 是谱密度矩阵。

组合导航姿态估计观测量为 MIMU 解算的 $\boldsymbol{r}$、$\boldsymbol{v}$ 与 GPS 输出的 $\boldsymbol{r}$、$\boldsymbol{v}$ 的差值，即

$$\boldsymbol{Z}_k=\begin{bmatrix} \boldsymbol{r}_{\text{INS}}-\boldsymbol{r}_{\text{GPS}} \\ \boldsymbol{v}_{\text{INS}}-\boldsymbol{v}_{\text{GPS}} \end{bmatrix}=\begin{pmatrix} \varphi_{\text{INS}}-\varphi_{\text{GPS}} \\ \lambda_{\text{INS}}-\lambda_{\text{GPS}} \\ h_{\text{INS}}-h_{\text{GPS}} \\ v_{\text{INS}}-v_{\text{GPS}} \end{pmatrix} \tag{7-19}$$

测量方程为

$$\boldsymbol{z}_k=\boldsymbol{H}_k\boldsymbol{x}_k+\boldsymbol{e}_k \tag{7-20}$$

式中，$\boldsymbol{H}_k=\begin{bmatrix} \boldsymbol{I}_{3\times3} & \boldsymbol{0}_{3\times3} & \boldsymbol{0}_{3\times3} \\ \boldsymbol{0}_{3\times3} & \boldsymbol{I}_{3\times3} & \boldsymbol{0}_{3\times3} \end{bmatrix}$，$\boldsymbol{e}_k$ 为测量噪声。

7.3.2 可观性分析

1. 可观性及可观性分析方法

对于任一系统而言，如果其在 t_0 时刻所对应的状态向量 $\boldsymbol{X}(t_0)$ 可以被有限时间段输出函数 $\boldsymbol{Y}(t_0, t_1)$ 确定，则系统在 t_0 时刻是可观测的。可观性是卡尔曼滤波器性能的重要指标，对于可观测系统，系统噪声和测量噪声决定了状态估计的效果；对于不可观测系统，即

使噪声很小甚至可以忽略，其仍然得不到准确的估计值。

分段式定常系统(Piece Wise Constant System，PWCS)可观性分析方法是时变系统可观性分析的重要方法。如果线性时变系统在时间间隔 $\Delta t_i(i=1, 2, \cdots, n)$内，系数矩阵的变化很小甚至可以忽略，则在 Δt_i 内该系统可视为系数矩阵不变的系统，即定常系统。当使用 PWCS 进行可观性分析时，系数矩阵的常数近似会影响系统的局部时间响应，但不会影响系统的可观性。

连续型 PWCS 可表示为

$$\begin{cases}\dot{\boldsymbol{X}}(t)=\boldsymbol{A}_j\boldsymbol{X}(t)+\boldsymbol{B}_j\boldsymbol{U}(t)+\boldsymbol{\Gamma}_j\boldsymbol{W}(t)\\ \boldsymbol{Z}(t)=\boldsymbol{H}_j\boldsymbol{X}(t)+\boldsymbol{V}(t)\end{cases} \tag{7-21}$$

式中，j 为分段式定常系统时间分段的序号，系数矩阵 $\boldsymbol{A}_j$、$\boldsymbol{B}_j$ 可视为常数矩阵。

线性时变系统的总可观测矩阵(Total Observability Matrix，TOM)为

$$\widetilde{\boldsymbol{Q}}(q)=\begin{bmatrix}\widetilde{\boldsymbol{Q}}_1\\ \widetilde{\boldsymbol{Q}}_2\mathrm{e}^{\boldsymbol{A}_1\cdot\Delta t_1}\\ \vdots\\ \widetilde{\boldsymbol{Q}}_q\mathrm{e}^{\boldsymbol{A}_{q-1}\Delta t_{q-1}\cdots\boldsymbol{A}_1\cdot\Delta t_1}\end{bmatrix} \tag{7-22}$$

式中，$\widetilde{\boldsymbol{Q}}_j=[(\boldsymbol{H}_j)^{\mathrm{T}}(\boldsymbol{H}_j\boldsymbol{A}_j)^{\mathrm{T}}\cdots(\boldsymbol{H}_j\boldsymbol{A}_j^{n-1})^{\mathrm{T}}]^{\mathrm{T}}$，系统在 t_0 时刻的输出为

$$\widetilde{\boldsymbol{Z}}(q)=\widetilde{\boldsymbol{Q}}(q)\cdot\boldsymbol{X}(t_0) \tag{7-23}$$

式中，$\widetilde{\boldsymbol{Z}}(q)=\begin{bmatrix}\widetilde{\boldsymbol{Z}}_1^{\mathrm{T}} & \widetilde{\boldsymbol{Z}}_2^{\mathrm{T}} & \cdots & \widetilde{\boldsymbol{Z}}_q^{\mathrm{T}}\end{bmatrix}$，$\widetilde{\boldsymbol{Z}}_j^{\mathrm{T}}$ 是 $\boldsymbol{Z}(t)$和其从 1 至 $n-1$ 阶的微分向量。如果 TOM 为列满秩矩阵，则说明时变系统在 t_0 时刻具有唯一解，即时变系统所有的状态量均是完全可观测的。

PWCS 可观性分析方法可以确定系统是否可观测，但其无法定量分析系统的可观测度，且 $\widetilde{\boldsymbol{Q}}(q)$含有大量的矩阵指数项，运算复杂，不易于对系统的可观性进行分析。

若 $\mathrm{null}(\widetilde{\boldsymbol{Q}}_j)\subset\mathrm{null}(\boldsymbol{A}_j)$，$1\leqslant j\leqslant q$，则 $\mathrm{null}(\widetilde{\boldsymbol{Q}})=\mathrm{null}(\widetilde{\boldsymbol{Q}}^*)$，$\mathrm{rank}(\widetilde{\boldsymbol{Q}})=\mathrm{rank}(\widetilde{\boldsymbol{Q}}^*)$。$\widetilde{\boldsymbol{Q}}^*(q)$为条带化可观测性矩阵(Striped Observability Matrix，SOM)，其表达式为

$$\widetilde{\boldsymbol{Q}}^*(q)=\begin{bmatrix}\widetilde{\boldsymbol{Q}}_1^{\mathrm{T}} & \widetilde{\boldsymbol{Q}}_2^{\mathrm{T}} & \cdots & \widetilde{\boldsymbol{Q}}_q^{\mathrm{T}}\end{bmatrix}^{\mathrm{T}}$$

如果 PWCS 满足上述条件，可以使用 SOM 取代 TOM，进而使问题得到简化。对离散型 PWCS 的 SOM 奇异值分解得

$$\boldsymbol{Q}^*(j)=\boldsymbol{U\Lambda V}^{\mathrm{T}} \tag{7-24}$$

如果线性时变系统满足线性定常系统可观性分析的要求，则系统的状态量可以表示为

$$\boldsymbol{X}_0=(\boldsymbol{U\Lambda V}^{\mathrm{T}})^{-1}\boldsymbol{Z} \tag{7-25}$$

将式(7-25)中的正交矩阵 $\boldsymbol{U}$、$\boldsymbol{V}$ 用列向量表示，得

$$\boldsymbol{X}_0=\sum_{i=1}^{r}\left[\frac{\boldsymbol{u}_i^{\mathrm{T}}\boldsymbol{Z}}{\sigma_i}\right]\boldsymbol{v}_i \tag{7-26}$$

系统的可观测度是衡量系统可观性的重要指标，由其可以定量地分析系统的可观性，其定义为

$$\eta_k = \frac{\sigma_i}{\sigma_0} \tag{7-27}$$

式中，σ_i、σ_0 均为奇异值，它们分别对应于实测数据中 $\boldsymbol{X}_{0,i}$ 中取得最大绝对值和直接可观测的状态值。

2. 可观性分析在组合导航姿态估计中的应用

在可观性分析之前，首先需要验证组合导航姿态估计是否满足可观性分析的条件。在组合导航姿态估计算法中，选取位置误差、速度误差和姿态误差作为系统的主状态，由于MEMS陀螺仪测量的角速率误差 $\delta\omega_{ib}^{b}$ 可认为是陀螺仪的零偏误差 δb，MEMS加速度计测量的比力误差 $\delta \boldsymbol{f}^{b}$ 可认为是加速度计的零偏误差 ∇，因此在可观性分析时将它们纳入系统状态方程，得增广系统状态量为 $\boldsymbol{x}'=[\delta \boldsymbol{r} \quad \delta \boldsymbol{v} \quad \boldsymbol{\varepsilon} \quad \delta \boldsymbol{b} \quad \nabla]^{T}$，连续的系统方程为

$$\dot{\boldsymbol{x}} = \boldsymbol{F}\boldsymbol{x} \tag{7-28}$$

式中，系数矩阵 $\boldsymbol{F}=\begin{bmatrix} \boldsymbol{F}_{rr} & \boldsymbol{F}_{rv} & 0 & 0 & 0 \\ \boldsymbol{F}_{vr} & \boldsymbol{F}_{vv} & \boldsymbol{f}_{\times}^{n} & 0 & \boldsymbol{C}_{b}^{n} \\ \boldsymbol{F}_{er} & \boldsymbol{F}_{ev} & -\boldsymbol{\omega}_{in\times}^{n} & -\boldsymbol{C}_{b}^{n} & 0 \\ 0 & 0 & 0 & 0 & 0 \\ 0 & 0 & 0 & 0 & 0 \end{bmatrix}$，$\boldsymbol{C}_{b}^{n}$ 为载体坐标系到地理坐标系的方向余弦矩阵，$\boldsymbol{\omega}_{in}^{n}=\boldsymbol{\omega}_{ie}^{n}+\boldsymbol{\omega}_{en}^{n}$，$\boldsymbol{\omega}_{ie}^{n}$ 为地球自转角速度，$\boldsymbol{\omega}_{en}^{n}$ 为载体在地球表面运动的角速度。

此外，由于位置信息对于组合导航状态估计是冗余的，为进一步降低可观性分析的运算量，去除位置信息进行可观性分析。因此，系数矩阵变为

$$\boldsymbol{F}=\begin{bmatrix} \boldsymbol{F}_{vv} & \boldsymbol{f}_{\times}^{n} & 0 & \boldsymbol{C}_{b}^{n} \\ \boldsymbol{F}_{ev} & -\boldsymbol{\omega}_{in\times}^{n} & -\boldsymbol{C}_{b}^{n} & 0 \\ 0 & 0 & 0 & 0 \\ 0 & 0 & 0 & 0 \end{bmatrix} \tag{7-29}$$

测量矩阵变为

$$\boldsymbol{H}=[\boldsymbol{I}_{3\times 3} \quad \boldsymbol{0} \quad \boldsymbol{0} \quad \boldsymbol{0}] \tag{7-30}$$

由于MEMS陀螺仪的零偏(最高达400(°)/h)和噪声较大，因此无法测量到较小的地球自转角速度 $\boldsymbol{\omega}_{ie}^{n}$(约15(°)/h)。此外，载体的行驶速度相对于地球角速度而言也比较小，因此，在对组合导航系统进行可观性分析时，可以忽略 $\boldsymbol{\omega}_{en}^{n}$(约1(°)/h)，进而 $\boldsymbol{\omega}_{in}^{n}=\boldsymbol{\omega}_{ie}^{n}+\boldsymbol{\omega}_{en}^{n}\approx\boldsymbol{0}$。此外，地球的半径 $R\approx 6\ 378\ 137$ m，$1/R$ 的数量级为 10^{-7}，$\boldsymbol{F}_{vv}$、$\boldsymbol{F}_{ev}$ 等也可以进一步忽略。经过化简后，SOM为

$$\widetilde{\boldsymbol{Q}}_{j}=\begin{bmatrix} \boldsymbol{H}_{j} \\ \boldsymbol{H}_{j}\boldsymbol{A}_{j} \\ \vdots \\ \boldsymbol{H}_{j}\boldsymbol{A}_{j}^{n-1} \end{bmatrix}=\begin{bmatrix} \boldsymbol{I} & 0 & 0 & 0 \\ 0 & (\boldsymbol{f}_{\times}^{n})_{j} & 0 & (\boldsymbol{C}_{b}^{n})_{j} \\ 0 & 0 & (\boldsymbol{f}_{\times}^{n})_{j}\cdot(-\boldsymbol{C}_{b}^{n})_{j} & 0 \\ \vdots & \vdots & \vdots & \vdots \\ 0 & 0 & 0 & 0 \end{bmatrix} \tag{7-31}$$

设 $\boldsymbol{y}_{0}=[\boldsymbol{y}_{01}^{T} \quad \boldsymbol{y}_{02}^{T} \quad \boldsymbol{y}_{03}^{T} \quad \boldsymbol{y}_{04}^{T}]^{T}$，且 $\boldsymbol{y}_{0}\subset \mathrm{Null}(\widetilde{\boldsymbol{Q}}_{j})$，即 $\widetilde{\boldsymbol{Q}}_{j}\cdot\boldsymbol{y}_{0}=\boldsymbol{0}$，则

$$\begin{cases} \boldsymbol{y}_{01}=\boldsymbol{0} \\ (\boldsymbol{f}_{\times}^{n})_{j}\cdot\boldsymbol{y}_{02}+(\boldsymbol{C}_{b}^{n})_{j}.\boldsymbol{y}_{04}=\boldsymbol{0} \\ (\boldsymbol{f}_{\times}^{n})_{j}\cdot(-\boldsymbol{C}_{b}^{n})_{j}.\boldsymbol{y}_{03}=\boldsymbol{0} \end{cases} \tag{7-32}$$

因此，$\boldsymbol{y}_0$ 是 $\boldsymbol{A}_j$ 的零向量，组合导航系统可以使用 SOM 进行可观性分析。

根据实测数据，基于奇异值分解对组合导航姿态估计模型进行可观性分析。选取三个时间段作为分段式定常系统的时间区间，载体在三个时间段内的运动情况分别为静止或匀速直线行驶、加速运动和转弯，如表 7－1 所示。

表 7－1　载体的运动情况

时间	状态	$a_n/(\mathrm{m/s^2})$	$a_e/(\mathrm{m/s^2})$
S1	静止或匀速	0	0
S2	直行加速	0.98	0
S3	转弯	1.12	－0.48

系统状态的 η_k 如表 7－2 所示。

表 7－2　可观测度

η_k	S1	S2	S3
θ	1.60	2.26	2.77
ϕ	1.60	2.26	2.77
ψ	0.000 061	0.484	0.904
v_n	14.25	19.98	24.47
v_e	14.25	19.96	24.45

由可观性分析结果可以看出，S3 时间区间内，系统的各个状态量的可观测度最高，S1 最低。所有状态量中，速度的可观测度最大。在三维姿态角中，俯仰角和横滚角具有较高的可观测度。原因在于：两水平姿态角可以通过融合陀螺仪输出的角速率信息和加速度计测得的重力信息分量间接可观，因此通过组合导航姿态估计算法可以得到较为精确的俯仰角和横滚角估计。然而，航向角的可观性较弱；当载体转弯和存在加速度时，航向角可观测度加强。由此得出航向角的可观性依赖于载体的机动特性，仅使用组合导航系统得不到精确的航向角估计值。

7.3.3 实验分析

为了验证组合导航姿态估计算法，本节利用低成本测控系统实验平台进行实验，实验主要传感器如表 7－3 所示。选择某学校体育场水泥路和郊区公路进行实验，并进行数据的存储与记录，利用采集到的信息进行姿态的解算。载体行驶路线和 GPS 收星数目如图 7－4 所示。

表 7－3　实验验证平台主要传感器

项　目	传感器型号
姿态参考	XW-ADU7612
实验测量	XW-IMU5220(微惯性测量单元)
	单天线 GPS G503
	单基线 GPS XW-ADU3601

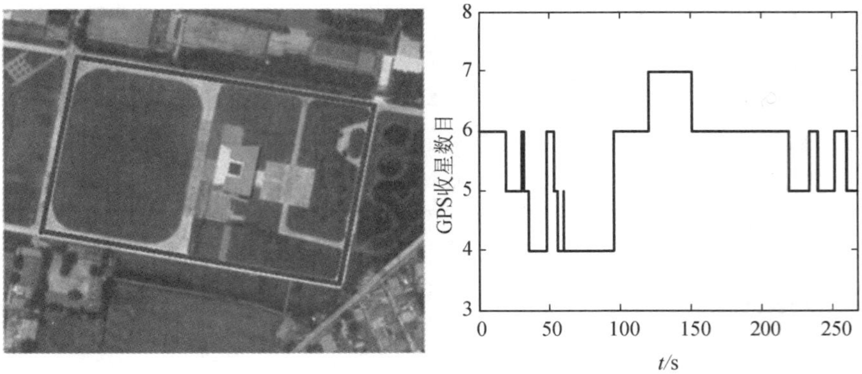

图 7－4　载体行驶路线及 GPS 收星数目

微惯性测量单元中 MEMS 陀螺仪输出角速率值直接积分所得的姿态角估计值与高精度姿态航向参考系统输出的参考值的对比如图 7－5 所示。由图可知，姿态角误差随时间不断增大，呈发散趋势，这是 MEMS 陀螺仪的零偏误差随时间而累积造成的。由此得出，仅使用微惯性传感器进行姿态估计无法满足需求，为了获得精确的姿态角估计值，必须增加外界辅助传感器，以降低微惯性传感器的误差对姿态估计造成的影响。

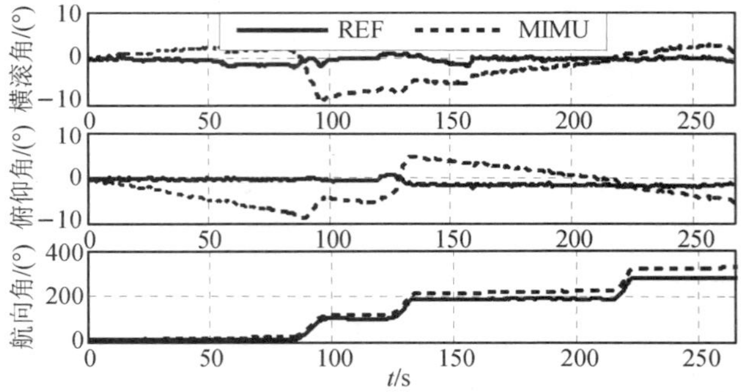

图 7－5　姿态角估计

传感器直接融合姿态估计算法和组合导航姿态估计算法得到的姿态角估计值如图 7－6 所示，图中 Fusion 代表直接融合姿态估计算法。从图中可以看出，直接融合算法姿态角估

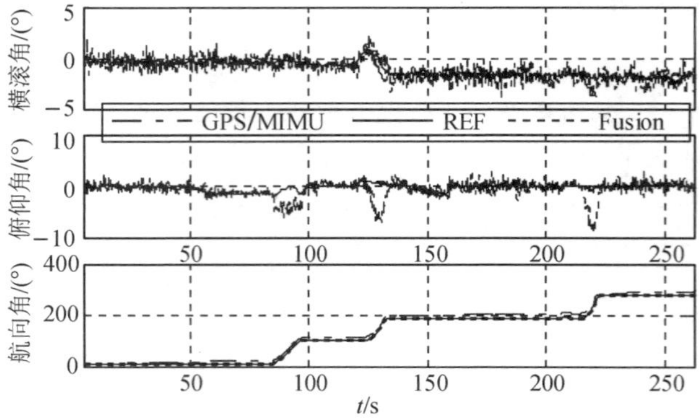

图 7－6　传感器直接融合与组合导航姿态估计

计的精度较低，尤其是在载体转弯时(80～100 s、120～140 s、220～230 s)姿态角的误差较大，航向角的最大估计误差约 30°，俯仰角的最大估计误差约 10°，横滚角的最大估计误差达 4°，这是由机动加速度和侧滑角的影响而造成的。图中 GPS/MIMU 代表组合导航姿态估计算法。从图中可以明显看出，组合导航姿态估计算法克服了传感器直接融合姿态估计算法的缺点，有效地提高了姿态角的估计精度。

图 7-7 为组合导航姿态估计算法得到的速度估计误差曲线。从图中可以看出，组合导航姿态估计算法可以获得精确的速度信息，东向速度的估计误差在 0.1 m/s 之内，北向速度的估计误差在 0.2 m/s 之内。图 7-8 为组合导航姿态估计算法得到的姿态角误差曲线。从图中可以看出，组合导航姿态估计算法得到的俯仰角和横滚角误差多数情况下在 0.5°以内，仅在载体转弯时姿态角误差变大，其中俯仰角误差达 1°，横滚角误差达 2°。当载体作匀速直线运动时，航向角的估计误差随时间不断增大，最大误差达 20°；当载体行驶状态存在转弯或加速时，航向角的估计误差减小趋于收敛，但是当转弯或加减速结束后，航向角误差继续增大。这有效验证了仅将组合导航姿态估计算法应用于动中通姿态估计难以满足需求，应该采取措施提高航向角的可观性，进而改善姿态估计算法的性能。

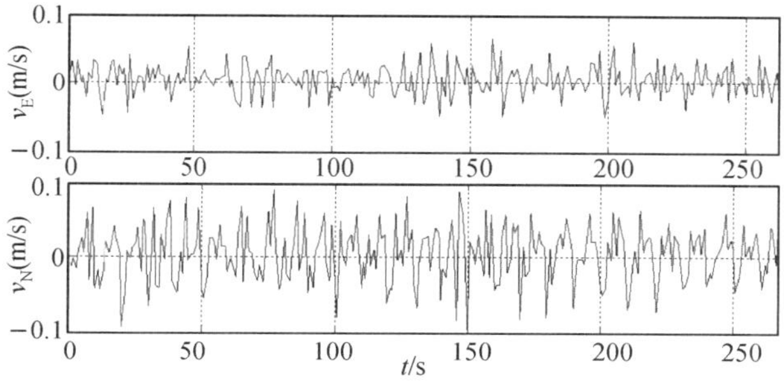

图 7-7　组合导航姿态估计算法速度估计误差

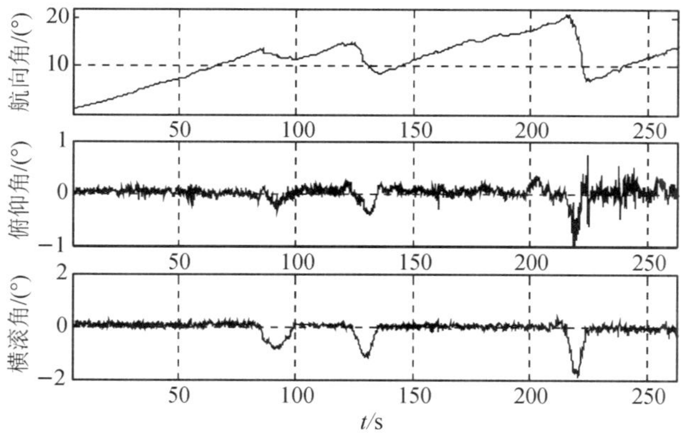

图 7-8　组合导航姿态估计算法姿态角误差

参 考 文 献

[1] 卞玉民，胡英杰，李博，等. MEMS 惯性传感器现状与发展趋势[J]. 计测技术，2019，39(4)，50-56.

[2] 付梦印. 神奇的惯性世界[M]. 北京：北京理工大学出版社，2015.

[3] Titterton D H，Weston J L. 捷联惯性导航技术[M]. 张天光，王秀萍，王丽霞，译. 2 版. 北京：国防工业出版社，2007.

[4] 张燕，陈星阳. 导弹姿态矩阵更新算法推导和仿真验证[J]. 四川兵工学报，2013，34(8)：26-29.

[5] 陈栋. 某产品姿态测量及参数解算研究[D]. 太原：中北大学，2016.

[6] 程秀芹，翁志能，张建飞. MEMS 陀螺主要性能指标研究[J]. 电脑开发与应用，2014，27(11)：61-64.

[7] 严恭敏，李四海，秦永元. 惯性仪器测试与数据分析[M]. 北京：国防工业出版社，2012.

[8] 袁建国，袁艳涛，刘飞龙. MEMS 陀螺仪的一种新颖高精度标定算法研究[J]. 重庆邮电大学学报(自然科学版)，2014，26(5)：666-669.

[9] 张海鹰，何波贤，郑铁山，等. 基于椭球拟合的三轴加速度计误差补偿方法[J]. 传感器世界，2015，21(6)：7-10.

[10] 盛庆轩. MIMU/磁强计航姿参考系统研究[D]. 长沙：国防科学技术大学，2009.

[11] 黄艳辉. MTI 中微机械陀螺误差测试、建模及补偿研究[D]. 哈尔滨：哈尔滨工程大学，2009.

[12] 周海银，王炯琦，潘晓刚，等. 卫星状态融合估计理论与方法[M]. 北京：科学出版社，2013.

[13] 潘泉，杨峰，叶亮，等. 一类非线性滤波器：UKF 综述[J]. 控制与决策，2005，20(5)：481-490.

[14] 赵琳，王小旭，丁继成，等. 组合导航系统非线性滤波算法综述[J]. 中国惯性技术学报，2009，17(1)：46-53.

[15] 罗建军. 组合导航原理与应用[M]. 西安：西北工业大学出版社，2012.